正能量

ZHENGNENGLIANG

周　娜◎编著

北方联合出版传媒（集团）股份有限公司

万卷出版公司

ⓒ 周娜 2014

图书在版编目（ＣＩＰ）数据

正能量 / 周娜编著. — 沈阳：万卷出版公司，
2014.10（2022.1 重印）
（典藏 / 吴昊主编）
ISBN 978-7-5470-3214-5

Ⅰ．①正… Ⅱ．①周… Ⅲ．①成功心理－通俗读物
Ⅳ．① B848.4-49

中国版本图书馆 CIP 数据核字 (2014) 第 198132 号

出版发行：北方联合出版传媒（集团）股份有限公司
　　　　　万卷出版公司
　　　　　（地址：沈阳市和平区十一纬路25号 邮编：110003）
印 刷 者：北京一鑫印务有限责任公司
经 销 者：全国新华书店
幅面尺寸：178mm×254mm
字　　数：285千字
印　　张：17
出版时间：2014年10月第1版
印刷时间：2022年1月第2次印刷
责任编辑：张洋洋
封面设计：任展志
版式设计：范　娇
责任校对：高　辉
ISBN 978-7-5470-3214-5
定　　价：65.00元

联系电话：024-23284090
邮购热线：024-23284050
传　　真：024-23284521

经典之藏，心灵之旅

　　读书是一件辛苦的事，读书又是一件愉悦的事。读书是求知的理性选择，同时，读书又是人们内在自发的精神需求。不同的读书者总会有不同的读书体验，但对经典之藏，对精品之选的渴求却永远存在。

　　传统上，读书是求学的手段，千百年来，人类知识的传承，最重要的总是通过书籍的记载与传述。因为有了书，人类才可以文脉延续，薪火相传。西哲说：书籍是人类进步的阶梯。因而，先贤们都把读书当作高尚而庄重的事情，赋予读书神圣、光荣的使命感。故此，韦编三绝、悬梁刺股，以及凿壁、囊萤、映雪等等，就成了刻苦求学的典型，千百年来成为人们效法的楷模。于是，寒门学子挑灯夜读，富家子弟潜心求学，或诚心拜师，或自学成才，诸如此类的事例，就成了激励学子上进求学的传说故事而广泛流传。

　　书籍除了自身寓含的教化功能外，还能让人感到身心的愉悦和快乐。在文化生活极度匮乏的年代，人们极力去寻找各种承载文明的载体，来填塞文化需求的饥渴。一本残破小书，可以在上百人的手中传递和阅读，看完后仍意犹未尽，不忍释卷。彼时，人们读书如饥似渴，却并无黄金屋、颜如玉一类的功利目的，有的只是内心的精神需求，读书的愉悦与快乐正在于此。仲春季节，读书间隙，推窗而立，鸟语花香扑面而来，内心深处则有禾苗拔节的哔剥之声回响；炎炎夏日，一卷在手，品茗读书，摇扇驱蚊，自然能感受到心灵的清凉和愉悦；秋风瑟瑟，听窗外传来淅淅沥沥的雨声，喝一口酽茶，想起"风声雨声读书声"的名联，便会发出会心的微笑；数九严冬，寒意砭骨，围炉夜读或雪夜捧卷，书香入腹，情暖人心，又能体验到视通万里、思接千载的悠悠遐思。

无论是求学求知还是寻求精神上的愉悦，读书都是我们的一种心灵之旅，是接受自我内心的召唤和灵魂的导引上路，让自己再次起飞得到新生的力量。变换的风景，奇异的遭遇，萍逢的客人……这一切旅途中可能发生的事件，都会在我们读过的书籍中出现，它们强烈地超出了我们已知的范畴，以一种陌生和挑战的姿态，敦促我们警醒，唤起我们好奇。在我们被琐碎磨损的生命里，张扬起绿色的旗帜；在我们刻板疲惫的生活中，注入新鲜的活力。

正因为读书之益，读书之趣，我们才对书籍本身挑剔起来。试想，灵魂之伴侣如何可以等闲视之呢？一本书的好坏，总会有无数人来品评，既有芸芸众者即兴点评，又有专家学者细心解析，然而，书籍最终的裁定者是历史而不是某一种潮流。随着时光的淘汰，留下来的经典之作渐渐走进更多人的视野，留在人们的案头，成为经典之藏。

"典藏"之作正如伴随我们的益友，多闻、博大、精彩而有趣，这样的益友，需要人们用心地品读，细心地筛选，最终把最好的"朋友"留在自己的身边。我们的"典藏"正是帮助读者挑"益友"的一种尝试，希望能把经典的、有价值的或者有趣的书籍放在读者的案头，让它们像朋友一样陪伴每一位读者走上自己的心灵之旅。

当我们打开书本，走进属于自己的心灵世界，自然能够体验那种君临一切的奇特感觉。此时心如止水，宁静安然，恰如室外无言的星月，美文佳句不期而至时，或击案称绝，或吟哦出声，甘之如饴。愿这"典藏"之作能给我们的心灵留下一块绿荫，助大家在自己的漫漫行旅中搭起一座可供休憩的风雨亭，对抗庞大、芜杂、纷繁的外界侵扰。

正能量

　　读书是我们感受生活的一个很重要的途径，通过书籍中的文字我们可以感受到字里行间饱含着的热情。带有正面能量的话语，总是像一块磁力石，在你最迷茫和无助的时候吸附你所有的不良情绪，给人一种激励的力量。知名电视制作人朗达·拜恩说过："宇宙中有一股强大的能量，这股能量能让人拥有想要的一切。"这种神奇的能量就是正能量。

　　本书就是以正能量为主题的励志读物，旨在唤起人们心中对美好事物的追求，召唤那些积极的情愫音符，积累并合奏成为人生道路上必不可少的进行曲。面对苦闷、失意，是选择逃避厌恶，还是积极面对坎坷，选择往往就在我们的一念之间。阅读了这本书，你也许不会再像以前那样迷茫，也许会懂得做一个富有正能量的人，美好的生活也在前方向你招手。

　　本书十章的主题，皆是正能量的传达，进而揭示生活的真谛。保持笑脸，不惧苦难，时刻拥有乐观豁达的心态，人生的道路才会更畅通；接受并面对困难，不自怨自艾，不放弃自己的坚持；富有爱心，用无私的感情对待别人必会得到更多；不要放弃心中的小小理想，时刻拥有进取的心态，就有无穷的力量；宽容和自信的人永远笑到最后，也笑得最美。

　　通过一个个小故事，能使我们感悟到大道理。排除负面情绪，做一个正能量的人，你会感到生活的妙不可言。

目　录

第四章　仁爱之心：心余玫瑰余香

第五章　理想之巅：并非遥不可攀

第六章　勿忘心安：责任改变生命的色彩

第七章　天道酬勤：君子以自强不息

笑靥如花：让生命绽放于阳光之下

生活需要阳光的滋润，躲避在阴暗的角落，会感知不到光明与温暖；像一株太阳花，对着明媚的光芒绽开最灿烂的笑容，身体内会激发出快乐的能量，它来源于我们的内心。微笑是世界上最美好的语言，面对一张张笑脸，那是如天使一般的纯净，生活中偶尔遇到的不快也会瞬间烟消云散。笑靥如花，是从心底油然而生的快乐，让自己的生活充盈着不一样的气息，也会带给身边的人同样的感触。拥有一个阳光的心态，即使眼前遍布荆棘，依然会想着前方就是山花烂漫。饱含满满的热情，继续前行，即使身边的风景如何变幻莫测，看风景的人始终是我们自己。多用自己的眼睛去发现生活中的美好，知足者常乐，卸掉背负在身上的负担，试着忘却曾经存在过的痛楚，轻松面对人生，这未尝不是一种大智慧。

心态的高度，决定着快乐的程度

"一个健全的心态，比一百种智慧都更有力量！"英国大文豪狄更斯如是说。每一个人从来到世界上的那一刻起，上天赐予我们的机会都是均等的，所有的成功不是开始就注定的，在渐行渐近的过程中，心态的好坏，对于最后的结果起到关键的作用。

心理学家认为：一个人想要成功必须首先健全自己的心态。心态是我们唯一能完全掌控的东西，学会控制自己的心态，学会用健康的心态和智慧面对生活，试着去把阳光心态置于快乐的首页。

阳光心态是一种积极向上、乐观、知足的心智模式。每个人都希望自己能拥有灿烂的人生，活得轰轰烈烈，但那些真正让自己的生活有滋有味儿、无限精彩的，却是始终以积极心态回应生活的人。生活其实就是一种态度，能掌控自己心态所处的高度，那正是精彩人生之路的开启。这正如一位伟人所说："要么是你去驾驭生命，要么是生命驾驭你。你的心态决定谁是坐骑，谁是骑师。"

很久以前，有一个村庄，这里就像是被诅咒过一般，天灾人祸不断接踵而至，村民们逐渐变得不安，无论男女老少，都烦躁不堪、闷闷不乐，不是打架，就是在一起争执吵闹，村里的族长为此感到非常烦闷，不知如何是好。

某天，一个偶然的机会，族长得知在终南山一带生长着一种快乐藤，凡是能得此藤者，皆能消除心中烦恼，喜形于色，重新回归快乐的生活。于是，他把村中年轻的小伙子召集到一起，从中挑选出一个精明能干的人，吩咐他去终南山采集这种快乐藤，并速去速回。

小伙子听闻世界上竟然有如此神奇的宝贝，可以解救村子的危机，一刻也不敢耽搁，背上行囊，快马加鞭，直奔终南山。

经过几个昼夜马不停蹄的奔波，他终于来到风景如画、宛若仙境一样的终南山麓。四处寻找之后，小伙子发现了一座藤萝缠绕的木屋。那里，有一位身穿布衣的老人正在屋前砍柴，他年纪虽长，但精神矍铄，面带喜色，似乎不知疲倦一样。小伙子急忙上前，毕恭毕敬地向老人行礼并询问："老人家，听说在这一带有一种神奇的快乐藤，是否是这房前屋后攀爬的藤萝啊？"老者答曰："正是此藤，我自居于此，每天过得都很快乐，逍遥自在。"

小伙子说："我受村里族长所托，奔波千里，跋山涉水，只为来此寻找此藤，我们村子很需要它，您可以送一些给我吗？"

老者说："当然可以，不过你要谨记，单凭从这里取几根藤萝回去栽种，只是会获取暂时的快乐，是无法永远快乐的，想要获取永恒的、经久不衰的快乐，其关键是栽种快乐的根。"小伙子感到不解地问："是在泥土中栽种吗？" "不，是栽种在心里。"老者答道。

小伙子若有所思地点点头，向老人道谢拜别，心满意足地踏上回村的路途。回到村里，他把老人的嘱咐传达给村民，村民们抛弃掉心中积压已久的烦躁，释放出心中的快乐，以积极的心态开始了崭新的生活，他们的心中就自然得到久违的，也是越来越多的快乐。

的确如此，只要心中根植一份快乐的根，让它自然生长发芽，无论走到哪里都会生长出快乐的藤萝。人活一世，活的就是一个心态，心态好是最重要的。面对生活中各种突如其来的状况，它未必都如心中所期待的那样美好，也许一开始，你对它抱有无限的憧憬，但结果却是各种沮丧迎面扑来。不是所有的事情都会让人开心，烦恼的、糟糕的、形形色色的人与事，都有可能发生。生活还是一如既往，无关痛痒，关键看我们是以怎样的心态处理和面对。

一个在公司辛苦打拼的年轻人，他每日辛苦忙于工作，压力与日俱增。疲惫不堪的他因为前天晚上加班，第二天起来晚了，眼见就要迟到，他急急忙忙地洗漱，慌乱中把水洒了一身；抓紧时间把衣服换好，在匆匆地跑下楼时，又一不小心把脚给扭伤了。他当时心想："今天可太倒霉了，以前下楼也从来没有扭过脚。"于是，他满怀一肚子怨气走出家门。这时候，看见一辆公交车已经缓缓地进站了，他赶紧往站点跑，但是，司机没有看见他，见没有人等车，关上车门开走了。这下，可是气坏了年轻人，他朝着公交车的背影喊道："你这不是欺负人吗？看不见我在跑啊，是不是我和你有仇，是故意气我的吧！"发泄一通之后，他还是越想越生气，就决定不上班了；刚要离开，又有一辆公交车开过来了，他上了车，车上人很少，还有许多空闲的座位。意想不到的是，"倒霉"的事情还没有结束，就在他准备要下车的时候，司机一个急刹车，一位没有站稳的女士又踩上了他扭伤的脚，疼痛瞬间点燃了他积郁许久的愤怒，他毫不留情地大声斥责那位妇女，尽管人家已经在不停地向他道歉。他气呼呼地来到公司，全然没了心情工作，烦躁不堪，一天下来，什么工作都没有完成。

这个小伙子度过了悲催的一天，他没有感到任何快乐，只有无尽的抱怨和愤怒。在他看来，所有的一切似乎都在和他作对，为什么倒霉的一直是自己。生活果真是如此不幸吗？其实，我们生活中不可避免地会发生一些"小意外"，淡然处之才是王道。心态不够积极，不够"阳光"，任意放大遇到的问题和困难，凡事都往坏处想，不去想那些哪怕是一丁点儿的快乐，足够的"想象力"左右自己，这样也把好心情莫名地破坏了。

有一次，美国前总统罗斯福家中失窃，被盗贼偷去了许多东西，包括一些重要的文件，他的一位朋友得知这个不幸的消息，马上给他写信，希望给他些安慰，可以让他宽心。罗斯福给朋友回信写道："谢谢你来安慰我，我现在其实很平静，感谢上帝，因为，第一，盗贼偷走的东西只是我所有物品的一部分，并不是全部，他没有偷光东西；第二，盗贼只是偷了物品，这些都是身外之物，他并没有伤害我的生命，世界上没有任何东西比生命更重要了；第三，我很庆幸的是，做小偷的人是他，而不是我，我还有最宝贵的人格。"这些理由让他的心情平静，没有失窃后的愤怒和不安，剩下的是豁达带来的舒畅。

相比之下，小伙子这一天的遭遇似乎比罗斯福要简单得多，但是，罗斯福在平静与释然下享受着快乐，而小伙子却在愤怒中遭受着痛苦。为什么会产生这样的不同呢？细想之下发现，那就是源于两个人不同的心态，简单地概括就是前者不是阳光心态，而后者是。其实那个年轻人换个角度，静下心来思考问题，如果他可以在扭伤的时候给自己一个心理暗示：这只是一个小意外而已，如果在当他坐上公交车时，感慨一下自己的幸运：幸运的是自己在扭伤后可以在车上找到一个座位，如果到了公司后，迅速进入工作状态，忽略掉那些鸡毛蒜皮的小事，专心致志地开展工作……如果，如果，一切都会不一样，都不会是现在痛苦的状态。生活不是苦不堪言，而是那颗不肯快乐的心在从中捣乱。

生活中所谓的快乐好坏，大都取决于一个人的心态。心理学家指出，每个人都具备使自己快乐的资源，比如积极的心态：乐观、豁达等，这些特质几乎可以在每个人身上找寻到，只是许多人没有把这些"快乐的资源"运用好而已。是否在用真心去感知世界，能不能正确审视一切，客观对待所处情景，决定着自己快乐的程度。大多数人的失败，并非是因为才智平庸，也不是运气欠佳，而是没有保持一种积极向上的心态，使自己最终没有抵达成功的终点。快乐的秘密隐藏在我们的内心，一个心态好的人，会很快地找到属于自己的钥匙，开启幸福的大门，即使周围的人不能使他快乐，他也能把快乐传递给其他人。

快乐是一种心灵体验。心中有快乐，眼前就有美好。其实快乐的定义很简单，无需过多的粉饰与加工，也不需要费尽心机地寻找，快乐的关键取决于一种积极向上的心态。生活中的快乐是公平的，它给予每个人的分量不多也不少，不必羡慕别人拥有的，学着保持积极的心态，自己的生活同样可以丰富多彩、有滋有味。心态的好坏与快乐的程度相辅相成，当屹立于阳光心态的顶端，请去触碰那充满快乐的云端！

知足者常乐

"知足常乐"语出《道德经》："罪莫大于可欲，祸莫大于不知足，咎莫大于欲得，故知足之足，常足。"这句话的大致意思是说："罪恶没有大过放纵欲望的了，祸患没有大过不知满足的了，过失没有大过贪得无厌的了，所以，知道满足的人，永远是觉得快乐的。"

是啊，知足者常乐！人生在世，屈指数数，不过是几十年的光景，人们在凡尘间为生活摸爬滚打，为生计奔波，忙忙碌碌；为情感伤怀，泣啼连连，或为眼前得失，辗转反侧。人永远在不停歇地追逐，有时盲目不知其所以然，却仍奋不顾身，投身其中，要是一味地只顾向前，根本没有尽头而言，到头来终究落得满身伤痕。又何必苦苦相追呢！人，应该学会知足，知足会让自己更加豁达，也是一种对待生活的态度，毕竟，人学着豁达一些会更舒适，不是吗？

粗茶淡饭未必不香，布衣茅屋也不一定就是清贫。时常知足，活得轻松，过得自在，随性而为，是一切幸福与快乐的源泉。以一种快乐的心态，享平淡生活中的天长地久，赏平常日子中的花好月圆。

有个人非常羡慕别人骑马，他羡慕那种高高在上、策马奔驰的感觉，可以尽情领略自然风光的潇洒，而自己在路上行走，是永远体会不到这种感觉的，看到的永远是一些静止的物体，令人乏味而无趣。他就非常希望自己也拥有一匹马，但是无奈囊中羞涩，况且他居住的环境，是群山环绕，危险的路况很多，根本不适合骑马，他把心中的想法和家人说了之后，大家没有同意，拒绝满足他的要求。他感到非常沮丧，整日唉声叹气，什么都不愿意做。

一个跛脚的富人听说了他的情况，便派人告诉他，其实，想要得到一匹马并不难，他可以送给他，但是，天下没有免费的午餐，他需要用身上的一样东西来交换，那就是他的双腿。

那人听后，感到非常高兴，立即沉浸在想象骑马的感觉中，他可以在马背上听风在耳边呼呼而过的声音。等自己有了马，双腿也就没有任何作用了，他可以去任何想要去的地方，马可以载着他飞奔，于是，他毫不犹豫地同意了富人的要求，砍下了自己腿，并且如愿以偿地得到了马。

自从拥有了马，他就骑着四处奔跑，肆意地享受着风驰电掣的感觉。但是，好景不长，渐渐地，他感到骑马非常疲劳，又想起了在地上走的感觉，很是怀念，就爬下马背，想回到地上歇一歇、走一走。但是万万没有想到，离开了马背，他寸步难行，因为他已经失去了自己的双腿。

他想要回双腿，但是一切都晚了，他后悔万分，却也无法改变。

他发现人不可能永远地生活在马背上，等他下马后才清楚，没有双腿的生活是那么地艰难，让人猝不及防、始料不及。

我们每一天都过着平淡而又真实的生活，当我们适应了这种生活，就会开始享受其中的快乐，因为生活本就是活给自己看，不是活在别人的眼睛里。不要去羡慕别人，他们的生活也许是你无法企及的，或是物质，或是精神，但不要忘了，看别人的同时，你也同样是别人眼中的风景，那片景色自有他们无法领略的美丽。

你是什么样的人，属于什么世界，就过什么样的日子，知足常乐。知足是快乐的源泉，知足而乐更是一种难得的人生境界。

梁思成的儿子梁从诫毕业后在云南大学任教，后来又担任杂志社主编、全国政协委员等职位。在当时看来，他名门出身，经济条件又甚好，有不菲的工资收入，羡煞旁人。但是他没有去追求物质，享受高端生活，而是崇尚节俭，投身环保事业，过着简单、朴素的生活。

梁从诫无限兴奋地回忆他一生最快乐的时光，"那个时候，我的家庭生活是非常幸福的，我的父亲与母亲的精神生活是那样地充实，让人羡慕。在我的记忆中，那段生活非常地美好，尽管没有奢华的日子，但父母对待生活的态度是难得可贵的，首先是旷达乐观，其次是知足知止，他们生活条件其实是不错的，但是他们却从不去追逐超出生命基本需求的物质享受，所以，内心永远静如止水。这些道德品质，也影响了我今后对待生活的态度。"

直到现在，梁从诫先生对父母那些老一辈人简朴的生活仍然向往，并心怀敬意。多年以来，他的生活并没有因为任何无谓的事物而改变，相反，他的人生追求变得更加明确与纯粹，他为大自然的环境保护事业贡献出了一生的力量。多年来，他和夫人一直生活在20世纪50年代的一所老房子里，日常生活也是如普通人一样，柴米油盐酱醋茶，简简单单。有时候，儿女们回家，家人们聚在一起，吃一顿饭，享受天伦之乐，倒也心满意足，无可代替。

在梁先生看来，做任何事情，都要问一问自己内心的真实感受，当一个人内心平静，处世坦然，对待任何事情，都是以一种如水的眼光观望，自然也就会忘记那些身外之物，所有的金钱、名利更加不值一提，也就不会像有些人一样，一辈子被名利赶着走，像被束缚在金钱的枷锁中一样，没有自由，永远无法逃脱。如他所说："幸福不幸福，快乐不快乐，并不在于对金钱、利益占有多少，而在于一个人对待生活的主观态度。如果一个人的内心世界极其丰富，那么物欲就变成很次要的问题了。"这是一种知足的生活，这样的生活，其实并非遥不可及，是每个人都可以达到的境界。

知足者对待自己没有过多的要求，对他们来说，不去想自己没有的，而是想自己有什么，珍惜眼前拥有的就是最大的快乐。

有一个年轻人，他的心情一直不好，感到生活无望，对别人富足的生活羡慕不已，逐渐地，怨恨、不满的情绪占据了他的内心。每天早上，他匆忙地起床，赶地铁，去公司打卡上班。工作多年，自己仍然是个普通的小白领，不停地加班，只为领取少得可怜的奖金，生活却还是入不敷出。没有房子，没有车子，感情生活没有着落，他为自己没有升职感到愤愤不平，为得不到经理的重视怨气冲天，为能力不如自己的同事得奖而满腔怒火。他总觉得为什么自己想要的，老天爷却吝啬地从不给予，故意和自己作对。他在工作上的烦躁气，让他脾气越来越火爆，一点就着，也让身边的人逐渐开始疏远他，都怕他随时出现的无名之火伤及自己。

好朋友看到他这样的状态，心里很着急，想着怎样开导他，使他走出这样不堪的境地。一天，朋友对他说："我知道你想要做强者，性格争强好胜，什么都要和别人比。可是，你也许不知道，咱们公司的老总一开始创业时多么艰难，没有依靠，没有资金，他靠给人当司机、洗车去赚辛苦的钱，一分一分积攒起来做启动资金。公司刚开的时候，他每天也是风里来雨里去，起早贪黑地跑业务。就是现在当上了公司老总，身价过亿，他也没有高枕无忧，每天睡5个多小时，还要不停地充电，去读书，提高自己。这些，你都可以做到吗？如果你说做不到，那就过一个正常人该过的生活，知足吧。"年轻人沉默了。他想，自己的过于在意或许让自己已经迷失，他已经失去了太多珍贵的东西。从此，他开始调整心态，积极面对生活中的一切，努力和身边的人微笑，试着去沟通与理解，开始了不同以往的新生活，他获得了新生。

生活，不是去一味地计较，去攀比，去嫉妒，这些就像是缠绕在心头的藤蔓，忘记自己所处的位置，不属于我们的东西，自然有它的理由，或许是你不够优秀，更或是它根本就不适合你。当别人有一些貌似让人"羡慕"的东西时，其实我们并没有看到风光背后的付出，其中的艰辛和努力，也是用汗水与勤奋换来的。可以试着努力去争取，但徒有羡慕的眼光是远远不够的。

快乐的生活就在当下：每天和自己的父母在一起，吃上一口热饭热菜，感受着亲人的关心，听着爸妈的唠叨是快乐；看到每一天的日出，感受到生而自由的力量，在黑暗中迎来新的光明也是快乐；每天为工作、生活忙碌，体会其中别样的充实感，想到自己的存在还能为这个世界做一分贡献也是快乐。就是这些小小的快乐，让生活更完满，让生命更可亲、更值得眷恋。

世间最珍贵的东西，是顾念曾经自己所得到的，满足现在所拥有的。知足，快乐常驻。

用微笑去涤清充满负能量的尘霾

有这样一句名言："微笑是结束说话的最佳句号。"微笑是人与人之间最简单的交流，熟悉的人之间，陌生人之间，无须过多的解释，最无声的语言传达出的恰恰是温暖的气息。一个人的一抹微笑，往往囊括了太多的情绪，胜过千言万语，拥有无形的力量。

微笑，如山间潺潺淌过的溪流，柔和恬静；微笑，恰似悬挂在夜空中的一轮新月，皎洁明亮；微笑，又似那屹立在山顶上挺拔的苍松，苍劲有力。

如果说，有一种力量可以让人重拾自信，重获新生，那是微笑的力量；如果说，有一种力量可以让人坚忍不拔，坚持到底，那是微笑的力量；如果说，有一种力量可以让人心头一暖，收获感动，那也是微笑的力量！

正面的情绪，会让人感受到积极向上的正能量。与此相反，消极、厌烦、抱怨、贪婪、憎恨等负面情绪，带来的却是低沉的负能量。当今社会，竞争压力过大，人们每天都在为生存奔波，生活节奏的加快，也加速了负能量的发酵，这些发霉的气息，就像是空气中的雾霾一样，挥之不去，严重地影响了我们的日常生活，甚至会引起一些细微的变化。这些细微的变化让人难以察觉，"千里之堤，毁于蚁穴"，时间久了，也许会产生难以估计的后果。长期在这种"雾霾"的天气中"呼吸"，会让人感到窒息，甚至威胁我们的身体健康，而微笑，不失为驱散"雾霾"的一剂良方。

我们喜欢微笑，喜欢嘴角的翘起，喜欢那弯起的弧度，更喜欢它所传达的一种力量。

有一个男人，他所在的公司由于不景气，不久前破产了，他失业了，一夜之间变成了无业游民。没有了收入，一家老小还要吃饭，生活的巨大压力让他每天闷闷不乐，整日以酒浇愁。

不久，他和朋友借钱做起了小买卖，可是无论他怎样绞尽脑汁，还是卖什么都赔钱，越是赔钱心情越是糟糕，摆出一副臭脸，见人带搭不理，客人就越发得少了，最后只好关门大吉。

就在他苦思失败原因，百思不得其解的时候，他听说有位成功的商人要来他所在的小镇定居，高兴极了，心想这下有希望了。他决定去找这位商人取经，求他指点迷津，帮自己的生意走出困境。

商人倒是没什么架子，一脸和气，很客气地把他迎进家里，微笑着对他说："呵呵！取经吗？我可不是万能的，不过我倒是想请你帮我个忙。"

男人听了颇为意外，他不解地问："你看我现在一无所有，我能帮你什么忙呢？您太抬举我了。"

商人笑着说："我这里有五十双袜子，你帮我在一个星期之内卖出去，切记在卖袜子的时候，要热心、耐心、微笑着面对每一个买和不买你袜子的人。你能做到这些，我再告诉你成功的秘诀。"

男人听完后仍然觉得很困惑，不知道商人葫芦里卖的什么药，但心想还是试试看。他拿着袜子，挨家挨户地上门去推销，他谨记商人的话，不管顾客如何挑剔他的袜子，说这不好那不好，他脸上始终挂着微笑，面对人们的质疑，他都会很热心地拿着袜子当着顾客的面，一遍一遍试验，证明他的袜子是结实、耐用的，一天下来，他感觉笑得脸上的肌肉都僵硬了。

因为他的不懈努力，终于只用了五天就卖光了所有的袜子。他很高兴，急忙跑到商人家里，商人的妻子说："他有事出远门了，走的时候告诉我，让你把这一百双袜子在一个星期之内卖出去，然后再来。"

男人感到不禁感到有些沮丧，听说要在一个星期卖出一百双袜子，这是更加难上加难，有些泄气，又想到可能是商人在考验自己，他为了得到商人成功的秘诀，只好硬着头皮去做。

这次，为了能更快地卖出一百双袜子，他脸上的微笑更多了，甚至是不由自主地笑，微笑逐渐成了他的习惯，对顾客也更加客气。而这一次他感觉比上一次要顺利，挑剔的人越来越少，以前买过他袜子的老顾客，会毫不考虑地买他的袜子，而且说："兄弟，你的袜子很耐穿，我们看见你脸上一直带着笑容，心情也莫名地好起来，不管怎么挑剔你都不烦，我们都希望再次光顾你。"

　　出乎意料地顺利，一百双袜子很快销售一空，甚至有不少人开始和他预订，他不知如何是好，急忙往商人家赶。恰好商人在家中，男人急忙说："还有没有剩余的袜子啊，我的货没了。"商人听了后笑着说："干得不错，看来你已经找到了成功的秘籍。"

　　男人听后愣住了，但仔细想想，便恍然大悟，脸上不由得泛起了微笑。这时他脸上的微笑再也不是僵硬的，而是发自内心的了。

　　微笑，能带来好运气，生活中，给予别人一个善意、友好的笑，有谁不愿意接近你呢？无论是在生活上，还是在工作上，都会在无形中比别人多出一些机会。它像一个放大镜，快乐使人微笑，而微笑使人更加快乐。微笑扫除沮丧的情绪，剩下的是"重振山河再出发"的勇气。

　　微笑的力量是无法估计的，所谓"四两拨千斤"，不要轻视一个笑的表情，它有时候甚至可以扭转一些危急的局面，出现难以预料的奇迹。

　　劳拉是一位爱好运动的女士，天还没亮，当别人还沉睡在梦乡中，她就早早起床，在屋里做一些简单的运动。今天，她正坐在地上进行一些拉伸的动作，突然，听见门锁有些异样的声音，她没有在意，因为昨天晚上丈夫加班一夜未归，可能是早上回来了。"亲爱的，你可回来了……"劳拉一边说一边打开门。看到门口的人，她顿时呆住了，那个人不是她的丈夫，而是一个持刀的歹徒，一把明晃晃的刀握在他手里，正对着自己。劳拉立刻强迫自己镇静下来，如果这个时候，她大声喊出来，说不定会激怒歹徒，威胁到自己的生命安全。

　　劳拉直视着歹徒，微笑着说："你是推销刀具的吧！你可真是太能干了，天还没亮就开始工作，你来得可太及时了，最近我家的菜刀一直不好用，还没来得及去买，就有人送货上门了，真是太好了，你一早上就出来忙碌，是不是累了，快进屋歇一歇……"劳拉一边说着，一边让歹徒进了屋，还给他倒了一杯热水说："你长得特别像我一个好久没联系的朋友，不仔细看，都看不出来，见到你，真是感觉太亲切了。"看着劳拉忙碌的身影，听着她不停地的说话，歹徒倒是腼腆起来，他突然感到了一丝不好意思，他挠了挠头说："是吗？这个世界上长得像的还真不少。"

　　最后，劳拉真的买下了那把"菜刀"，并且付了钱，那个歹徒迟疑了一下，还是接过钱走了。但是，他在出门的瞬间，转过头，露出真诚的微笑说："小姐，我会记得你的微笑的，谢谢你，这个微笑将会改变我的一生。"日后，这个男人也许会找一份正当职业，因为是那个宽容的微笑，让他看到生活的另一个出口。

　　微笑，这是多么神奇的力量。劳拉女士善意的笑容不仅挽救了自己的生命，还改变了一个凶残歹徒的人生轨迹，这比任何鲁莽的行动和激烈的行为更有力量。还有一个故事大致讲的也是如此：一个人因为生意失败，面对人们的冷嘲热讽，万般无奈之下他去别人家行窃，他把屋里值钱的东西洗劫一空。正要破窗而逃的时候，突然看到窗前的婴儿床里躺着一个小婴儿，她那么小，粉嘟嘟的，她不知道眼前发生了什么。这个小天使竟然咧开嘴笑了，就是那个笑容，让这个小偷愣住了，他许久没有看到过这个如天使一般纯净的微笑了，已经几乎快要忘记笑的样子。他伸出手摸了摸她的小脸，冲着婴儿也笑了笑。他起身把偷窃的东西放回去，笑着离开了。那个笑容让他感受到了久违的快乐，他没有因为冲动误入歧途，他要去努力了，那个微笑给了他重新开始的决心。

　　我们的表情本身很丰富，然而更多时候，是一些负面情绪让人忘记了微笑，久而久之，快乐地一笑，成为了奢求。无须吝啬脸上的笑容，习惯成自然，发自肺腑的、真诚的笑容是最打动人的。微笑是相互传递的，延续下去，内心一些潜藏的"乌云"逐渐消散，还自己一片晴空万里。

　　"笑一笑，十年少"，微笑，身心得到释放，更加健康，扫去积聚在体内的抑郁。"一笑泯恩仇"，微笑，化解一些积怨和误解，人与人之间的相处更加融洽。"伸手不打笑脸人"，微笑，在一些危机的时刻，扭转乾坤，使人心平气和。微笑虽是简单的一个表情，却可以产生巨大的正能量，去除隐藏的负能量。所以，从现在开始，对着生活微笑吧！

　　生活是一面镜子，你对着它微笑，它就对着你微笑。

所有苦闷的理由，都是快乐乐章的前奏

早上醒来，看见窗外透进来的一米阳光，心想又迎来了新的一天，昨天无论是狂风，还是暴雨，现在看到的只是晴空万里。人的记忆生来奇怪，它不会自动地删除，也不能选择性地保留，而且越是那些触目惊心的事实，却越是清晰地映现在脑海。

有时候心情会莫名地烦躁，为了一些不足挂齿的小事与人争吵，因为工作失误受到领导批评，因为努力奋斗却没有好的结果，亦或是因为早上下楼时，一不小心踩到了香蕉皮……生活种种，会让人时常苦闷不已，无法释怀。自己拼尽全力，换来的是一文不值，自然是积郁于心，看眼前再美的风景也会是杂乱无章，凄美婉约，眼前的风不是风，眼前的雨不是雨。

人生是在苦乐年华中度过的，现实没有想象中的那么美好，但也没有想象中的那么可怕。习惯过分估计事情的严重后果，难免杞人忧天，对待同一件事情，仁者见仁、智者见智，不同的人有不同的态度。悲观的人想象天塌下来后的惨烈景象，乐观的人想的是在天没塌下来之前，好好享受现有的生活。苦闷是一种在心底升腾的负面情绪，渲染开来，整个人也在随之崩塌。为什么会产生苦闷的情绪？扪心自问，原因是一颗不愿意快乐的心，一颗被束缚在阴暗角落、不愿意接受阳光的温暖的心。即使苦闷袭来，试着尽快从中抽离，冥想一下，这些都是在为即将到来的快乐做准备。一个循序渐进的过程，经历了烦躁与痛苦，下一站，是幸福的微笑。

有一位女孩，她对生活感到厌倦，甚至是绝望，她感觉自己的生活糟糕透了，没有任何希望，周围的人都不喜欢自己，她搬到了一个远离人们的地方居住，这里到处都是生活垃圾，人烟稀少，附近居住着建筑工人，他们每天去工地干活，浑身上下，显现不出文化的气息，她也懒得理他们。虽然换了个环境，心情还是一如既往地难过，她十分郁闷。

她的邻居是一名女画家，每天都早起去湖边写生。某日，闲来无事的她去湖边散步，碰巧遇到女画家也在那里。画家似乎观察出女孩的心情不太好，她一边怡然自得地做着画，一边对女孩说："姑娘，过来看看我的画吧！"女孩心想：住在这么恶劣的环境里，还能有艺术气息，还能有什么闲心画画？她走过去，满不在乎地看了一眼画家，顺便看了一眼她手中的画。

少女一下呆住了，她深深地被画作吸引了，她似乎不敢相信自己的眼睛，世界上竟然还有如此精彩的画作，这是一幅如此美丽的画面——她将垃圾堆积场地画成了山水环绕的公园，将荒无人烟的山丘画成了童话般的小木屋。

最让人感到奇妙的是，建筑工人们坐在墙角，满脸的笑容，像是在聊些什么，眼睛都笑开了花。湖边还有一座雕塑，是一个天使般的婴儿在妈妈怀里微笑。良久，画家突然一挥笔，在这幅美丽的画卷上增添了许多墨点，女孩惊喜地说，这是星星和花瓣。

画家最后将这幅画命名为《生活》。女孩感觉如释重负，积压在心头已久的愤懑不安，所有糟糕的情绪，也都随着清风，漫入到空气中……她问画家："面对这样的场景，你是如何画出这样美丽的画？

画家笑着说："我只会记得生活中美好的，只会去想象那些美好的。你难道没有发现身边的美丽？这里现在看起来乱糟糟的，但是，这是在建设中的生态园，这里的建筑工人们辛苦劳作，不就是在为建设日后旖旎的风景而努力吗？只要用心记住这些生活中的美好，忘掉一些无所谓的苦闷，生活不就是充满快乐与希望了吗？"

每天都生活在美好的、想要过的日子里，那是在做白日梦，是不现实的。不管愿不愿意，欢不欢迎，生活的不如意，以及它带来的苦闷，还是会如期而至。昨天在学校被老师批评，回家之后，好好复习功课，第二天依然心情明媚地去上学，这是小孩子的心态，也是我们应该时刻保留的心态，不是阿Q的自我胜利，而是即使面对狂风暴雨，依然笑傲江湖的洒脱。

一个小女孩趴在窗台上，看窗外的人正埋葬她心爱的小狗，不禁泪流满面，悲恸不已。她的外祖父见状，连忙引她到另一个窗口，让她欣赏他的玫瑰花园。果然小女孩的心情顿时明朗。老人托起外孙女的下巴说："孩子，你开错了窗户。"真的就是这样，打开苦闷旁边的窗户，也许就看到希望与新生，很多时候，眼前看到的并不一定全是真实的，善于发现，就会真的有所不同。

"苦乐无二境，迷悟非两心。"人生悲喜，起起落落，大抵相同，快乐与苦闷，常常是一体两面；但一念之间的转换，体会的角度不同，就呈现出风格迥异的两个世界。

从心理学角度说，快乐，是一种对待事物的获得或者观察后产生满意与愉悦、幸福的心理反应和行为表现。在现实生活中，快乐与否，是用真诚的心感受，在不同的角度去审视，还是只看事情的表面，死死地抓住一点不放，其实，全凭自己做出最后的选择。

鲁宾下班后，见公交车人太多，准备打车回家，坐进出租车后，他感觉到开车的司机是一个特别乐观的人：他一会儿打开广播，听着里面的笑话、歌曲，一会儿吹着口哨，无忧无虑，就像是中了彩票大奖一样开心。鲁宾忍不住地问："你今天有什么开心的事情吗？"司机回答说："快乐，也需要理由吗？""我每天都是如此啊！"鲁宾感觉自己像是问了一个很无知的问题，想想也是，真是没有必要，难道想笑，也要找个理由？

过了一会儿，司机对鲁宾说："其实，我以前不是这样，也是在经历了一些事情之后才有现在的感受的。生活中的不如意实在是太多，仔细地数也数不清，如果稍微遇到不顺心的事情，就情绪暴躁，愤怒不已，迁怒他人，不仅不起任何作用，反而会更糟糕，任凭事情进行下去，不用管它，顺其自然，自会有转机出现。"鲁宾感到很好奇说："你能说说你都遭遇了哪些事情吗？"

司机平静地说："有天早上，我早早就出车了，心想能趁着上班人多，可以多赚些钱，不料，真是太不顺利了，汽车跑了一会儿就没油了，接着又爆胎了，正值炎热的夏天，前不着村，后不着店，走投无路之下，我的心情特别地郁闷，心想，这下可如何是好，谁来帮帮我呢？就在我着急的时候，一辆卡车远远地驶来，在我车前停下。从车上下来一个司机，他拿着工具箱，没有多问，就帮我把轮胎修好了，还给我倒了些汽油，我非常激动，连连道谢，又赶快拿出些酬劳给他，可是司机却拒绝了。他说："都是司机，出来开车不容易，谁遇到这种情况都会帮忙的，这没什么大不了的。"说完，开着卡车走了。

"这位司机的出现，使我那天的心情大好，他不仅帮我修好了车，还给我带来了好运气，说来奇怪，修好车后，那天的生意特别好，客人一个接着一个。"后来，我体会出一个道理：凡事都会有转机，生活不会永远不顺利，乐观的心情会给人们带来好运。

积极地给自己一个心理暗示，相信发生的事情自会出现新的转机。出租车司机在一个糟糕的状况下，本来是很郁闷，屋漏偏逢连夜雨的状况确实难受，但事情又往往不会一直是一个样子，当转机出现时，情况一下发生了变化，司机领悟到了其中的道理，也影响了他对这个世界的看法，微笑时常挂在脸上，也感染了更多的人，让更多的和自己有过同样遭遇的人，也抛弃烦躁，享受好心情带来的愉悦。

拿破仑·希尔说："使你快乐或不快乐的，不是你有什么，你是谁，你在哪里，或你正在做什么，而是你对它的想法。"

一个拥有快乐之心的人，无论走到哪里，都会自得其乐，一个自寻烦恼的人，喜欢在一点儿小的事情上做文章，无限放大自己的苦闷。为自己所苦闷的事情找出无数个理由，生怕自己从中解脱一样，一定要说服自己，我的悲伤不是无缘由的，是理所应当的。其实，全然不是如此，这些苦闷的理由，是强加给自己的束缚，是放低了快乐的标准。你只是还没有准备好去迎接快乐，振作起来，在快乐的乐章奏响之前，苦闷的理由已经开始为接下来的精彩预热。

试着寻找隐藏在身边的细微快乐

很多人都觉得自己不快乐，其实只是他们没有认识到真正的快乐是什么，不太在意那些微小却作用重大的快乐，太容易被苦恼所遮蔽，并因此失去了感知快乐的能力。有的人每天在不停地抱怨，又不停地给自己增加痛苦的砝码，让自己与快乐的生活渐行渐远。

浮生偷得半日闲暇时光，某个夏天的傍晚，约好友结伴去逛夜市；在工作不顺心的时候，有人不厌其烦地听你絮絮叨叨；甚至更为细小：早晨挤地铁的时候，意外发现有个空座位，在学校食堂吃饭，打饭师傅多给了半颗卤蛋，玩"刮刮乐"中了五元钱，可以免费买两个甜筒吃，以为丢了的东西忽然出现在眼前。这些微小而真实的快乐，也是一种最简单的快乐。即使在这一秒快乐结束，仍然要继续面临无穷无尽的烦恼，也不要就此忽略甚至否定这些小快乐。因为生活是由这些小小的快乐点点滴滴积累的，这些细微的快乐，现在看来似乎并不起眼，但日后回想起来，恰恰是最让人难以忘怀的记忆。

痛苦与快乐并驾齐驱，不是因为一时的痛苦，就忽略掉与之并存的快乐。快乐分分钟都在我们的身边产生，不该对它视如空气，不该看轻点滴快乐积聚的力量。问题似乎是手中织不完的毛衣，但是，只要电视上在播出有意思的节目，可以停下手中的活计，抬头看一看、笑一笑，去享受快乐。一辈子低着头，一心想尽快把毛衣织完的人，只怕一生都在被问题所困扰，尝不尽的是由舌尖弥漫到心头的苦涩滋味。

每天起床，试着给自己几个快乐的理由，哪怕只有一个也好，想一想昨天发生了哪些有意思的事情，今天也许将会发生哪些好玩的！这样，接下来的一天是会值得期待的、满怀动力的、激情洋溢的。所有的抑郁一扫而光，充满力量的战士又满血复活，快乐会多多眷顾那个没心没肺的爱笑孩子。

有这样一个故事，城里住着一个叫亚诺什的穷靴匠。他每天拼命赚钱，却一直没能过上富裕的生活，因为家中隔年就有婴儿呱呱坠地。等他的第三个孩子出生后，妻子不幸离开人世，撇下他孤零零地给孩子喂饭、穿衣。分面包时，一次就得切成三片！给孩子们做鞋时，一下就要做三双！养家糊口难啊，靴匠常常叹息。

圣诞节那天，天空飘起雪花，靴匠去给客户送靴子。奔忙了一天的他，很晚才走在回家的路上。看到路旁店铺里的玩具和花花绿绿的糖果，他想：过节了，得给孩子们买些礼物。买三份，花销太大；只买一份，又不公平。想来想去，他决定送给孩子们一件特别的圣诞礼物！"孩子们，都到这儿来！"亚诺什到家后招呼道。孩子们一个搂住他的脖子，一个扑到他怀里，他又把最小的一个抱在膝上。"知道吗？今天是圣诞节！今晚咱们不干活了，好好乐一乐，庆祝节日！我来教你们一支歌，非常好听的歌，这是父亲为你们准备的圣诞礼物。"孩子们欢呼雀跃，兴奋得几乎要把家里闹翻天了！

"静一静！现在跟着我一起唱。"亚诺什清了清嗓子，缓缓唱起那首优美而古老的圣歌。歌声轻盈，调子欢快，孩子们瞬间就被吸引住了。在这个温馨的夜晚，小天使们美妙的歌声，从婉转到高亢，一遍又一遍……然而，这歌声却惹恼了住在楼上的人——一位富有的老爷。他一个人住着九个房间，第一个房间用来闲坐，第二个用来睡觉，第三个用餐……其余的又派什么用场呢？此刻他正在第八个房间里抽烟，琢磨着自己怎么度过圣诞夜。楼下传来的歌声越来越响，当他们唱到不知第几遍时，他再也无法忍受，循声来到靴匠家。"你就是亚诺什，那个靴匠吗？"　"是的，老爷，您有什么吩咐？"富人本来是要发火的，可他瞬间改了主意，说："你竟然有这么多的孩子！"　"是的，老爷，唱歌，嘴多，听起来声音大。"　"吃起饭来，恐怕嘴更多吧。听着，亚诺什，我给你带来了好运，只要把你的孩子送给我一个，我来养，将来他会成为有钱的老爷。"亚诺什惊讶地睁大了双眼，谁还能不动心呢？他的孩子将成为老爷！孩子再也不必和自己过苦日子了。这些乖巧可爱的孩子，该过的生活啊！给！为什么拒绝呢？可应该选谁呢？他喃喃自语："老大，听话懂事，长大会有出息的，老二是个女孩，送给老爷不好，老三，是妻子失去生命生下的，怎能送人？"

可怜的亚诺什嘴唇直哆嗦，几乎哭着说："谁想离开这儿，坐漂亮的马车？吃好吃的东西？谁想去，就站出来吧……"面对这样的诱惑，孩子们却都怯生生地缩到父亲背后，拉住父亲的手、裤腿和皮围裙，谁也不吱声，好像要远远地躲开这位富有的老爷。"不行，老爷，不行啊！我不能把任何一个孩子送给您，我们得在一起……"富人无奈，只好要他们别再唱歌了。作为补偿，他给靴匠一千本戈。随后回到楼上去继续他的无聊时光。

亚诺什小心翼翼地将钱锁进箱子，藏好钥匙，内心五味杂陈。孩子们噘着嘴，不说话。屋里笼罩着冰冷而令人窒息的气氛。亚诺什坐下，又习惯性地做起靴子来。拿着皮料，他裁着，削着，不知不觉又哼起那首歌。似乎有微弱的声音在应和？抬头一看，孩子们闪着亮晶晶的眼睛，正围着他小声哼唱。他一脚踢开椅子，打开木箱，翻出那一千本戈，三步两步跑到楼上。"老爷，请收回您的钱，让我们唱吧！我们高兴，这比一千本戈重要啊……"没等富人反应过来，亚诺什就将钞票放到桌上，转身跑回了家。他挨个亲吻孩子，屋里重新响起了优美而纯净的歌声……

在鞋匠亚诺什的心中，金钱带来的富有生活，远远不及孩子们带来的歌声让自己快乐。全家人平平安安地待在一起，相互依偎，在寒冷的冬日，聚在一起，没有美食，没有新衣服，有的是亲情带来的无尽温暖。和家人在一起的日子，即使是无声无息的动作，仍然值得珍惜。

我们每天都和家人待在一起的时候，习惯性地去忽略掉其中隐藏的细微快乐，认为一切理所当然，在外求学或工作，不愿意拿起电话打给家人，总是在一直忙，忙着赚钱，总是想以后有的是时间，多少次，正是这"以后再说"，给自己的人生留下了太多的遗憾。

一项调查显示，在美国社会中，一对夫妻一天当中只有十二分钟的时间进行交流和沟通；一周之内父母只有四十分钟与子女相处；约有一半的人处于睡眠不足的状态。时间的危机实际上也会造成情感的危机。大家好像每天都在为自己的事情疯狂地忙碌，然后每日疲惫不堪，没有空闲的时间顾忌其他。大家都在忙，不停地工作、学习，为美好的生活奋斗，但是，将来真的会迎来美好的生活吗？

美国心理学家戴维·迈尔斯和埃德·迪纳已经证明，物质财富是一种很差的衡量快乐的标准。人们没有随着社会财富的增加而变得更加快乐，相反，却失去了许多快乐。在大多数国家，收入和快乐的相关性是可以忽略不计的。只有最贫穷的国家，收入才是适宜的标准。尼泊尔曾经被评为世界上幸福指数最高的国家之一，它国土面积小，经济也不是很发达，这里却有着独特而宁静的生活，人们生活节奏缓慢，却丝毫没有影响快乐的脚步，就连来这里旅游观光的人们，也会深深地被这种氛围所感染。

一对夫妻下岗了，两个人在集市上摆摊，依靠着微薄的收入养活一家老小，他们过去条件好时，还可以去舞厅跳舞，现在条件不允许了，两人空闲时就在楼下花园里，用录音机放着音乐，自娱自乐。男的喜欢喂鸟，女的喜欢养花，下岗后，他们依然还是遛鸟，在阳台上摆满各色鲜花。邻居们总能听到他们家中传来欢快的笑声。工作没了，收入少了，日子过得是清贫了些，但当有人问起，他们会说："这些都没什么，不管怎样生活都要继续，我们有手有脚，可以养活自己，家人们在一起，有自己的兴趣爱好，生活就依然还是很美好！"

的确如此，快乐不快乐，在人不在天，寻找快乐，不必大费周章，绞尽脑汁地去想，快乐是什么？于喧嚣处静心冥想，它一直握在自己的手中，不曾失去。它一直就待在自己的身边，不曾离开。

快乐真是太细微了，你都没有发现它。

幽默是一种神奇的力量

有人说："一个人的幽默能力与其智商成正比。"诚然，幽默的确是会为一个人的魅力加分。在公共场合，有的人很幽默，而且是从骨子里透出来的智慧幽默，不是那种无趣、做作的令人发笑，这样的人是很受欢迎的。即使是一个尴尬、沉闷的气氛，也会被瞬间打破，人们喜欢与他交流，也喜欢听他说话，会心一笑，开怀大笑，人们暂且忘记前一秒钟可能还在思考的麻烦事，不管怎样，现在是心情不错。

"幽默"是个外来词，是由英文译过来的。而最初将此词引入中国的是林语堂，他认为幽默是"心灵的光辉与智慧的丰富，各种风调之中，幽默最富有感情"。列宁说："幽默是一种优美的、健康的品质。"挪威有项研究显示，拥有幽默感的成年人比缺少生活乐趣者更长寿。有幽默感的人是轻快从容的，轻快从容地运用自己的观念，不被各种理念所奴役，能轻而易举地化解种种尴尬与困境，有幽默感的人，总能更好地生活下去，健康向上地生活在烦恼的世间。其实，在紧张的生活、工作之余，让其中多一些阳光与欢笑，感觉真的会很舒畅，这时，幽默充当了缓解压力的"按摩师"。

幽默经常会给人带来快乐，为我们的生活增加不一样的"作料"，它的作用众多，可以消除人与人的小摩擦，化解危机，防止矛盾的激化等，还有人认为幽默可以激发办事效率，在职场中可以发挥更好的作用。美国科罗拉多州的一家公司经过调查证实，参加幽默训练的中层主管，在九个月内工作效率提高百分之十五，而病假的次数则减少了一半。由此看来，可以被公司的领导引入到日常工作中，不失为上上策。有些时候，幽默也能让我们看出一个人的性格。

张大千是20世纪中国画坛最具传奇色彩的国画大师，他对绘画、书法、篆刻、诗词无所不通，特别是在山水画方面，更是颇有成就。除了在艺术界深得敬仰和追捧，他在对待朋友和做人方面通过幽默的方式所表现出来的那种真诚和谦逊，也同样受到人们尊敬。

徐悲鸿与赵望云都是张大千的好友，二人也都以擅长画马而闻名，而徐悲鸿的名声却始终比赵望云大，赵望云感到心理不平衡，就有些不服气。有一天，赵望云在私下问张大千："人家都说徐悲鸿画马比我画得好，你倒是说说我们俩到底是谁画得好？"张大千不假思索地说："当然是他画的好。"赵望云听了很失望，追问是什么原因，张大千笑着说："他画的马是赛跑的马和拉车的马，而你画的则是耕田的马。"一句看似玩笑的话，说的却是事实，让赵望云不得不点头认同。

抗日战争胜利后，张大千要从上海返回四川老家，他的学生设宴为他饯行，邀请著名京剧艺术家梅兰芳等社会名流作陪。宴会开始，张大千先举杯向梅兰芳敬酒说："梅先生，你是君子，我是小人，我先敬你一杯。"众宾客莫名其妙，梅兰芳也不解其意。张大千忙笑着解释："你是君子，唱戏动口；我是小人，画画动手。"一句话引得满堂大笑，也让梅兰芳对张大千的为人有了更深一层的认识。

不断学习各种传统绘画技巧、赴敦煌耗时三年描摹石窟壁画……长久以来，张大千给人的感觉好像就是一个充满艺术气息的画家形象，然而，幽默的张大千却从另一个角度展现他更真实的一面。对赵望云询问的情况坚持事实，当别人面要说真话，不虚伪。对梅兰芳的不摆架子、心怀恭敬尊崇之心，则充满了谦虚、真诚的人生态度。

通过这些幽默的话语，让我们看到的是一个艺术大师的大家风范。幽默的语言是一种交流的方式，而其背后散发出的性格魅力，让这个人更容易接近，显得平易近人。生活中有这样人的存在，减少了锋芒毕露的感觉，化去了咄咄逼人的气势，增加了春风和煦般的轻柔。

每一个人都有幽默的时候，只是在不同的地方，发挥着不同的效果。

在一次新闻发布会上，一位记者问周恩来总理："在中国有没有妓女？"不少人纳闷：在这种重大、严肃的场合，怎么会问这种问题？大家关注着周总理，看他怎样应答，周恩来总理肯定地说："有！"接着说："中国的妓女在台湾！"这一答，让记者哑口无言。其实这是事先设定的一个圈套，想要总理说"没有"；一旦他真的这样回答了，就中了记者的圈套，他会紧接着说"台湾有妓女"，这个时候你总不能说"台湾不是中国的领土"。

美国代表团访华时曾有一位记者说："中国人很喜欢低着头走路，而我们美国人却总是抬着头走路。"此语一出，语惊四座。周总理却不慌不忙，面带微笑地说："这并不奇怪。因为我们中国人喜欢走上坡路，而你们美国人喜欢走下坡路。"

美国官员的话里显然包含着对中国人的极大侮辱。在场的中国工作人员都十分气愤，但这是在外交场合，如果强烈斥责对方的无礼，显得我们自己没有气度；如果忍气吞声，任由对方肆意羞辱，那么国家的尊严何在？周总理幽默风趣的回答让美国人看到了什么叫以柔克刚，结果是美国人自讨苦吃，把自己陷进了尴尬的境地。

有时候，幽默是好玩儿的段子，可以用来逗笑；有时候，幽默是一种机智，也可以用来维护尊严。

罗钦斯基夫人在写《生命的乐章》一书时，提到过一件有意思的事情：罗家第一个孩子刚刚出生，一天，她自己待在楼上的卧室里，突然听到楼下传来一阵阵声音洪亮的乐曲声。她倒是没感觉到有什么奇怪，因为她的丈夫是一个乐团的指挥，平时也会在家放音乐练习。

过了一会儿，丈夫走上楼来，对妻子说："我新买了一张巨型唱片，超级大，都快和房子一样大了。"妻子半信半疑地说："那播放需要的唱机要多大？"丈夫说："差不多要二十个人抬。"罗钦斯基让她下楼看看，她看见竟然有满满一屋子人在演奏曲子，而且是当时为庆祝儿子出生谱写的曲子。演奏家们看到夫人下楼，就停止了演奏乐曲，其中一位问罗钦斯基："您对于生了个儿子，感到满意吗？"他回答说："这我可没有发言权，你得问我的太太，是她为我们家生了一个儿子。至于我，这一生最值得骄傲的，就是能娶到这样一位贤惠的女人做妻子。"夫人立刻接着说："我为他生了儿子，却丢掉了皇冠！"一瞬间，整个屋子爆发出激烈的掌声和笑声。这件事情，让罗钦斯基夫人毕生难忘，因为带给了她无限的温暖。罗钦斯基给妻子制造了惊喜，而且是以一种幽默的语言方式来表现，让夫妻之间的感情更加深厚。

我们的生活中需要幽默，我们渴望幽默，特定情况下，它产生的效果会非常不一般。

我国著名的现代作家老舍先生是以幽默著称的，他在某一次演讲中，开篇即说："今天我给大家谈六个问题"，接着，他第一、第二、第三、第四、第五，井井有条地谈着，谈完第五个问题，他发现离散会的时间差不多了，于是就提高嗓门，一本正经地说："第六，散会。"听众起初一愣，接着便大笑了起来。老舍先生没有让大家感觉到演讲的枯燥乏味，相反他用幽默的语言，给听众带来了欢笑。

在当今的社会，善于"自黑"，不失为一种幽默的方式，许多著名人物，特别是演员，都以取笑自己来达到与别人沟通的目的，他们利用一般并不好看的外貌特征来开个玩笑。比如有个男主持人，在和嘉宾的沟通过程中，他会时常以自己身高矮来取笑自己，一个嘴大的女演员，也会时常在微博中拿自己的特征写一些有意思的段子。他们这样的行为，不但没有引起大家的嘲笑和反感，而在节目过程中，还收到了更好的"笑果"。同样，他们展现在公众面前的形象不但没有丑化，反而是更加亲切，显得非常大度。笑自己的长相，或者笑自己做得不太漂亮的事情，会使人变得比较人性。如果你长得很漂亮，那么感谢上天的恩赐，也别忘了尝试着找找自己的缺点，让人轻松一下；如果你长得不那么好看，闲来无事的时候，自嘲一下，也是不错，人们没有理由不喜欢这样的人，和这样的人交流，会感到没那么多拘束。

幽默，犹如喜悦一样，越多越好，生活也需要快乐的催化剂——幽默，为自己身上设置了太多的条条框框，慢慢地忘记了欢笑的样子。习惯把幽默当成一种为人处世的方式，用机警的幽默去化解所谓的尴尬与危机，轻松地过好每一天，这股神奇的力量，会带来魔法的瞬间。

学会分享，聚集快乐能量

　　某日，你在电视上看到一个非常有意思的综艺节目，被逗得开怀大笑，笑到眼泪都流出来。第二天上班，你把这个节目绘声绘色地描述给同事听，他们和你一同笑，笑得直不起腰。这个时候，你会更加确信这个节目的确是不错。当很多人在一起旁若无人地大笑时，你会发现，这种快乐的笑是发自肺腑的，是从心中不断涌出来的，远远胜过了自己在家时的捧腹大笑。这种乐趣源于何处，实则是与人分享后的愉悦。

　　能够与人分享的快乐才是真正的快乐，多一个人来分享，快乐自动增加一倍。因为看到别人微笑，心中自然会感到幸福的快乐。相反，如果快乐降临，却无法与人分享，那么快乐就会在短时间消逝，不留痕迹。自己不愿意与别人交流，认为快乐的事情属于自己，坐在角落孤芳自赏，再美的花朵也有凋零的一天，何不趁着还有花香的时候，把它放逐天际，让芳香传播千里。

　　通往快乐最近的路，是与他人分享自己的快乐。分享，是拿出自己的东西，和别人一起欣赏，这可能是你珍视的宝贝，关键还是自己的内心感受。任何事情都不是绝对的，愿意不愿意是一种态度与方法，不是全世界在强迫你必须怎样。你接受这种分享的方式，就去尽情享受其中的乐趣；不能接受，就好好地收藏，为自己留存一些神秘与幻想。

　　在荷兰的阿姆斯特丹，几乎家家户户都会种郁金香。有一个人名叫约翰，他在他家的院子里种满了郁金香，清风吹过，院子里满是浓郁的花香。一个偶然的机会，一个路人带来了一种非常特殊的种子，并告诉约翰说，这个品种的郁金香开花之后会异常艳丽，馨香扑鼻，让人心醉，你买下种子，开出来的郁金香，和市场上普通的品种不一样，到时候一定能卖个好价钱。

约翰买下了花种，在院子里洒满花种，时间过得很快，约翰一直细心地守护着他的院子，期待开花时刻的到来。有邻居听说他有了新品种，就过来问道："约翰，你那高级的种子能不能分给大家一点儿啊，让我们也见识一下名贵花种的惊艳程度。"而约翰的回答总是"不行，这是我自己的。"邻居只好无奈地走了。

终于开花了，可是令人惊讶的是，约翰家院子里的高级郁金香并没有卖种子的人描述得那么好，没有娇艳欲滴的花朵，没有迎面扑鼻的香气，甚至，开出来的郁金香都比不上邻居们院子里的普通郁金香。结果，邻居们的郁金香在市场都卖得很好，而约翰的花根本无人问津。他非常愤怒，想肯定是那个卖种子的人为了赚钱，欺骗了自己。

第二年，那个卖种子的人又来到约翰的门前。约翰满肚子怨气没处发泄，他说的第一句话就是："你这个骗子。"卖种子的人问："你是怎么种植的？"于是约翰就把他如何精心呵护郁金香的经过讲了一遍。当讲到邻居们来要种子，约翰无论如何也不给的时候，卖种子的人打断了他："哈哈，不是我骗你啊，只有你自己种了这种郁金香，而别家的院子都是普通的郁金香，那么当风一吹，普通的郁金香的花粉就飘到你的院子，那你的郁金香自然也不可能像我说的那样，开得那么好了，只有大家都是这种特殊的郁金香，那么，当花粉一传播，就会开出艳丽的花朵了。"原来如此，约翰一下子没了话说。

"赠人玫瑰，手留余香"，郁金香要在大片的花海中，才会散发出独特的香气。约翰没有体会到这个道理，结果自己错失了一片美丽的风景。左邻右舍的人们，同事之间，朋友之间，在闲暇时间，多坐在一起，分享一下快乐的时光，并不会浪费多少时间，疲于奔波，永远也不会有尽头，倒不如停下来，想一想有什么话要对别人讲。

从前有一个小男孩儿，他非常想见一见上帝。他知道上帝住在离自己很远的地方，所以，他准备了很多路上用的东西，有糖果、水、面包等。收拾好行囊，他告别了妈妈，踏上了自己的寻梦之旅。

穿过了几条马路，他来到一个公园门口，小男孩儿感觉有点累了，他决定去花园里歇一歇。进了公园，他看见长椅上坐着一个老奶奶，她静静地坐着，看着天空。小男孩儿也在长椅上坐下来，拿出包里的食物。他刚想吃，发现老奶奶看了自己一眼，他感觉她可能也是饿了，就拿出面包递给了老奶奶。她没有拒绝，欣然地接受了，并朝他露出感激的笑容。小男孩儿很开心，他还从来没有看见过这么慈祥的微笑，也坐在一边吃起来。吃完面包，他又递给老奶奶一瓶水，她也同样接受了，再次点头微笑。小男孩儿和老奶奶一起坐在长椅上，吃着面包，喝着水，他们互相之间没有说话，却也不需要任何语言来表达。微风轻轻吹过，吹来姹紫嫣红，吹来鸟语花香，小男孩儿心情很好，他体会到了前所未有的快乐。

一整个下午，他们就一直在一起，边吃边笑。夜幕降临，小男孩儿和老奶奶拥抱告别，互相报以最完美的微笑。当小男孩儿回到家里，他兴奋地告诉母亲，今天，自己与"上帝"共进了午餐；还没等母亲反应过来，他又说："你猜怎么样，这种感觉太好了，我看到了世界上最美丽的微笑，她是那么慈祥，那么亲切。"说完，他跑回自己的房间，又深深地沉浸在与"上帝"相处的时间里。

与此同时，那位老奶奶也兴高采烈地回到家里，她整个人的精神都特别好，神采奕奕。她的儿女们感觉到很奇怪，疑惑地问："妈妈，您今天出去遇见谁了，这么高兴！""啊，我今天在公园遇到'上帝'了，我们还一起吃了面包，喝了水呢！"老太太幸福地说道，接下来，也开始回味着与"上帝"在一起的快乐时光。不一会儿，她又补充了一句："他很年轻，很善良呢！"

小男孩儿把自己的食物分给素不相识的老人，两个人却因此度过了一个愉快的下午。虽然吃的不是什么山珍海味，老人和孩子却依然吃得津津有味，因为他们吃的是一种分享的快乐，他们分享了食物，也分享了公园的风景和快乐的时光。

人生路上我们一路前行，看惯了路边的花花草草，忘记了停下来，去和同样行走在路上的人交流内心的感受。共同分享欣赏后的心声，一路的风景自然在其中留下难忘的记忆，也同样捕获快乐的瞬间。

有一个老人家在自己院子里播下许多花种，又是一年秋天，院子里开满金菊，香味在很远的地方就能闻到，附近的人们都来这里观赏。

一个老人也来看花，他的儿女都不照顾他，老人一个人孤零零的，非常可怜。他看到满院子的菊花，忍不住地称赞："这花儿可真好看，看得人心情都舒畅了。"

养花的老人平时就是个热心肠，听他这样说，知道他喜欢花，就动手挖了几棵开得最鲜艳的花，亲自给老人送去了。

又一天，一个妈妈带着孩子上学路过门口，看见盛开的菊花说："学校的老师正好让孩子们画菊花，咱们也在爷爷这里挖几棵吧！"老人听后，没有任何迟疑，又把花送给了孩子。附近的人们听说了这个消息，都闻讯赶来，来这里挖花。

在种花老人的眼中，这些人不是自己的儿女，和自己非亲非故，但是大家左邻右舍住着，平时相处得也融洽，所以，来者不拒，谁来要花都送上几棵。很快，满满一院子菊花被送完了。

老人的儿女们看到花都没有了，忍不住说："真是可惜了，辛辛苦苦养了这么久的花就没有了。"老人却不以为然，他笑着说："难得大家喜欢，这下，全村的人们都有了花，明年，咱们这儿就一片花香了。每个人都得到美丽的东西，大家不就都感觉到快乐了吗？"

种花老人把自己认为美好的东西，毫不吝啬地分给更多的人，自己也收获到一份满满的幸福。独乐不如众乐，在生活中，真诚地把自己的快乐传递出去，让这种满足感逐渐蔓延，就在周围形成一股良好的风气，让人心生温暖。

分享，看似是一个简单的行为，可能是行走路上，一个陌生人善意的微笑；可能是在下雨天，与人共撑一把雨伞；可能是在别人有麻烦的时候，伸出手帮人一把。分享中包含着一种隐身的友善、关爱和给予，也许一个不经意的动作，甚至随意到让人难以察觉，你觉得这根本不算什么，是举手之劳，也许你还不知道，却会给别人带来感动。分享，是一个双向的传感器，感动着别人，也感动着自己。

分享，是一种力量，集聚无限，奔流不息。

淡泊明志：心灵有家，生命才有路

　　淡泊地为人处世，不是对任何事情都置之不理，抱着无所谓的态度，而是对那些无形的负担，采取一种更为积极的态度。每个人都有自己的生活目标，并且要为之付出不懈努力，但是想要的东西永远不是全部，属于我们的，在能力范围内的，去努力争取；超出这个承受能力的，可以微微一笑，依然在自己的生活轨道上更好地走下去。感到自己似乎已经走到山穷水尽的地方，内心被绝望所占据的时候，停下来，迎面吹来的风，空气中弥漫的花香，会让人平心静气，蓦然发现，前方的路已经柳暗花明，近在咫尺。不会因为一时的得失，而或悲或喜，因为无论今天发生了怎样的变故，明天的生活还会继续，太阳会照常升起。为自己的心灵找一处栖息地，让它自由呼吸，眼前的一切也会变得豁然开朗。

行到水穷处，坐看云起时

在短暂的一生中，勤奋求学，苦心经营爱情，追求事业的成功，人生旅途，一路奔波，总是在不停地追赶，为了根本不明了的目的而辛苦付出，恍然间发现，前方的路途竟然被堵住，完全没法儿行进下去，痛苦与失落之情难免出现。一路的勇往直前、英勇无畏，换来的却是身处绝境。

在这个时候，不是自顾原地悲哀，而是望望四处，看看有没有绝地逢生的机会，即使的确没有路可走，抬头望望天空，身体虽被困在此处，但是心是自由的，让它去宽广的天空翱翔一圈，去欣赏别处的风景，体会到深远、辽阔的人生境界，再也不会觉得自己走投无路。

唐朝诗人王维有两句诗："行到水穷处，坐看云起时"，描述了这样一幅场景：一个人登山溯流而上，走到尽头发现溪水不见了，登山者没有去执意寻找水源，索性坐在地上，看见山巅，层云跌宕。原来地上的水，飞腾上天，化为云朵，云又可以积聚在一起，形成降雨，到那个时候，山涧又会有潺潺溪水流淌，何必绝望呢？

"行到水穷处，坐看云起时"有两种境界在其中，第一种，身处绝境的时候，不要失望，因为这是希望的开始，山里的水是因雨而有的，天空有云就代表雨就快来了。另一种境界，即使现在没有下雨，也没有关系，总有一天会下雨。平心静气地在原地等待，给自己疲惫的心灵放个假，让它偷个懒儿，出去溜达溜达，享受片刻的宁静，放松，深呼吸。

年少时的苏轼，聪颖好学，一心报国安民。年仅二十一岁的他考中进士，以其卓尔不群的才华名震京师，深受文坛领袖欧阳修的赏识。本是前途一片光明，却因反对王安石变法引起新党的不满，更是因为多次写诗讥讽，激化了与新党的矛盾，被投机政客以莫须有的罪名逮捕，这就是历史上著名的"乌台诗案"，后经多方营救，方才出狱。

经历了"乌台诗案"，九死一生之后，苏轼怀着复杂的心情来到黄州。在他不得志的时候，他也感觉到愤懑、痛苦，无法排解，人生的变化无常也让他真切地体会到了人生的艰难和世事难料。在"幽人独往来"的日子里，生活也是极其苦闷，想到自己空有一腔报国的热情，却无处施展，遭人暗算，落得如此下场怎能不苦闷呢？

后来，他游览赤壁，那种消极避世的念头在面对赤壁古战场时慢慢消失了，他写下了气势磅礴的《水调歌头》；其后，他的心情、思想又进入了一个新的境界。就像《定风波》中写的那样"一蓑烟雨任平生"，"回首向来萧瑟处，归去，也无风雨也无晴。"此时的他，那种宁静的心境已经使他处变不惊，使他在闲暇的时光中，有了更多的时间去观察人生，他不再以政治抱负为自己生活的重心，他想到努力排遣政治失意的最好办法，就是把热情投放到大自然中，以及对诗歌艺术的追求上。他喜欢将自己的身心完全放松，他经常出游去游览祖国的大好河山，写下许多诗句、名篇，用诗情来表现自己的内心，实则实现了自己更大的价值。

虽然遭遇贬谪，苏轼并没有把自己封闭起来，他常常登山临水，怀古凭吊，去感受大自然的雄奇壮阔，抒发自己的豪情壮志，在苦闷中寻找超越与解脱。苏轼一生创作了大量的诗篇，奠定了在中国古代文学史上首屈一指的地位。接连被贬谪，苏轼在一次次逆境中豁达超越的人生态度，使他无论身处何时何地，都能保持着积极的生活趣味，登山览景，临河赋诗，让生命绽开了不一样的光辉。

生活会在你还没准备好的时候，带来一个突袭，你不可能摆好姿态去迎接；相反，你只能接受接下来的任何冲击。深陷迷茫的漩涡，你随风而动，不失为良策，可以带来缓冲的机会，伺机寻找逃生的出口。没有被磨灭掉的希望，就是继续出发的动力。

面对突然变故，有人会立即陷入痛苦，叹息哀怨，不愿意有任何下一步的行动，无论别人如何劝说，仍然是无动于衷。但世界上总有非常之人，即便在最艰难的境地，总能豁达处之，安之若素地经营着自己的生活，平常怎样过，现在就怎样度过。

抗日战争爆发，全国一片战乱，丰子恺先生和家人历经各种艰难险阻，进入浙江大学任教。日寇铁蹄肆意地践踏祖国的山河，敌机经常在学校周围盘旋，炮火声此起彼伏。丰子恺的工作环境可想而知是多么艰苦，居住的地方就更别提了。面对艰苦的环境，他不以为然，仍然是淡定平和，每天照常认真给学生上课，传授知识。

任它外面枪林弹雨，丰子恺依然是乐观如故。他在日记中有过这样的记录："料必由敌机过境，与星贤兄赌警报，而警报竟然不来，晚间遂买酒肴请客，畅饮尽欢。"日本敌机是否来袭竟然能成为喝酒的理由，足见其胸怀是何等地从容。其实，以丰子恺先生的气度，即使敌机真的到来，他亦能坦然处之。在丰子恺的日记中，还有很多类似于此的记载，从中可以看出丰子恺面对凶险的外在环境，没有在意，该干什么就干什么，同往常一样，随着学校的不断迁徙，他也跟随着从北到南搬家，颠沛流离的生活，他的一些习惯，比如饮酒、绘画、写作，都似乎没有任何改变。在那个生命都会随时丢掉的日子，他没有面对死亡的恐慌，依旧从容。

面对困境仍能淡定的心态，是心中满怀着希望，对生活的希望，对成功的渴望，对明天的期望。无论是哪种希望，总之是赐予自己一个前进的理由，感到绝望之时，对着镜子给自己一个微笑，镜子中那个笑容满面的你，就是坚持到最后重获新生的你。"柳暗花明又一村"是在前面的憧憬，它不是水中月、镜中花的虚幻之境，是时刻想着绝地而后生的喜悦福地。

有这样一则寓言：有两条欢天喜地的河流，从高山上的发源地，奔流而下，相互结伴向大海进发。它们一路上经过高山峻岭、广阔草原，眼见就要到达大海的时候，却被一片荒漠阻碍了前行的脚步，它们停了下来，一起商量该如何是好。

河水永远不能倒流，返身回去已然不可能，若是不顾一切，奋不顾身地继续向前走，有可能被干涸的沙漠吸干水分，干枯而死；要是停滞不前，就停留在此地，就永远也看不见大海，领略不到大海的波澜壮阔。它们感觉到很绝望，无助地哭了起来，天上的云彩，听到哭声，慢慢地飘了过来，帮它们想出了一个办法，建议河流变成水汽依附自己，再把它们带去远方。

一条河认为这个办法行不通，其中的风险太大，万一失败，就粉身碎骨，无法挽回了，它坚决不执行。另一条河流实在是太想亲眼看一看大海，它不愿意放弃最初的梦想，它决定实施这个办法。它化身为水蒸气，依附在云彩的身上，由云朵带着飞过荒漠，最终在大海的上空，它变成降雨，落入海中，与梦寐以求的大海融为一体，它实现了自己的理想。

可想而知，那条执意不肯出发的河流，停在原地，它不仅没有看到一生向往的大海，而且很快被沙漠无情地吞噬，连生命都失去了。

类似的困境，生活中也会经常出现，我们当然不会想当那条坐井观天的固执河流，而是选择做那条化为水蒸气的河流，凭借着自己坚定的信念、淡然的心态，寻找哪怕只有一线的生机。

生活即是如此，面对"山重水复疑无路"之时，静下心来想一想，只要自己还能呼吸，生命总是有希望，对自己狠下心来，不是一遇到困难，就变成娇弱的温室花朵。社会的残酷，容不得梨花带雨，自己不坚强起来，还能给谁看呢？

很多人是心思太重，给自己设置了太多"希望"，事情还没有开始，希望这样，希望那样。例如，明天会有什么重要的事情，比如考试、面试等，前一天晚上，辗转反侧，难以入睡，思考着明天可能遇到的种种情况，而且多半是一些糟糕的状况。其实，明天到来时，由明天的对策去应对，今天想好的，也不一定能用得上。倒不如安然入睡，给自己一个充足的睡眠，以饱满的精神状态迎接明天新生的太阳。

跋山涉水者选择了远方，请不要停止自己前行的脚步，沿途的狂风暴雨过后迎来的是那端的彩虹之巅。"宠辱不惊，闲看庭前花开花落。去留无意，漫观天外云卷云舒。"对待旧有的或是陌生的环境，始终是以一颗平和的心态对待，心止如水；平静的内心，任它外界大雨滂沱，依然是泛不起半点儿涟漪。

山穷水尽之处，转身，便是柳暗花明、云淡风轻。

适时静一静，与花草凝眸

　　是否想过，关掉手机，拔下网线，不使用微信、不登录微博，这样的生活还能像往常一样继续下去吗？答案没有绝对，但是相信大多数人也许是坐卧不安，六神无主，总感觉心里像是缺少些什么。这是正常人的反应，先进的科技带给这个社会太多的改变，也衍生出太多的依赖。

　　生活中难免有心情烦躁的时候，想静下心来似乎是一种奢望，不断地会有各色各样的事情在身边环绕，想躲避，却又无处可逃。在心乱如麻的时候，太多让人分散精力的事情，会让人烦上加烦；无限膨胀的烦躁，会让人感到崩溃。想逃离这个世界，躲到一个无人知晓的，如陶渊明笔下的世外桃花源，是不现实的。身处喧嚣闹市，能做的可以是"结庐在人境，而无车马喧"的心境。不管是否能真正做到，总之去认真尝试终不会错。

　　佛家的修行之人会平心静气地打坐，让身心放空，还自己一片心灵的宁静。我们自然还没有参透红尘，可以有这样高深的境界。因为身边有太多的羁绊，我们不是超人，却被迫要求有超人一般的神奇能力。从小到大，不停地学习，考上大学，竭力找一份工作，婚姻、家庭、房子、车子等等，似乎生下来就在不停歇地奋斗，全然不顾终点在何处。世界尚存，自有运转的道理，不需要去拯救，停下脚步会发现，需要拯救的其实是自己。身心是我们自己的，还是可以腾出一点自由的时间，凝神静气，调整心态，努力克服心中的浮躁，宁静致远。

　　有一个国王，他想寻找到宁静的真谛，他拿出黄金百两，用来赏赐能画出代表平静意象的人。消息一出，全国的画家纷纷摩拳擦掌，使出浑身解数，画出众多作品，将画作送到王宫。他们的画种类繁多：有的人画了黄昏下的幽静森林；有的人画了蜿蜒的溪水，孩子在水边玩耍；有的人画了个花园，里面玫瑰花盛开，花瓣上还有新鲜的露珠。

国王认真地看了每件画作，最终挑选了其中的两幅画。

第一件作品上面是碧绿、清幽的湖水，高山、蓝天、白云倒映在湖面，湖边有座木屋，袅袅炊烟升起，增添了一些浓郁的生活气息。闭眼想象，甚至能听见鸟儿的啼叫，嗅到花草的香气。

第二件作品上面也画了高山，崇山峻岭，连绵不绝，气势非凡。山上的天空不见蓝天，而是乌云密布，像是一场暴风雨即将来临。这幅画的画面极其突兀，风格与其他作品截然不同，不过仔细观看，可以看到在险峻的岩石缝隙中有个鸟窝，尽管风雨即将来临，里面的小鸟的表情却泰然自若，怡然自得。

国王把画家们召集到一起，宣布获奖的是第二幅作品。他这样说："我想要的宁静，不是真正意义上的静，不是一点儿声音都没有，而是身处繁杂的环境，仍然能保持一颗宁静的心，小鸟没有在意风雨来袭，而是沉浸在自己的世界中，不被外界任何嘈杂打扰，这就是我要寻找的宁静的真谛。"

看到这个故事，大家可能对国王的话颇有同感。现实世界中，固然是找不到一处绝对安静的地方，真正安静的是我们的心，宁静的心态可遇不可求，想到其中的奥秘，去试一试。不问世事的隐士，远离江湖的血雨腥风，是古代小说中的世外高人。宁静不是在世外桃源才有的，问问自己的内心，也许会发现它真正存在的地方。

尝试宁静，适当放松自己，可以修身养性、陶冶情操。

中国现代作家郭沫若，年轻时在日本东京求学，每天要阅读大量的书籍，学业的繁重，让他神经衰弱，夜里失眠，一晚上甚至只能休息四五个小时。他感到压力很大，记忆力明显下降，身体时常感到不舒服。郭沫若心中非常苦恼，四处求医，寻找治疗的办法，尝试了各种方法，效果都不是很显著。一个偶然的机会，他在逛书店的时候，发现了一本《王阳明文集》，里面有"坐忘之说"，他突然想到也许静坐可以帮助调节神经，让自己放松，于是他买了一本《冈式静坐法》，开始练习静坐。经过了一段时间的尝试与练习，他感觉自己睡眠质量有所改善，入睡不再困难了，睡着之后，也不会再噩梦连连，记忆力衰退的现象似乎也减轻了。静坐使郭沫若的体质得到提升，身体健康逐渐恢复，他有了更多的精力进行文学创作。他一生作品众多，直到新中国成立后，依然在自己的岗位上奋斗多年，为中国现代文学的发展做出杰出贡献。

郭老先生适时地为自己的生活做出调整，冥神静气，不仅恢复了身体健康，也让自己身心放松。有些灵感、顿悟也是在静心时获得。释迦牟尼感到生活痛苦之时，曾在菩提树下静坐沉思，最终寻求到精神的超脱。

静一静，不仅让自己身心放松，体会到不一样的感觉，还可以有意外的收获，可能是苦苦寻找无果的瞬间喜悦，可能是一种全新的满足感。

有这样一个故事：一个富有的农场主在视察自己丰收的土地时，不小心遗失了一块名贵的手表，他非常着急，四处寻找，无奈正是秋收时节，土地上到处是堆积的庄稼，粮仓里也满是粮食，他自己找了一下午，仍然没有任何结果。突然他看到远处有一群小孩子在玩耍，便想出一个主意。他把小孩子召集在一起，对他们说，谁能替他找到手表，便奖励给谁十美金。

十美金对于小孩子来说，不是个小数目，大家开始积极踊跃地寻找。他们翻遍了稻草、粮食堆，连老鼠洞都没有放过。不过，因为农场实在是太大了，他们人数有限，而且要在一望无际的稻草里找一块小小的手表，无疑是大海捞针，根本找不到。

孩子们陆续放弃了，而且天色已晚，大家都回家了。只有一个贫穷的孩子还在继续寻找。他家庭贫困，那十美金对他来说太重要了。他一个人仔仔细细地到处寻找。

天完全黑了，他还是没有放弃。可是他还是个孩子，无尽的黑暗袭来，他感到非常恐惧，像是有个野兽藏在角落里一样。越想越害怕，他不敢再找手表了。他坐在地上，粮仓里静得都能听到他呼吸的声音。突然，他听到一个奇怪的声音："滴答，滴答"。

他循着声音找过去，"滴答"的声音更清晰了，慢慢地走过去，他惊奇地发现，那块名贵的手表静静地躺在那里。最终，他得到了那十美金。

当那一群人在一起找的时候，声音太大，熙熙攘攘，很难听到手表指针走动的细微声音，徒劳无功；直到一个孩子静下来，才会听到手表指针走动的声音，最终只有他获得了成功。有时候，成功就像是这块遗失的手表，如果想要找到它，让自己静下心来，专注而单纯地思考，说不定会有意想不到的惊喜。

如何在嘈杂的环境下，让自己静下心来，比如可以找个没人的房间，在里面待上一个小时，静坐，什么都不想，还可以在一个午后，泡一杯清茶，捧一本自己爱读的书，进入书籍的世界。其实，哪里有什么有效、明确的方法，不过是让自己有个形式上的安慰罢了。静心，不是作秀给别人看，不是依靠没有灵魂的表演来换取同情与关注，而是发自肺腑地、真心地想去回归宁静。一个心浮气躁的人，进入到宁静的磁场，往往会产生清凉、舒适的感觉。

《功夫熊猫2》开篇，师傅就告诉阿宝："我修行了五十年，苦思冥想，悟到功夫的最高境界，那就是静下心来。"武侠小说中的人物张无忌在修炼太极拳时，完全进入角色的时候，就是忘我的境界，师傅开始问他是否记得招数，他已经忘记了大半，接下来问是全部忘记了，他与武术的精魂形成统一，你中有我，我中有你，招式自然变幻莫测，这便是习武之人的上乘境地。这武术一招一式，就如我们生活中的点滴细节，每天被太多的事情缠绕，没有确切的标准衡量，分不清哪些是重要的，哪些是不需要做的。

时间过得真快，我们已经走得太远了，都快忘记为什么出发，是该静一静了；只顾盲目前行，匆匆地赶路，结果到头来发现那条路也许根本就不是自己想要的。

"菩提本无树，明镜亦非台。本来无一物，何处惹尘埃。"放空自己的心性，周身的颜色都隐去了痕迹。清风徐来，月光下，抚琴起舞，暂且忘记这世间纷纷扰扰，适当的时候，去听听花开的声音，体会你不曾发觉的美丽。

静下心来，其实整个世界，不过是一粒小小的尘埃。

如果心无所恃，不若随遇而安

"随遇而安"一词出自清·刘献廷《广阳杂记》卷三："随遇而安，斯真隐矣。"清·文康《儿女英雄传》第二十四回："吾生有涯，浩劫无涯，倒莫如随遇而安。"

何谓"随遇而安"？我们生活在一个快节奏的社会里，有时总会感觉内心似乎缺少点儿什么。你是否认真想过这个问题？你是否会觉察到许多人都在拼命不停地向前追赶，不乏盲目与冲动，在地铁、公交车上，在工作生活上，在情感家庭上，甚至在漫长的旅途中。你是否觉察到你身边的许多人都不能轻易放下，放不下唾手可得的金钱名誉带来的诱惑，放不下这个繁华世界的灯红酒绿，放不下那些人事之间的是非纠缠。

随遇而安，轻轻放下，拥有一颗平常心，无造作、无是非。"随遇而安"是一种安然处事、轻松畅快的生活状态。

其实，我们缺少的正是这样一种随遇而安的心态。

当我们存在于世界上最后一天的时候，我们还在想着如何去与竞争对手钩心斗角，怎样争名逐利，结果却只是会落得心神不宁、满身疲惫。这个社会有太多无名的诱惑充斥在身边，有的人把那些能将诱惑转为资本积累的人称为强者，并投以羡慕无比的目光。可是这些充其量算得上是庸俗物质的强者。其实，生活中的真正强者是那些经历了大风大浪的洗礼之后，仍然要坦坦荡荡地看一眼广阔天空，周身散发着随遇而安气息的智者。尚未曾想过无法预见的未来，当我们站在那里回望过去，眼前看到的所有风景，仅仅只是虚无缥缈的云烟，云淡风轻，早已是碧空万里。在我们涉足的这片土地，在我们活跃的这片土地上，存在着一种永远体会不到的心情，触及不到的感受，深入不到的境界。那就是随遇而安。

很久以前，有一个幽静而沉寂的寺院，它远离喧嚣的尘世和芜杂，有一老一小两位和尚在这里居住。有一天，老方丈交给小和尚一些花种，让他种在寺庙的院子里，小和尚拿着花种往院子里走去，因为走得急，突然被门槛绊了一下，他摔倒在地。手里的花种撒得满地都是，小和尚十分慌乱，因为怕师父责怪自己办事不利，这时方丈在屋中说道："随遇"。小和尚急忙要去扫撒在地上的花种，但是，等他把扫帚取来正要打扫的时候，天公不作美，突然刮起一阵大风，把散落在地上的花种吹得满院都是，方丈这个时候又说了一句"随缘"。小和尚眼见情况越来越糟糕，心想这下该如何是好呢？师父交代的事情，因为自己的不小心给耽搁了，非但没有完成任务，院子里还到处是凌乱的花种，他想尽快地去清扫。这时天上又降瓢泼大雨，小和尚彻底没有了主意，急忙跑回到屋内，哭着向师父说，自己一不小心把花种全撒在了地上，因为天气突变来不及清理，请师父责罚自己。然而老方丈微笑着说道："随安"。冬去春来，一天清晨，小和尚突然惊喜地发现院子里到处开满了各种各样的鲜花，宛然一片姹紫嫣红的世界，原来它们早已无声无息地在这里生根发芽，他兴奋地跑去告诉师父这个消息，老方丈这时依然只是说道："随喜"。

随遇、随缘、随安、随喜这四种状态可以说是人生的缩影，每天在为生计忙碌奔波的我们，又有多少人能真正体会到其中蕴含的真谛呢？扪心自问，我们是否会有足够的勇气对已然错失的机会说一句"随缘吧"，是否会甘愿放弃只差一步的高升机会而轻轻对自己说声"无所谓"，是否能做到心无旁骛，不再杞人忧天，放下心中所有的忌惮和思虑呢？

放下所有是一种难得的智慧，身心环境往往会有不尽人意的时候，问题在于个人怎样应对。当我们知道仅有的力量是无法改变现状的时候，暂且不如转为面对现实、随遇而安。与其坐在角落里怨天尤人、徒增烦恼，倒不如因势利导，尽量去适应环境，从既有的有限条件中，尽自己的能力和智慧去发掘隐藏在其中的乐趣。从容不迫地在不如意中发掘全新的前行道路，这也许是求得快乐与安静的最好办法。

刘禹锡的《陋室铭》如今早已成了家喻户晓的"千古名篇"，但其实这篇名文是被"气"出来的，是在一个极其艰苦的环境下被创作出来的。刘禹锡因为参加过当时的政治革新运动，因而得罪了当朝权贵，被贬至安徽和州县当一名小小的通判。按规定，通判应在县衙里住三间三厢的房子，可和州知县看人下菜碟，见刘禹锡是从上面贬下来的不得势官员，就故意刁难他。先是安排他住在城南门，面江而居。刘禹锡不但没有埋怨，反而还撰写了一副对联贴于房门："面对大江观白帆，身在和州思争辩。"这个淡然的举动气坏了知县，于是他将刘禹锡的住所由城南调到城北，并把房屋从三间缩小到一间半。新居位于德胜河边，附近垂柳依依，环境也还优雅清静，刘禹锡仍不计较，并见景生情，又写了一副对联："杨柳青青江水边，人在历阳心在京。"知县见他仍悠然自得，又把他的住房再度调到城中，而且只给他一间仅能容下一床一桌一椅的房子。半年时间，刘禹锡连搬三次家，住房一次比一次小，最后仅是斗室，想想这位知县太过势利，实在欺人太甚，遂愤然提笔写下这篇超凡脱俗、情趣高雅的《陋室铭》，并请人刻上石碑，立在门前。刘禹锡在坎坷多变的人生环境中，仍然找到了属于自己的生活旨趣。

有个故事是这样说的：有个国王做了一个梦，醒来之后却忘记了梦中的先哲对自己所说的参透人生最重要的一句话。国王命令大臣们猜测梦中的那句神秘的话是什么。众人冥思苦想之后，终于有一个大臣想到了，那句话便是：一切都会过去。 生活中，我们不难发现，自己甚至每时每刻都会被苦恼的事情所困扰，与烦杂的思绪抗衡，既让自己忧思不定，又使自己每天都笼罩在悲愤郁闷的氛围之中。生活中有太多无奈，我们真的可能无法改变，也无力改变，但如果懂得"一切都会过去"，或许我们每天还能保持一个美丽的好心情。其实，活着就是一种心态，当心无旁骛，看轻人生苦痛，淡泊眼前名利，心态积极而平和，有所求而有所不求，有所为而有所不为，不去刻意掩饰真实的自己，不势利逢迎他人，不做伪善君子时，就真的可以回归本我。如此这般，人生就算失意，也就无所谓得与失，潇潇洒洒，平平静静，快快乐乐。

做人最艰难的不是逆水行舟，难的是懂得如何在风平浪静中随波逐流。古语云："壁立千仞，无欲则刚。"放下心中那些繁乱的欲望，达到真正的刚强，清晰明白随遇而安的境界。因为懂得了生命的真谛，了解了内心真正的所求，眼前的那些喧嚣浮华就真的可以视如无物。不去计较更多的名利得失，随手放下一切世俗的眼光标准，不活在别人的世界里，为自己生活。随遇而安的人知道生命的真正意义不仅在于拼搏，还在于简简单单地享受生活。其实，快意人生，能够快乐地活着就是最大的幸福，沿途的一路风景，是好是坏，就让它留在心底，终点在哪里就真的不那么重要了。

在悠悠的岁月旅途中，时常会遇到一些令人不愉快的情况，它们既然是这样，就不可能再是那样。乐于接受必然发生的情况，安于接受所发生的事实，因其是克服随之而来的任何不幸的第一步。学会坦然面对失败和痛苦，也是真正地去拥抱了幸福，让生命中无法避免的困境、失败、障碍与痛苦转变成创造奇迹与完美的力量。生命中的许多东西可遇而不可求，刻意强求往往适得其反，反而不曾被期冀的却会不期而至。拥有一颗安闲自在的心，一切随遇而安，顺其自然，不怨恨，不躁进，不强求，不悲观，不刻意，不慌乱，不忘形，所以寂静欢喜，人生之大所得。且将那种种纷纷扰扰冷眼旁观了去。

得到了，不会有很大的惊喜，不奢望，失去了也不会悲伤。安然地面对生活的一切，淡然对待生命中的所有。在成长的过程中，写满了承受，装满了隐忍，没有能力改变环境，可以学着去慢慢适应。我们明白，人生中太多的事情由不得自己决定；就好似蒲公英，看似自由，却身不由己，只能随风飘荡！既然无能为力，何不顺其自然；如果心无所恃，不若随遇而安！

随遇而安，遇，即为境遇。相逢不喜，分离不悲。

无穷尽的索求让人吞咽难食的苦果

　　时常感觉到累，是现代人的一个普遍状态，无论男女老少，不管是从事体力劳动，还是脑力劳动，都在喊自己累。劳累的原因不清楚，只是感到身心俱疲，如何休息，都恢复不过来。仔细想想，是不是想要的太多了呢？一直心想爬高点儿，再爬高点儿，百尺竿头，总要再进一步，殊不知下面也许是万丈深渊。

　　生活是个光圈，深陷其中的人们混沌不知所以然，像是被什么无形的东西牵引，貌似一直前进，绕来绕去，忽然发现又回到了原点。给自己设定了太多的目标，不管什么，都想抓在手中，到头来，却落得两手空空。一切都是浮云，说得容易，实行起来却不易，因为好多人会想：即使是一片云彩，里面也许都藏着一块金子。

　　进取与贪婪，两字之差，意思相近，真正的含义却相差千里。两者之间的距离也很微妙，稍微疏忽，掌握不好尺度，陷进贪婪的深渊，就难以自拔了。积极进取值得提倡，不满于现状，想改变现状，无可厚非，每个人都有追求上进的权利。而在不断奋进的同时，不要忽略还有一把索求过度的尖刀，明晃晃地悬挂在旁边。每个人都希望自己生活得更好，自己和自己的家人生活质量更高，那才是幸福。其实细想，果真如此吗？个人眼中所谓的生活品质，是需要不断地努力得到的，而不是投机取巧、贪得无厌，而且任何事情都具有两面性，若索求太多，活得也越累。

　　有这样一个故事：有一个贫穷的人，他的生活一团糟糕，穷困潦倒，眼看就活不下去了，他无奈地躺在公园的长椅上，对着天空自言自语："如果我要是有钱该多好啊！我要是有了钱，哪怕一点点也好啊，够买吃的就行啊，我一定把钱分给和我一样的穷人，让他们吃得饱、穿得暖。"

就在他想象的时候，一个魔鬼突然出现在他面前，他说："我来满足你这个愿望，我送你一个布袋子，这个袋子已经被我施展过魔法，里面有数不清的金币，但是要记住，你每次只能从中拿一个金币，而且在你觉得够用的时候，不需要再取钱的时候，切记把袋子扔掉。"说完，魔鬼就不见了，这个人以为自己在做梦，但仔细一看地上，果真有个袋子，里面鼓鼓的，看样子真的是金币。穷人把袋子拿回家，晚上就开始从里面拿金币，拿了一枚又一枚，真的是无穷无尽，他拿了整整一晚上，都没有休息，桌子上堆满了金光闪闪的钱。

穷人累了，他想："这一桌子钱足够我用了。"第二天早上，他有点饿了，就想拿着金币去换吃的，但是他突然想起魔鬼的话，还是舍不得把袋子扔掉。于是他饿着肚子回家，接着又开始从里面拿金币，一枚又一枚，连屋子都快堆满了。金币越多，他越是舍不得扔掉袋子，总想再多拿点。

又过了几天，屋子里的金币都快装不下了，这些钱足够他一辈子享受荣华富贵了，可是，他总是说服自己："还是等钱再多一点，再去买东西，再忍一忍吧。"他不吃不喝的，不断地从袋子里拿钱，金币堆成了山，他自己却饿得面黄肌瘦。

他感到了身体的虚弱，却仍然在想："再多拿一点儿。"

终于，他坚持不住了，他又累又困，陷入了昏迷状态，但是手还是在不停地工作，从袋子里拿金币。后来人们发现他时，他已经死了，死在了一堆金币里。

那堆金币不但没有改变穷人的生活状况，他还因此送了命，只是因为他忘记自己一开始的愿望，只是想买些吃的、喝的，当他一直停不下来的时候，是过度索求的心理在支配着他，结果因此丧命。人们心中又何尝没有住着一个贪婪的魔鬼，它在不停地诱惑你，魔鬼和你自己在脑海中拼命争执，最终谁占了上风，就决定了最后的结果。意志力坚强的人的脑海中，最后赢的是自己，所以，他们没有迷失，而是走出虚幻的迷宫，守住了自己的灵魂。

《渔夫和金鱼》的故事，我们都不陌生，它讲述了一对老夫妇，住在蓝色的大海边，依靠打渔为生。他们住在一个窝棚里，生活得很贫穷，老头儿每天去海边撒网，老太婆在家里纺纱。

有一次，老头儿像往常一样去海边打渔，撒下渔网，第一次捞上来的是一些水草，第二次下去捞起的是一些石块，第三次收网上来，他终于捞到一条鱼。但这不是一条普通的鱼，它浑身的鳞片金光闪闪，还会说话。它说："老爷爷，您放了我吧，我会报答您的，无论任何要求，我都会满足您。"老头儿感到很惊奇，他打了三十多年的鱼，还是第一次碰到这样的情况。他说："金鱼，上帝保佑，我不需要你的报答，你本来就属于大海，我会放了你，你还是自己游走吧！"

回到家里，老头儿把今天遇到的奇怪事情和老太婆描述了一遍。当他说到金鱼许诺报答的时候，老太婆勃然大怒，她说："你可真是太傻了，你什么都不愿意要，哪怕是要一个木盆也好啊，咱们的木盆都破得不能用了。"老头儿没有办法，只好去找金鱼要。金鱼信守承诺，满足了老头儿的愿望，送了崭新的木盆。回到家，老太婆又不满意，还是嫌弃要的太少，又逼迫老人去要房子、金银财宝；后来又要当贵妇、女皇，老头儿没有办法，只好硬着头皮去找金鱼，金鱼尽管不愿意，但还是一一地满足了。但最后，老太婆竟然想要金鱼来侍奉自己。这次，金鱼什么也没说，而是转身游走了。等老头儿回家后发现，一切都没有了，都恢复了原样，老太婆坐在窝棚门口，面前放着的还是那个破木盆。

故事里的老太婆不知道满足，不停地索要，结果落得一无所有。人性是有弱点的，人有欲望是人之常情，我们喜欢去追求一些看起来美好的东西。但是欲望膨胀起来，是会害人害己的。一味地索求到极致是贪婪，贪婪的后果是很严重的，甚至会丢掉生命。

在北极，北极熊体格庞大，几乎没有其他的动物可以伤害它，然而，爱斯基摩人却能轻易地把它们捕获。

北极熊有一个特性，就是嗜血如命，爱斯基摩人利用的就是这个特性。他们把其他动物的鲜血冻成冰块，在里面藏一把尖刀，然后把这种特制的冰块扔到雪地上，北极熊在很远的地方就会闻到血的腥味，它们匆匆跑过来，贪婪地舔舐着冰块，舔着舔着，它们的舌头就麻木了，失去了感觉，慢慢地冰块里藏着的刀就会露出来，刀刃划过了北极熊的舌头。但它已经麻痹了，没有感觉到尖刀已经划破了自己的舌头，鲜血一点点流下来，它还是在不停地舔舐，最后因为失血过多，昏厥过去，爱斯基摩人就趁机抓住了北极熊。

在澳大利亚有一个大草原，那里草木茂盛，水源充足，但有一个奇怪的现象，等草原的草生长得最好的时候，总会有成群结队的羊一起跳下悬崖。因为当羊群吃草的时候，走在前面的羊总能吃到最好的草，后面的羊只能吃剩下的。时间长了，羊群发现了这个问题，所以，羊都拼命地向前冲，想当前排的羊，谁也不想吃别的羊吃剩下的杂草，都想去吃最新鲜的草。结果，它们不知道，草原的尽头是一个万丈深渊。它们就这样不管前方的悬崖峭壁，只是为了获取更好的草，就成群地坠入了死亡之谷。

小羊们一心想着吃草，而且想比别的羊吃更好的草，也因此付出了代价。人性中包括趋利或逐利，这个天性是没错的，不然原始穴居的人也许还在茹毛饮血，不想去吃烤熟的食物，如今的科技也不会这样进步，足不出户知天下。没有了欲望的驱使，天地也许都不存在了。智慧的人想到的是利用欲望来改变自己的生活，他们懂得适可而止，迷途的人只是想到一味索取，没有认真思考结果如何、目的何在，甚至感到自己拥有的永远不够多，别人还是有许多自己没有的。

人们追求喜欢的东西，是自己的欲望，那也许根本不是一开始就想要的东西。人的一生，会遇到许许多多的人与事，有些东西是需要的，有些东西根本就用不着。像是电脑的内存一样，用得时间久了，内存就会减少，众多的垃圾文件会让电脑运行缓慢，直至瘫痪。贪念就是其中的一种垃圾文件，是时候了，要毫不犹豫地删除掉多余的索求欲望，还自己一份清静。

过多的欲望，会产生难以下咽的苦果，而品尝滋味的，是自己。

轻装前行，卸下心的枷锁

某天，一个年轻人背着个巨大的包袱，汗流浃背地走上山来。进入庙门，见到一位法师，心情郁闷地说："大师，我感到非常孤独，没有朋友的陪伴，生活非常无聊，我感到生活没有意思，每天被压力压得喘不过气，我都快忘记笑容是什么样子了。"

大师一看年轻人背的大包袱就已经明白了，微笑着对他说："施主，你背的包里放的是什么啊？"年轻人叹了一口气说："包袱里装的是我的烦恼、失败时候的痛苦、生活上的压力，还有每次受到伤害后自己流下的眼泪，这些都让我对生活感到失望。"

大师什么话也没说，只是站起身来，指着前边的路示意年轻人跟着走。两人下山后来到附近的一条河边，接着来到河的对岸。上岸后大师对年轻人说："请施主带着这艘船回去吧！"年轻人感到很疑惑，他问大师："您是不是在和我开玩笑啊，一艘船的重量有多沉，您这不是故意难为我吗，我怎么扛得动呢？"

大师淡定地说："是啊，我知道你扛不动，这是肯定的，谁也扛不动这么沉的船。你仔细回忆一下，在我们刚才渡河的时候，这艘船对我们来说非常重要，它载着我们过河。但是过河之后，我们就可能把船放置了一百年不再管它，生怕它耽误我们接下来的行程。同样的道理，那些你经历过的痛苦、压力、失败，都是人生所必经的一个过程，无法躲避，有了这些经历，不但不会拖累，还会让生活多姿多彩、丰富充实。如果一直沉浸在过去不好的经历中不能自拔，身上所要承担的越来越多，就再也无法承受接下来生活的包袱了。"

年轻人没有言语，他想到了自己的生活。

大师接着说："年轻人啊，脆弱的生活难以背负沉重的包袱，放下那些包袱才能继续轻装前行！"年轻人释然，他依照大师的指引，卸下身上的"包袱"，迈开轻盈的步子，向更广阔的大路走去。

随着如今生活节奏的加快，随着我们经历的增长，要面对的事情也开始增多。我们为自己的心束缚上一道道枷锁，挣脱不开。试图努力挣断，不仅无济于事，却落得满身伤痕。

回到儿时无忧无虑的生活，成为在梦里出现过的场景，孩提时代的我们一身轻松，不必担心学业负担，不用考虑职业规划，不需要处心积虑地和别人竞争。当这一切都成为往事，回忆起来，唏嘘不已，却是再也回不去了。午夜梦回，偶而会听到欢快如银铃般动听的笑声，那是心底记忆荡起的层层回声吧！

感慨逝去的一切，无助于卸下心防，有能力做到从枷锁中抽身的，是依靠自己新生的力量。如果不去努力尝试，选择从中继续沦陷，可能会越陷越深，造成不可挽回的后果。

"韩流"热潮现在席卷全球，我们看到的是他们在舞台、银幕上风光的身影，其实他们在背后付出的努力远远超过常人的想象。为了适应潮流，以此换来更好的发展，韩国经济公司对艺人的要求相当严格，比如对体重的严格控制，因为一旦明星的身材走样，马上就会有新的人取代。这些韩国艺人承受的压力可想而知，所以很多人都患上了抑郁症。

"蝼蚁尚且贪生，为人岂不惜命"，而在韩国娱乐圈，明星自杀的事件接连发生。外表光鲜的他们，内心却是极度地压抑，自杀韩星的遗书中大多有这样的字眼："悲伤，我很孤单，感觉很累"等，天天处于镁光灯下的他们，大多经历了事业的不顺或感情受挫，这些明星年纪很小时就进入演艺公司，接受严格的训练，非常辛苦，但是他们都能坚持下来，因为是自己选择追求演艺事业的路。

但是，真正进入到这个圈子，却远没有想象得那么简单，光鲜艳丽的背后隐藏了太多不为人知的心酸。公司的管理，新人的威胁，社会的关注，种种问题接连袭来，他们没有能力去承受这些压力，没有用适当的方式去缓解、去释放痛苦，而是选择了一种极端的方式结束自己的生命，让人感到惋惜。

不只是"韩流"明星，现在社会上这样的现象不是少数，特别是一些刚刚进入社会的年轻人，他们的心智没有成熟，社会经验不是很丰富，在看待问题上，容易走到极端。新闻报道上，多少大学生，甚至是高等学历的学生仅仅是因为写毕业论文、找工作困难，就这样一个不算理由的理由，轻易地选择了自杀，不顾家人、朋友的关爱，只是因为一点眼前的小事，就把自己困进死角。这些年轻人遇到的问题，很多人也同样会经历，如果凡是遇到的人都选择这样的方式，那么社会岂不要毁灭了。诚然，这样的人还是极少的一部分，大多数人在面对失败、痛苦的时候，会有自己理性的处理方式，而且会找到倾诉、抒发的途径。都已经是成年人，思考问题不是简单说对与错，是经过深思熟虑，才会采取下一步的措施。

在许多事情面前，如果一直钻牛角尖，用一种方式思考问题，始终以压抑的心态处理问题，那么很难想象，结果会怎样。相反，如果在合适的时候，懂得开解自己，会产生不同的效果。

第二次世界大战期间，丘吉尔已经六十多岁，但是他依然精神矍铄，每天工作十多个小时，指挥英军作战，在我们看来，一位老人还能精力充沛，实在是一位了不起的人物。他每天早上起床就开始工作，看报告，举行会议，签署文件等，但是中午吃完饭，他会去床上休息一个小时。下午接着工作，晚饭之前，他又要去休息两个小时。不要小瞧这几个小时的睡眠时间，丘吉尔正是因为经常休息，所以他的精神一直很好，没有感到疲劳费神。

总是让自己的神经紧绷，高度集中地工作，不会换来工作效率的提高，相反是效率低下。应该在感觉到疲劳来袭之前休息一下。也许现实条件不允许我们想休息时随时可以休息，但是休息一个小时的片刻还是有的，关掉手机，少上一会儿网络，没有烦事的打扰，给自己一点儿独处的时间。总是在压力下生活，看到原本蔚蓝的天空，会是乌云密布。累的时候，听一曲轻音乐，让悠扬的旋律渗透到身心的每一个角落，纵使在孤独之后或是失意之后，音乐的力量也会慢慢抚慰受伤的心灵。

行进路上，给自己的行囊放置了太多无用的东西，对前途的忧虑，对情感的伤神，对无关痛痒的娱乐八卦关注，浪费了太多的时间。人的精力是有限的，我们不是超人，自然会有承受不了的东西。人生短暂，多审视自己，问问内心，它是否感觉累了？如果是，就放松一下自己。不要吝啬这"宝贵"的时间，它换来的是事半功倍的效果。心的负担太过沉重，时间久了，会变得麻木不仁，会阻碍前行的脚步。生活状态需要简装上阵、轻便出发。

放飞心情，天地间一片宁静。

不以得为喜，勿以失为忧

得与失是一对相对立的关系，也是相互联系的一对关系。在认为得到的同时，其实在另一方面，也可能会有一些东西失去；当认为失去的同时，也可能有些意想不到的收获。得到不是意味着成功，一旦成功，开始洋洋自得，接着也许会遭遇"滑铁卢"，失去并不意味着失败，失去后还可能重新拥有反败为胜的机会。

得到的东西掌握在了手中，不应沾沾自喜地享受生活，世界上没有任何事物是永恒存在的，保持一种谦逊的态度、一种防微杜渐的姿态，是对待成功喜悦的良好方式，会让"拥有"获得更好的"保鲜"。失去的事实摆在面前，已经无法更改，又何必耿耿于怀，新的生活分分秒秒都在进行，对暂时的烦恼而感到悲哀，非但改变不了现状，更多的是让旧有的伤痛雪上加霜，失去的也越来越多。

许多人一直在忙，忙着升职加薪，忙着赚更多的钱，已经拥有的幸福生活，仍然感觉不够好，总想着再努力一下，生活质量也许会更好。现代社会的人们经常是熬夜、加班，让自己的身体始终处于一种"亚健康"的状态，久而久之，的确是赚到了充足的钱，自己的身体健康却是用多少金钱也买不回来的，失去的陪伴家人的时间，失去的亲情，是无论如何也弥补不回来了，留下的是后悔莫及。自以为是的拥有，是一时迷惑自己的假象，回过头发现原来是更多的失去。

我们无法改变残酷的现实，失去的真的就是无法挽回，不必为失去的东西掉眼泪，眼泪是无助时候的正常反应，它也是最无用的东西。现实既然如此，我们可以改变的是对待现实的态度，积极乐观地面对得与失，让自己的生命充满亮丽的色彩。

据说在法国一个偏僻的小村子，有一眼神奇的泉水。从外观看，它和普通的泉水没有什么区别，源源不断地从泉眼中涌出，但是它却有着神奇之处，因为无论一个人患了多么严重的疾病，只要来这个泉水洗澡，一定会消除百病，恢复身体健康；附近的人们有了疾病，都会来这里，人们称它为"神泉"。

一天，有一个瘸腿的人来到这里。他因为年轻的时候参加过战争，被炮弹片打中，不幸受伤。他拄着拐杖，一瘸一拐地走过村子里的大路，路边的人们看到他这种状况，都很同情他的遭遇。他们惋惜地说："这人真是太可怜了，难道他要向上帝祈求，希望可以得到一条健康的腿吗？"这名军人听见人们的议论，转过身来说："我不是要向上帝求一条腿，而是有一些事情向他请教。我希望他可以告诉我，只有一条腿，该怎样更好地生活。"

我们不是上帝，无法预知任何事情的结果，顺其自然地发展是符合事实规律的，不要轻易地下结论：自己已得到或失去。

战国时期有一位老人，他的名字叫塞翁，他饲养了很多匹马，突然有一天，一匹马丢了，邻居们得知这件事情，纷纷前来安慰他，希望他不要着急，年龄大了，身体最重要。塞翁倒是没有很伤心，他对前来安慰的人们说："不用担心，我不着急，失去了一匹马，没准儿是好事，也许会带来福气呢。"

邻居听了塞翁的话感觉到很可笑，明明丢失了一匹马，白白浪费了粮食和精力，损失了钱，怎么还说会带来福气呢？老人家可能是着急糊涂了。但是没想到，过了几天，丢的马真的回来了，还领回了一匹更好的骏马。

邻居们听说马回来了，还多了一匹马，又赶来祝贺，并对塞翁说："您可真有先见之明，太神奇了，真是好福气啊。"

塞翁听了邻居们的祝贺，不但没有高兴，反而自言自语地说："明明已经丢的马自己回来了，还白捡了一匹马，世界上哪有这样的好事，这不是什么福气，以后指不定会惹来什么麻烦。"

邻居们认为老人可能是高兴坏了，在说胡话；也可能是怕招来别人的嫉妒，故意不高兴，也就没人在意。塞翁有一个独生子，他喜欢骑马，看见家里多了一匹高大的骏马，心里非常高兴，每天都出去骑马，四处兜风，相当得意。

好景不长，他实在是太大意了，有一天，骑马的时候，不小心从马上跌下来，摔断了腿。邻居们听说后又来安慰老人，希望他不要伤心，塞翁依然是那种不变的语气，他说："这没有什么，腿摔断了，保住了性命，这才是最重要的！没准，这回还是福气。"邻居们仍然感到不解，心想：走路的腿都摔断了，生活都成问题，还能带来什么好处？

不久，匈奴大举进犯中原，当地所有的青年都要应征入伍，塞翁的儿子因为摔断了腿，免去了这次服役。当时，上战场的青年们几乎全部丧命，只有塞翁的儿子因为腿断在家，保住了一命。

塞翁意外得到一匹马，他没有高兴到得意忘形，马匹丢失，儿子断腿，他始终都保持着一个沉着冷静的状态，没有大悲大喜，而是平平淡淡地生活。生活就是如此瞬息万变，有时候，我们会为自己拥有的而兴奋，认为高人一等，沉浸在盲目的乐观中，却慢慢地失去了曾经的拥有。

金溪县的平民方仲永，其祖辈世代以耕田为生活来源。方仲永五岁了，他从来没有接触过笔墨纸砚。有一天，他忽然吵闹着要这些东西，父亲对此感觉到非常惊奇，他急忙去邻居家借来文房四宝。方仲永拿到后，随手写下四句诗，并且题上自己的名字，诗句文采飞扬，完全不像出自一个小孩子之手。他的父亲非常高兴，带着他去秀才家，秀才随意指定一个物品，方仲永也能立即写出诗句，秀才也称赞不已。渐渐地，方仲永的名声在村里传开，人们都对他的才华感到佩服，方仲永的父亲也因此感到骄傲，每当村子里有重要的场合，他都会带着儿子出席，让他在众人面前展示才能。

方仲永也感觉到自己是天才，很不一般，每每展示，都是高傲地挺胸抬头。过了几年，他因为长期沉浸在自己才华的满足感中，没有去继续学习，时间不长，这作诗的本领就一点点衰退，大不如前。又过了一段时间，已和普通孩子无异，才华完全丧失了。

方仲永的故事，我们都很熟悉，他最后的失败和他不努力有直接关系，但是不上进的原因，就是他的心态。人们的称赞让他迷失了自己，他忘记自己其实也是一个孩子，只不过是比别人多了一点儿天赋而已。他以为自己拥有的天赋是永远不会失去的，最终还是没有了。得到的东西是需要去珍惜的，好好地把握，才能让它产生更大的作用。得到的喜悦是暂时的，高兴之余，还是该认真想想接下来该怎么做。

有句话说："谦虚使人进步，骄傲使人落后。"不只是成功，我们所拥有的一切都值得珍视。身患疾病的人，渴望得到健康的身体，失去亲人的人，希望能有个幸福、美满的家庭。失去的也不只是失败，失去的一切也都让人痛心，但是只要生命还在，希望就不会因此磨灭。遗失的物品，在不经意的转身下，会重新发现。失去的机会，在一个偶然的机遇下，还有再次出现的可能。

谁都曾有过失去，但是人们对待失去的心态是不一样的。有的人会一直向别人抱怨，自己失去的东西对自己如何重要，是宝贵的，没有任何东西可以取代。但是有些人却有截然不同的态度，他们对失去的当然也感觉到惋惜，但不会一直沉浸在失去的悲哀中。比如，一个人失去了自己的工作，但他不会待业在家，而是去参加招聘会，积极求职，换一份新的工作。他们知道，失去的不过是一份工作，不是生命的全部，只要是失去后还能恢复的，就没有必要悲伤。

也许我们都曾经得到，不同的人对待得到的心态也是不一样的。有的人得到了会喜出望外，长期处于亢奋的状态，不停地向别人炫耀。有的人却不是这样的状态，他们对于得到的东西，始终会保持着谨慎的态度，以一颗淡然的心去面对，好好珍惜所拥有的。比如，一个人对待自己的感情，是非常认真负责的，因为这个人知道，感情是两个人的缘分，来之不易，只有珍视感情，它才能长久，为两个人带来幸福。

掬一捧水，好好珍惜，失一阵风，静静等风来。不因为得到的而沾沾自喜、得意忘形，不因为失去的而悲哀忧愁、痛苦抑郁。理性对待得与失，生活百般滋味，丰富了才会有更好的体会。

学会放下，激活心中潜藏的正能量

佛教中所说的"放下"，不是说什么都抛弃，而是说要什么、要多少，这才是最重要的。修行佛道的人如果不能放下自己的七情六欲，就体会不到佛法博大精深的内涵，只有懂得放下自我，才会体会到人生的真谛。佛教有一个故事，说释迦牟尼在世的时候，有一位婆罗门每只手里拿着一枝花来拜见，佛陀大声地对他说："放下！"婆罗门听从吩咐，把自己右手的花放到地上。佛陀又说："放下！"这次婆罗门又放下了左手里的花，佛陀接着说："放下！"婆罗门这次不知所措了，他说："我放下了两只手里的花，现在两手空空，没有任何东西可以放下了。"佛陀说："我的本意不是让你放下手中的花，而是让你放下六根、六尘和六识。只有将这些全部放下，才能从生死轮回中解脱出来。"

佛家的境界，不是常人可以轻易达到的，也不一定必须去效仿。我们需要的是时常思考一下，想想为什么有的人生活得很快乐，而有的人生活得非常累，其实答案很简单，前者是拿得起、放得下，后者是拿得起、放不下。

范蠡是一位才华出众的人，他被推荐给越王勾践，后来勾践被夫差打败，范蠡给他献上计策，让他去给夫差当人质，骗取夫差的信任，勾践卧薪尝胆，发愤图强，经过20年的隐忍，终于获得成功。当时，夫差听闻范蠡的才能，就命人去说服他，以高官利禄诱惑，但是范蠡不为心动，不肯背叛勾践。

勾践胜利班师回朝之后，在庆功宴上听到有人谱写曲子赞美范蠡，说他才能出众，最后国家的胜利，全是范蠡一个人的功劳，就明显地表现出不悦。范蠡看到勾践的表情，心里非常伤心。他怕功高盖主，给自己引来杀身之祸，他决定从朝廷事务中脱身。

后来范蠡面见勾践说明自己的想法，想归隐山林。勾践一开始还假惺惺地做出挽留的姿态，等范蠡坚持自己的想法时，他甚至威胁范蠡，如果他私自逃跑，就会杀了他，而且还会连累自己的家人。范蠡陪在勾践身边多年，他又怎么会不了解他的为人，他知道如果坚持留下来，将来一定性命堪忧。当天晚上，他带着家人，偷偷地逃离了越国。而善于经商的他，在以后的日子里，苦心经营，成为富可敌国的人。

范蠡没有贪图名利的诱惑，他知道名利场是个残酷的地方，他抛下荣华富贵，在自己事业蒸蒸日上的时候，放下了所有功名利禄，找到了适合自己的生活方式。

人生苦短，曾经有些人，难以忘记，曾经有些事，刻骨铭心，我们一路走来，告别一些往事，走进下一个故事，去欣赏下一段风景。许多事情，随着时间的推移，明明已经忘记，却还是要在夜深人静的时候，提醒自己，固执地去回忆。有些出现在生命中的人，只算是个匆匆过客，明明已经渐行渐远，却还是故意地去触碰，徒劳地想抓住最后一缕空气。

放下是一种智慧，当你死死紧握双手，拼命地想要抓住所有东西，里面除了空气什么都没有。当你松开双手，这次可以去承载任意的东西，甚至整个世界都可以在手中。人的内心承载量是有限的，就像是飞鸟的翅膀上放了太多重物，就会影响飞翔的高度。当人的内心满是负荷，承载的空间会越来越小，只有释放，才能装下更多崭新的内容。

回归初心，放下，让自己的心灵回到出发的原点，让它有个短暂的休息，重新上路。

一个教授在给学生们上课的时候，听到学生们抱怨学业的负担和生活中的种种压力让他们感觉到很累。他停止讲课，拿来一个杯子，当着全体学生的面，在里面倒满了水，然后举起杯子，对学生们说："你们猜一猜，我手中的这杯水有多重？"学生们七嘴八舌地说起来，有的说五百克，有的说二百克，说什么的都有。这时，教授并没有急于给出答案，而是笑着对大家说："你们说，如果我用手举着这个盛满水的杯子，坚持几分钟，接下来会发生什么事情呢？"

有个人说："什么也不会发生。"教授接着问："如果我举一个小时呢？"有个学生说："那可能会感觉到累，手臂会麻。"教授又说："那么我举着水杯一天呢，会发生怎样的状况？"有个学生大声地说："你的手会逐渐麻痹，时间久了，失去知觉，说不定得去医院治疗。"这个学生说完，其他的人都笑了。教授说："回答得很好。那么在这个过程当中，水的分量减轻了吗？"大家一起回答说："没有啊，水还是以前那么重。"

"那么是什么导致我的手臂麻木？"教授停顿了一下，接着说："在我的手臂感觉到麻木，让我不舒服之前，我应该做点什么呢？"学生们一下鸦雀无声，他们陷入了沉思。

突然一个学生说："放下水杯呀！"

"太对了！"教授说，"生活中遇到的问题，正是这个简单的道理，所有出现的问题，不过是在我们的记忆中存留几分钟，好像也没什么大不了的，当我们遇到许多难以解决的问题时，回到家上床准备睡觉以后，要学会把问题放下，什么都不想，第二天一身轻松地生活，精神焕发会带来更多的乐趣。"

往往越是简单的问题，想得却越是复杂，没想到它像雪球一样越滚越大，最后无法收拾。学会放下，也是转变一下思考问题的方式，也许会收到意想不到的效果。如若能放下，说明无需借助任何外力就超越了自己，开始百毒不侵，任何的痛苦与悲伤都如微风拂面一样，在眼前轻轻掠过，不留一丝痕迹。

美国好莱坞影星利奥罗斯说过一句话："你的身体很庞大，但你的生命需要的仅仅是一颗心。"多余的脂肪只会压迫人的心脏，多余的金钱智慧拖累人的心灵，多余的念想、多余的追逐只会增加生命的负担。所以，人要敢于割舍生命中的多余。人生在世，很多事情由不得自己决定，现在不放下，将来也可能因为外在的因素被迫地放下。如果不及时放下，也许将来连放下的机会都没有了。

有个年轻人感到生活非常痛苦，他去寺院寻找禅师的帮助，希望他可以指引自己从中解脱。年轻人对禅师说："我有太多的东西放不下，放不下一些事情，放不下一些人。"禅师说："在这个世界上，没有什么是放不下的。"年轻人说："我的确是很想放下，可是想要做到放下实在是太困难了。"禅师没有说话，他去禅房拿来一个杯子，让年轻人用手捧着，然后提起一个水壶，里面装满了沸腾的开水，他开始往杯子中倒水，一直把杯子倒满了，热水直接流到了年轻人的手上。年轻人被热水烫了一下，手里拿不住了，一下把杯子扔到了地上。禅师说："你看到了吧，这个世界上真的没有什么是放不下的，痛了，你自然就会放下。"生活就是如此，如果痛了，还坚持不放，只会让自己更痛苦。很多时候，需要把握好这个尺度，不要等到痛了才想到放手。

放下不是绝对的，因为放下不是意味着没有追求，放下的不是所有东西，是那些身外之物，是用不着的、可有可无的东西。我们放下的是一些生命里的负能量：功名与利禄、痛苦与烦躁、失望与悲哀。这些充满负能量的东西积攒在体内，会造成不可挽回的后果。其实我们是有能力分辨出什么是负面的，哪些是积极向上的，什么是该立即放下的，哪些是可以试图挽救的。

生活中需要一些提供给我们正能量的东西，它会让人重拾信心，充满新的动力继续前行。试着放下，生活会变得轻松一些，身上负担了太多的东西，量变造成质变，刚开始的时候，不以为意的一些小细节，其实仔细观察，它是由一个个生活垃圾构成的，长此以往，堆积成山，我们的心就再也承担不起了。痴男怨女为爱苦苦挣扎，陷入痛苦的旋涡，不肯出来，执着地去追求并不属于自己的感情，他们不是不清楚，只是不愿意明白，糊涂地让自己的内心痛苦不堪，苦苦纠缠，不愿意放手去给双方自由的空间，到头来落得两败俱伤，受伤害更多的是自己。

放下压力，轻松生活；放下烦恼，找回快乐，放下消极；乐观面对。人生在世，有些东西是不必在意的，有些东西是可以删除的，该放下的时候，毅然决然放下。这样，腾出空间，放置正向的能量，激活正面的力量，让它引领自己前往新的航向。

逆风飞翔：找寻属于自己的那片天空

　　借助着风的力量，一直顺利地前行，这是幻想中的场景，因为在飞翔的过程中必然会经历风雨的洗礼。一帆风顺的生活，人人都渴望，但是这样的生活显得过于平淡，少了一些乐趣和滋味，没有了更多的体验，人生也是因此而感到缺憾。暴风骤雨袭来之时，不是竭力寻找避风的港湾，不是一直逃避，有些事情，该面对的永远是躲不过的，唯有鼓起勇气，扶摇直上，逆风飞翔，挥动起内心最强悍的力量。尽管会经受痛苦，也可能多次被风雨拍打在地，但是只要生命还在继续，就要有勇往直前的气势，经过这些磨难之后，最灿烂的彩虹就会出现在远处的云端。身体也许会感到疲惫不堪，心中可能也出现过退缩的念头，但是为了心中的目标，为了去领略那最美的风景，所有的一切都会如浮云一般，昙花一现。

苦难亦是一种修行

人们内心渴望过一帆风顺的生活，但是事实并非如此，人永远不可能处于安乐、无忧的状态。对于生活中出现的坎坷与磨难，过度的悲伤会加重苦难的程度。把苦难当成是一种修行，不是第一时间就去排斥，而是欣然地接受它；在接下来的日子里，试着以一种新的方式适应这样的生活，慢慢习惯生活的赐予，蓦然回首，会发现即使再苦难的生活也会散发出独特的魅力。

成长中的人总会有那么几段自己看起来都心酸无比的经历，经历未知的变故，遇见陌生的人，感知人情冷暖，眼观世间沧海桑田。花样年华的时候，在不停地奋斗，奋斗的过程是一项艰难的事业，在奋进的路上，又岂不会遭遇种种痛苦。成长是这一场修行的开始，我们从一个懵懂无知的孩童修成一个坚强的成人。想要努力地适应这个残酷的社会，想要让自己有更强的抵御外力的能力，就必须经历一次又一次的磨难，真正成长的人是会感谢生活曾经带来的伤痛。

与朋友闲聊，几乎每个人都有自己不开心的经历，都有自认为苦难的生活，程度或轻或重，因经历的不同而因人而异。有些事情其实已经过去了很久，却还是不忍心将它抛弃。记忆是个奇怪的东西，想要记起来很容易，想要全部忘记，几乎又是不可能的。实在应该学会看待困境，苦难之所以让人难以忘怀，其中自然有它本来存在的价值，因为任何生命，无论是喧嚣的，还是宁静的，没有经历苦难的磨砺，是始终无法成长，开启新的征程的。生活中的我们希冀平淡，但是真正平淡的是内心的处世态度，而不是生活的波澜不惊。人生或许每天都在上演或者悲剧，或者喜剧，身在其中的人们努力扮演着自己的角色，也在体会着角色的生活，戏剧不仅是给观众带来赏心悦目，最重要的还是带给演绎者的情绪变化，也是心灵的成长变化。

有时候，我们面临的不一定是生死存亡的危机，但是苦难的威力也足以摧毁一个意志衰弱的人，积极乐观地面对，经历了一番刺骨的寒冷，才能领略到扑鼻的梅花香气。

在一条河岸的对面，有一座古老的寺庙，这里堆放着大量的泥人，他们被遗弃在这里，非常孤独。有一天，一个白胡子老仙人路过这里，对着泥人们说："如果你们当中有人能从这里走到河的对岸，我会赐予它一个不老不死的金子做的心，拥有了这颗心，就可以长生不老，羽化成仙。"

听到这个消息，泥人们沉默了，他们没有说话，最后终于有一个泥人站起来说："我想试一试。"话音未落，其他泥人就哄堂大笑，他们嘲笑地说："也不想想自己是什么做的，我们是泥人，一旦遇到水，就会融化，别说成仙了，连命都没了，这是自身难保，真是自不量力啊！"

这个泥人说："我不想一辈子待在寺庙里，只做个泥人，我也理解你们的想法，可是不试过又怎会知道结果呢？"说完他告别了伙伴们，来到了河边，他的双脚刚刚踏进河里，就感觉到一阵刺骨的疼痛，他清楚地感觉到自己的身体随着河水的浸泡在溶化，每一分钟自己的身体都在缩小，伴随的是无穷尽的痛苦。此时，他突然想退缩了，但是转念一想，都已经走出这一步了，就坚持下来，再痛苦的感觉，总有消失的时候，现在返回寺庙，也已经变得残破不堪，还不如坚持走下去。

河水看到泥人的痛苦，他很同情泥人，就对他说："你快回去吧，不然你会粉身碎骨的。"泥人摇了摇头，他仍然继续向前走。泥人站在河水中央，望着对岸，他仿佛看到了美丽的鲜花，小鸟飞翔的身影，那片神奇的土地在向自己招手，他突然感觉自己身上像是被赋予了一股力量，蚀骨的疼痛也不再那么厉害。

疼痛其实还在持续，泥人流下了眼泪，他感到自己身上的皮在一块块脱落，泥人咬紧牙关，闭上眼睛，不让眼泪继续流。慢慢地，他的双脚也被溶化了，每迈出一步，都是钻心地疼，他走得很吃力，但是还是在前进。泥人真的很想躺下来歇息一会儿，可是他知道在这个时候停下了，就是功亏一篑，虽然痛苦没有了，但是机会也没有了。他只有忍住痛苦，坚持下去，才能到达那仙境一般的地方，所以他接着费力地向前走。

时间又过了很久，泥人真的要坚持不下去了，但是他突然发现，不知道什么时候，自己已经到达了对岸。这里鸟语花香，真的是自己梦寐以求的地方。他打量一下自己，发现全身上下的确什么都没有了，只剩下一颗金子做的心，在那里闪闪发光。他正在百般疑惑的时候，惊奇地发现，自己的身体正在重新一点一点长回来，他已经变成了神仙。

泥人明白了，任何生命都要经历命运的考验。他虽然是一个泥人，但是以坚强的勇气经受住这些考验之后，就会收获一颗坚硬的心。蝴蝶在挣破蛹的束缚时，要拼尽全力，忍受破茧成蝶的痛苦；凤凰涅槃，在烈火中燃尽自己，经受烈火的炙热，获得重生；花草的种子也是在冲破泥土的包围之后，才能发芽，迎接春天。经历了这些磨难，给自己一个新的机会，生命的高度也会因此不同。

"天将降大任于斯人也，必先苦其心志，劳其筋骨，饿其体肤，空乏其身。"要想获得成功，哪里会有什么捷径，必须承受住这些生活的磨难，把苦难当成生活的调剂，就会从容地走在雷雨交加的夜里，不再恐惧。

时间是北京时间7月22日早晨6时，长岛体操馆里即将开始的是跳马比赛。桑兰代表中国出战，在例行的热身中劲头十足，"手翻转体"动作已做了两遍，桑兰还想再来一遍，尽管对她这样一个以跳马为强项的队员来说，这个动作可以说是"烂熟于心"的。不料，这最后一跳竟然造成了她终身的遗憾。桑兰头顶着地，当即倒地不起。场边的救护人员立即赶上去做急救，她大概休克了十秒钟，大家很快为她做了固定措施并将她抬上担架送往纳苏医疗中心。

结果非常糟糕，桑兰的第六第七节颈椎错位挫伤，并伴随神经组织损伤，可能导致瘫痪。虽然经过诊治，桑兰颈椎错位部分已复位成功，她神志清醒，上肢活动能力渐有好转，但胸部以下却永远地失去了知觉。虽然遭受如此重大的变故，桑兰却表现出难得的坚毅。她的主治医生说："桑兰表现得非常勇敢，她从未抱怨什么，她一直以来以超乎寻常的勇气在面对。"就算是知道自己再也站不起来之后，她也没有后悔练体操，她说："我对自己有信心，我永远不会放弃希望。"

她的确用行动在向我们展示着坚强的含义，她没有选择沮丧，没有因为这场意外而彻底消沉，她坦然地接受了命运的突变，始终坚持以自己的方式实现着自己的奥运梦想。面对新的人生境遇，她艰难地开辟着新的人生道路，她参与体育节目的主持，参加残疾人的公益活动等。作为曾经的中国体操的旗帜性人物，在遭遇人生重大挫折后，桑兰始终用一种平和的心态看待自己，因为她始终相信，不幸不会拖垮自己，只会让自己变得更加成熟。

桑兰给我们展现的一直是微笑的状态，她在不久前还生下了孩子，当上了幸福的妈妈。虽然她是残疾人，但是依然努力地去过正常人的生活，坚强和乐观始终在她的身上，看不到一丝憔悴，她的精神也深深地鼓舞着我们。

穿越苦难，试着去发现其中阳光的一部分，寻找到了这份坚持的突破口，就能朝着成功再前进一步。我们渴望成功，也许它遥不可及，也许在追梦的途中，所经历的足以终生难忘，但这经历却是人生难得的财富，它换来的是勇气，是直面现实的达观。许多名人的苦难经历，带来的不仅是激动万分与同情心，苦难的经历也是有限的，不可能所有人都身残志坚、泪流满面，更多时候，苦难可能只是生活中遭遇的小挫折，可能是走一条崎岖的山路而已，貌似渺小，却同样需要良好的心态，否则，一路的颠簸终会让你望而却步，又如何去欣赏山顶的风光旖旎。路是自己选择的，应该无怨无悔，就是爬也应该坚持下去。

放大苦难会让自己更加脆弱，承担的能力也会逐渐减弱。有些事情不可避免，就试着接受，换一种眼光看待，当成是人生的必修课，将磨难化为动力，给自己无限的力量。只知道逃避非但改变不了现状，还会造成巨大的心理负担，留下阴影，遇到困难，会养成习惯性的退缩。

苦难亦是一种修行，以一颗平常心面对生活的磨难，经历过了痛苦与彷徨，认真从中学习，静心思考，接下来迈出的每一步都更加坚毅，重振旗鼓，生活的愿景就在不远处。

放慢生活的脚步，随清风漫舞

观察路上的行人，他们似乎在行色匆匆地走着，不知为何，是否因为前方有什么目标在等待？时间来不及，可能上班要迟到，可能赶不上早班车，可能，还有许多可能。若是放慢脚步，那么这些东西都会消失吗？答案自然是否定的，世界上没有任何东西会凭空消失。可是我们还是像陀螺一样忙得团团转，就像是一旦停止下来，地球会因此停止转动。人不是一台机器，是有承受限度的，若一味地持续进行一件事，甚至达到不眠不休的状态，超出这个承受范围，后果会很严重。

有时候我们在忙于手头的一份工作，赶稿子、写策划、备课等，从白天忙到傍晚，顾不上吃饭和休息，总是想着再努力一点，争取早点完成。当在凌晨终于结束的时候，发现自己身心疲惫，累得头昏脑涨，严重影响了第二天的工作状态。疲劳过度的结果就是，不但没有收到事半功倍的效果，而且适得其反。快节奏的生活时常让人感到生活的迷茫，不知所措，抬头仰望幸福，发现它离自己越来越远，那么自己正在忙碌的一切究竟值不值得呢？答案也许只有自己才会知道。

放慢生活的脚步，不是停滞不前，不思进取，而是给自己一个缓冲的机会，养精蓄锐，去迎接更大的挑战。放慢脚步，也许会发现新的生活感受，去感受不一样的环境带来的新鲜，更懂得生活的真正追求。放慢脚步，可以更好地审视一下自己的生活，拥有了哪些美好，又错过了哪些遗憾？思考过后，学会珍惜所得，更好地生活。

美国有一位作家琳达年轻的时候就很出名了，她除了从事写作，还身兼数职，她不仅是一个投资人，还在一家地产公司做顾问。她每天的工作量非常大，从白天忙到深夜，几乎没有闲暇的休息时间。就这样忙碌了十几年之后，突然有一天，她坐在自己的办公桌前，呆呆地望着那张写满了许多事情的日程表，上面密密麻麻的文字，让她感到眩晕。她的心不禁颤抖了一下，她觉得自己再也无法忍受这样的生活了，她要改变这样繁忙的日子。

她取消了当天所有的工作计划，清理了桌子上所有的报纸和杂志，注销了所有的信用卡，关掉工作时候用的电话……原来她每天至少要做八十多件事情，而现在只需要十几件，甚至更少。因此，她有了大量的闲暇时间，她可以陪伴家人，约上朋友喝咖啡，她的繁重的心灵得到了休整，找回了丢失已久的快乐。

国学大师南怀瑾曾经说过："宇宙的道理，都是一增一减，好像天平一样，一高一低，这头高了另一头就一定会低。"生活即是如此，当繁忙的生活压得人喘不过气，快乐就会减少；当放慢生活的节奏，减少无谓的忙碌，及时舒缓自己的心情，快乐就会增加。哪里有非做不可的事情呢，不过是自己找借口，为达成某种期待的目的，强行让自己继续做，无形中增加许多压力，增压容易，减压困难，心理一下子疏通好不是一件容易的事情。

慢是一种生活态度，它引领我们过上健康快乐的生活。慢不是拖延，而是一种平和的生活理念，它提供给我们积极向上的理由。慢是一种智慧，若领悟了慢的真正含义，会让我们更近地触及幸福。放慢脚步后，会有更多的时间思考人生，慢慢咀嚼幸福的味道。

金庸先生是一位慢条斯理的人，他说话慢吞吞的，走路的速度很迟缓，办事也是不着急。但就是这样一个慢性子的人却创造出无数的武侠经典著作，如果金庸先生急着写作，也许写不出这么高质量的作品。他经常说："我的性子慢，不知道着急，总是徐徐缓缓，最后也都完成了，而且做好了，乐观豁达地颐养天年。武侠世界也不是天天刀光剑影、打打杀杀，打一会儿，也要吃饭、喝茶、睡觉。"

慢节奏的生活，会让我们更好地体会生活的细节，享受不经意的乐趣。在喧嚣的都市里，繁忙的身影，与时间赛跑，换来的不是高品质的生活方式，而是从心中升起的疲劳。学会调节自己忙碌的生活，变换一种全新的体验，也许会发现生活呈现出的另一番场景。

一位女士带着自己四岁的儿子准备在街边过马路，突然听到刺耳的刹车声，一辆汽车向她们冲了过来，躲闪已经来不及了，她在危急的时刻紧紧地护住了儿子。幸运的是，汽车在距离他们一米的地方停了下来。她吓坏了，附近的人们也都纷纷赶过来询问情况，看他们是否受伤。女士慢慢地从惊吓中缓过神来，她说："没事，没有被撞到。"儿子在一旁小声地说："真是太可怕了，妈妈，那辆车差点撞到我们。"女士站起身走到汽车前面，里面坐着一位六十多岁的妇女，她的双手还在紧紧地握着方向盘，她也吓坏了。老妇人说："有一辆车在我前面突然急转弯，我的车一下就失去了控制，真是太抱歉了。"

女士和孩子经历了这件惊险的事情，回到家中，还依然后怕，那个汽车的影子不时地冲进脑海，一瞬间，自己和孩子险些送命。她仔细回想，无疑那位老妇人当时行驶得太快，行色匆匆，好像是在着急赶下一个路口的绿灯。而那位突然开车急转弯的司机肯定也是因为什么事情赶时间，才会如此冒险地横冲直撞。而她自己也不是完全没有责任，她因为每天忙碌的生活只是想着节省下两分钟，没有多走半条街去十字路口走斑马线，而是想着走捷径，在中途横穿马路，结果险些葬送了两条人命。

女士认为自己不是轻易冒险的人，就在一星期前，她还去日本旅行，飞越几千公里，期间几次转机，大费周章地从日本回来。此刻她不禁想自己乘坐飞机飞行几千公里都安然无恙，却在离家只有两条街的地方险些送命。一想到幼小的儿子差点被撞，想到丈夫差点要一天之内面对两位亲人的离去，她就感觉非常恐惧。而这一切都源于无谓的匆忙。

从这以后，她在院子里种了许多美丽的花，经常花费时间去打理，不再忙着工作，而是多陪家人在一起。现在，她决定要放慢自己的脚步，多想想即将到来的春天，满院子盛开的鲜花，自己孩子纯真的笑脸……

忙碌的生活中，我们常常会和自己过不去，比如为了赶时间，可以不顾性命的安危去横穿马路，为了一个无关紧要的会议，把汽车的速度开到最快，太多的匆忙让生命变得很脆弱，不要等到失去了才想到珍惜。闲暇时间多想一想、把自己逼得很紧，是不是对自己和家人负责，是不是顾此失彼、得不偿失了呢？

梭罗从哈佛大学毕业，不像普通的毕业生，刚毕业就急着就业，生怕自己的工作被别人抢走一样。梭罗没有急于找工作，他放弃了许多不错工作的邀请，走到凡尔登湖，远离喧嚣的都市，品味着这片湖水的静谧之美。当他的心灵被宁静的湖水荡涤得一尘不染的时候，他写出了优美的诗歌《凡尔登湖》，流传千古。

夜色迷蒙，走在宽阔的马路上，人们的夜生活刚刚开始，他们大声喧闹着，都市的霓虹灯闪烁，灯下上演着多少悲欢离合的故事。连黑暗也阻止不了人们前行的匆匆脚步，他们的灵魂在一片无边无际的黑暗中苦苦挣扎。其实，放慢行走的脚步，睁大双眼，自己观察一下我们生活的城市，你会发现：对陌生人投以真诚的微笑，城市的灯光也是格外柔和，生活中原来有这么多错过的景致。

很多时候，人们需要一份倾听，放慢我们的生活节奏，试着去聆听别人内心的声音，听他们倾诉心中的烦闷，了解他们遇到了哪些令人开心的事情。我们不需要任何行动，只是静静地坐在那里，微笑不语，听他讲完，微不足道的举动也许会给别人带来生活的莫大鼓励与喜悦。

为了追求向往的所谓幸福生活，一路走来不肯停歇，生怕脚步慢下来，就会错失机会。眼中只有奋斗的目标，只有彼岸的胜利，而全然忽略掉路边的风光。匆匆走过每一天，来不及和家人坐下聊聊天，来不及思考人生，等真的拥有了曾经向往的一切，发现真正的幸福早已离我们远去。

人生是一个很奇怪的过程，追求得越多，失去得也越多，人需要有一颗追求上进的心，但是不能只顾执着索求，每个人还要学着享受生活。人生苦短，过度的忙碌会湮没属于自己的快乐日子。空闲的时候，放慢生活的脚步，听听泉水叮咚，看看一路沿途的风景，随徐徐清风翩翩起舞。

生活浮沉，飘出沁人清香

万物归属的自然界，千帆过尽，繁华终究落幕，草木山川枯荣自如，开到荼蘼花事了，只剩下山水间，水天一色；我们的内心，千金自有散尽之日，无奈岁月光阴，消逝流散，生命的积淀由薄变厚，由厚变薄，有如烟花在天空绽放，一刹姹紫嫣红，一刹寂寥空悲，终成过眼云烟，物是人非。面对人生起伏，大地与生命有如此惊人的相似之处，同样是在经历着瞬息万变，却都让人难以预料。

一个年轻人在生活上屡屡遭遇挫折，尝尽失败的酸楚，他的心情非常失落，郁郁寡欢，他感到世界是如此暗淡无光，没有出路。在万般无助之下，他千里迢迢来到名刹古寺，慕名拜访一位得道高僧，希望他可以给自己指点迷津，让自己从困境中得到解脱。

年轻人见到高僧后，就开始叙述痛苦、凄惨的过往经历，并且沮丧地感叹道："人生中太多的不如意，苟且地活着真是没有任何意义……"高僧安静地坐在那里聆听完年轻人的抱怨，吩咐在一旁的小和尚说："施主远道而来，去端过来一壶温水。"不一会儿，小和尚端来一壶温水，高僧顺手抓了一把茶叶放进杯子，然后用温水沏好茶，放在茶几上，微笑地请年轻人喝茶。茶几上的杯子冒着轻微的热气，茶叶静静地漂浮在水面上，没有任何变化。

见此情景，年轻人感到十分费解，他问道："宝刹为何用温水沏茶？"高僧笑而不答。

见高僧不语，年轻人拿起杯子喝了一口，不由摇头说："这茶水根本没有沏泡，完全感觉不到一点茶的香气啊！"高僧说："你且仔细品一品，这可是著名的西湖龙井茶啊。"年轻人感到奇怪，以为是自己味觉有问题，又端起杯子喝了一口，这回，他斩钉截铁地说："真的是一点儿茶香都没有。"高僧又吩咐小和尚："再去给施主端一壶沸水过来。"

不一会儿，热气腾腾的沸水端了上来，高僧起身，依然是重复刚才的步骤，取杯子，放茶叶，倒沸水，又放置在茶几上。年轻人探身过去，发现茶叶在杯子里上下沉浮，阵阵茶香迎面飘来。年轻人想要端起杯子饮茶，高僧作势挡住，让他暂且等一等，又往杯子倒进一些沸水。茶叶在里面上下翻腾得更加厉害，一丝丝更加沁人心脾的茶香徐徐升起，茶香的气息在禅房中四处弥漫。于是高僧接着注入了三次水，杯子里的水才满了。那绿绿的清淡茶水，握在手里，温暖人心，清香扑鼻，入口更是让人沉醉。

见年轻人深深地沉浸在浓郁的茶香里，高僧笑语："施主可否知道，放进杯子的同为西湖龙井，为何茶叶的味道会有如此大的区别吗？"年轻人沉默了一会儿说："一杯用的是温水，一杯注入的是沸水，冲沏茶叶的水温度不同。"

高僧会心地点头道："用水不同，茶叶的沉浮程度就不一样。用温水沏茶，茶叶轻轻漂浮于水上，根本没有充分浸泡，又怎会散发清香呢？沸水沏茶则不同，反复几次续水，茶叶沉沉浮浮、上上下下，经过充分浸泡，自然会浓郁扑鼻。试想人世间芸芸众生，包括你我，又何尝不是这些沉浮的茶叶中的一片呢？那些保护在温室之中，未曾经历过风霜雨打的人，就像这温水沏过的茶叶，有限的人生体验只能让人漂浮在生活表层，浸泡不出饱含生命内涵的芳香；那些经历过风雨洗礼的人，就像被滚烫的沸水重新沏过的茶叶，在沧海桑田的岁月轮回里几度浮沉，自然会飘出那沁人的清香啊！"

茶叶如此，人亦如是，我们发现，只要是人，有感情和思维，在日常的工作和生活当中，总会遭遇到高潮与低潮，或者说旺期与衰期、巅峰与低谷。这很正常，人生并非坦途一片，起落沉浮本是常态。古人云："天乃大，心比天大。"面对人生沉浮，重要的是保持一个良好心态。庄子曰："人生天地之间，若白驹过隙，忽然而已。"所谓逍遥于天地之间，而心意自得。醉酒当歌，人生几何，譬如朝露，去日苦多。不管人生有多么曲折，无论人生路途多么遥远，面对泥泞荆棘，内心的感知却在引导一路向前。

荷兰的阿姆斯特丹有一座古老的寺院，寺院的废墟里矗立着一块石碑，上面刻着一句话："既已成事实，只能如此。"生活也会偶尔和大家开玩笑，也会让我们手足无措，甚至让人产生绝望。凭心而言，既然木已成舟，事情已然是不可更改的状态，那么不妨去试着接受任何已成的事实。人生尽管颇多起伏与无奈，生活的车轮总是在继续前行。原先的那一条路不能畅通，那么也可以及时更改路线，换一条路继续前进，不是坐在闭塞的原路上兀自烦恼。转变自己对待事物的心态，换一种视角、换一种心境看待问题，或许可以改变人生的巅峰与低谷，或许在生活转弯处，就会迎来属于自己的"柳暗花明又一村"。

"命里有时终须有，命里无时莫强求"。人生在世一切就好像自有定数，过于勉强只是在跟自我过不去，这不是唯心主义的观点，这可以是看待生活变故的心灵慰藉。生活中的起起伏伏，终究敌不过时间的消逝。世界是变化发展的，每一时，每一刻，都在不停地变化，它不会因为任何原因停止，所失去的，所拥有的，最终也都会寻无所踪、了无所迹。

一位难出新作的著名演员遭遇了事业的瓶颈，他无奈地退出了为之打拼的演艺圈。退出之后，他恢复了普通人的平静生活，但离开了璀璨的舞台，离开了大众关注的视线，离开了经久不息的掌声和鲜花，他的生活形成了巨大的反差，显得异常无聊和单调。每当回想起从前的风光种种，他难免觉得今朝实在太过落寞，曾经光环笼罩的他不甘心自己变成了一个平凡的人，却又只能无奈地接受眼前这样残酷的现实：自己不再是那个光芒四射的明星，他再也无法回到黄金岁月和人生的巅峰了。

积郁在内心的苦闷无法排解，他不久就患上了严重的抑郁症，日渐憔悴。周围的人无论怎么规劝都无济于事，他接受不了这人生巨大的落差，根本一句话也听不进去。直到有一天，他的母亲慈爱地看着他，回忆道："你刚出生的时候，只是一个小小的婴儿，没有任何名声，也没有很多人关注你、崇拜你，可那个时候你总是笑得无拘无束、天真烂漫，像个纯净的小天使降落人间。现在的你是在为什么伤心难过呢？你只不过是重新回到了出发的原点，你还有那些真正爱你的人在身边，其实你并没有失去什么啊！成名之前怎样生活，现在还如往前一样……"

生活就是这样，如果未曾拥有，也许就会少些痛楚与无奈。一个乞丐一无所有，所以心中非常坦然，但是当他突然间一夜暴富，反而会害怕自己变回从前的模样。不曾相聚的两个人，各自活得惬意，相见不如怀念，但是某一天，当他们相遇在一起，又要开始为分别的事情感伤。人生不是害怕自己两手空空，而是担心自己得而复失的无奈。"未得到"与"已失去"，是梦想与现实为人生合奏的终极交响曲。经历过的林林总总，让我们在心境的不断起伏跌宕中磕磕碰碰，在意得失，不免让人忘记曾经出发的地方。

在纽约市中心办公大楼里有一个开货梯的人，与别人不同的是，他的左手齐腕被砍断了。一天，有人问他少了那只手会不会觉得难过，他说："不会，我根本就不会想到它。只有在要穿针引线而需要它的时候，我才会想起这件事情来。"

白驹过隙，人生在世短短几十年，为了已然失去的痛苦哀号，为了没有得到的过分在意，我们可以试着想想曾经做过什么。事情发生之后，在乎最终的结果又能如何，其实在这个过程中，自己曾经认真努力地去做，还有什么比这个更重要的吗？即使每一次的选择与尝试都是拼尽全力，但结果仍然可能不会让人满意。面对困境，我们常常无从下手；遭遇变故，我们每每犹豫不决。故事的最终结局，无论好坏，痛楚的感受仍然阵阵袭来。衡量人生选择的其实是内心的感受，消逝的岁月里，不论得失成败，还是悲喜聚散，都在心中留下印迹，烙下斑痕。于岁月中感悟，体会时光无情、命运无常、人生无奈，这一生真短，计较得失伤害自己的内心，是何等不值。生活，本就是得失起伏，学会理解、尊重，坦然地走好这一生！

其实静下心来，仔细想想，自己又何尝不是那一撮生命的茶叶？命运又何尝不是一壶沏茶的温水或沸水呢？茶叶因为在杯中沉浮，才释放出沁人的清香，而生命遭遇的一次次挫折和坎坷，也让人体会到，人生在反复的浮沉中激发出的一缕缕的幽香，更加令人沉醉。

成而不炫，败而不馁

现实生活中，人经历过成功的喜悦，也都经历过失败的苦涩，或大或小，程度或轻或重，都曾在心中留下不可磨灭的印象。获得成功的人脸上会露出灿烂的胜利者微笑，不幸失败的人即使脸上可以强颜欢笑，内心也是心酸无比，默默地流下眼泪。对待这两种生活常态，人们也会有截然不同的态度，有的人面对成功依然会保持一种理性的态度，谦虚谨慎，有的人会因此骄傲，不把任何事情放在眼里。面对失败，有的人会从中吸取教训，争取重振旗鼓再出发，有的人则是萎靡不振，认为自己一败涂地，对生活失去希望。

很明显，两种状态中后者的表现也许并不恰当，它处于一种极端。成功者固然值得雀跃，因为每一份成功的背后都是努力的汗水，失败者的伤心也是难免的，人类是有情感的动物，在一番奋斗之后，可能为之付出很多，换来的却是失败的伤痛。心理的落差与不平衡是存在的，但这绝对不是永恒的，也不是因此停滞不前、沉浸在痛苦中难以自拔的理由。

在得意的时候不忘形，在失意的时候不伤悲，在困难的时候不低头，在面对挫折的时候不后退。俗话说："失败是成功之母。"在通往成功的道路上，注定满是艰辛，失败几乎是每个人难以避免的，但对于奋斗者来说失败意味着朝成功又迈进了一步。因此要正确看待成功与失败的关系，面对成功，不骄傲炫耀、忘乎所以，及时地总结成功的经验，准备去迎接下一个挑战。面对失败，不要悲伤，不要气馁，善于总结教训，寻找正确的方法，改变错误的观念，一切都可以从头再来。

李自成出身贫苦，童年的时候给地主放羊，崇祯二年（1629）引领农民起义。他英勇善战，具有指挥才能。他提出分兵定向、四路攻击的作战方案，受到各个将领的赞同，在士兵中有很高的威望。高迎祥去世之后，他继称闯王。十一年（1638）在潼关战败，仅剩下十余人，次年东山再起。十三年（1640）的时候，被包围在深山，依靠五十骑兵突围，进入河南。在与朝廷抗争的时间里，他与将士们同甘共苦，提出了减免赋税的政策，深得人们拥护。手下的士兵逐渐发展到百万之众，声势浩大，给朝廷带来巨大的压力，他带领的军队也成为农民起义军的主力。后来李自成的起义军占领北京，推翻了朱明王朝。

他进入北京后，纪律严明，不乱动老百姓的东西，深得民心。但是在荣华富贵的诱惑下，骄傲的情绪日渐增加，军队上下忙于庆祝胜利，不再防备，不进行训练和管理，军队开始涣散。他认为胜利已经在握，可以高枕无忧，所以开始尽情地享受。

时间久了，士兵们的斗志逐渐减退，山海关战役失败，全国的形势也开始发生变化，原来支持李自成的起义军也开始纷纷反对他。顺治二年（1645），清军依靠红衣大炮攻破潼关，李自成战败向南撤退，接着又连连溃败，最终被清军一举剿灭。在胜利的时候滋生的骄傲，让李自成的军队失去战斗力，最后失败。他没有在成功的时候保持警惕，积极训练，结果一败涂地，还丢了性命。

成功的喜悦很容易迷惑人，找不到前进的方向，这个时候需要的是谦逊的态度，保持虚心谨慎，不让骄傲的情绪迷住双眼。古希腊的著名哲学家苏格拉底，不但才华横溢，而且很多话都激励着年轻人前进。每当有人赞叹他出众的智慧，他总是谦逊地说："我唯一知道的就是我自己的无知。"智慧与才能不是自己说说而已，真正的智者是藏而不露，那才是大智慧。懂得将自己的智慧放置于点滴的细节之中，在不经意之间流露，让人感到由衷的佩服。而在人群中大喊大叫，叫嚣自己是天下无敌的人，其实内心空虚，没有真才实学，不过是做样子给自己壮胆。

事物具有多面性和复杂性，人生也就不可能一帆风顺，无论做了多少准备，付出多少努力，还是有失败的可能。无论是从事什么职业，运动员、企业家，无一例外，在进行新的尝试的时候，都有可能犯错误，都有可能在自己擅长的领域跌倒。这个时候，要做的不是坐在跌倒的地方哭泣，而是拍拍身上的尘土，从跌倒的地方拼命爬起来，只有这样，才会有重新起跑的可能，否则，连机会都没有了。

肯德基的创始人耐尔·桑德斯如今是位家喻户晓的人物，他创立的品牌遍布全球各地，深受人们的欢迎。他出生在一个农民家庭，是个苦命的孩子，六岁的时候失去父亲，因为家庭贫困而辍学，回家和母亲下地劳作。他慢慢长大，不甘心一辈子种地，想更好地改变现有生活，所以毅然决定进城找机会。

对于一个初次进城的孩子，这里的生存条件对他来说极为艰难，他决定经商，起初他开了一个加油站，但生意并不好，不久又遭遇经济危机，所以关门了。第二年，国家经济在一点点复苏，他决定重振旗鼓，又整合资金，开了新的加油站，这次不同以往单纯地提供加油，他有了新的想法。他知道来加油的人都很累，他们长途跋涉，需要吃饭，而加油站附近又没有饭店。所以他在加油站附近开了一个小餐馆，他的饭菜可口，服务周到，深受司机们的喜爱，生意日渐红火起来。世事难料，老天跟他开了个玩笑，正当生意蒸蒸日上之时，一场意外的大火烧尽了所有的一切。面对这突如其来的变故，他非常伤心，一时间接受不了这个现实，精神萎靡不振。后来，家人、朋友不断地开导他，他终于振作起来，于是决定重新开始。这次，他开了一家更大的餐馆，生意又恢复兴隆。但是时间不长，又出现了问题，餐馆附近的路要扩建，那里更宽敞，开车的司机都去走那条新的马路了，没有人再来这里，餐馆生意又瘫痪了。

那一年他已经六十五岁，家人们都劝说他不要再进行下去了，还是回家颐养天年吧。但是他不忍心看到自己多年的努力就这样付诸东流，多少次的失败已经练就了他强大的内心。当他有了一笔资金的时候，他突然想到自己还有一张炸鸡的秘密配方，想到这里，他似乎又看到了希望的曙光。已经不知道是第几次开始新的事业了，耐尔·桑德斯再一次重新出发，开始经营自己的炸鸡事业。几年之后，他的炸鸡餐馆遍布美国和加拿大，等到他七十岁的时候，他的炸鸡连锁店已经有将近一万家。

现如今，肯德基快餐分布在全球各地，特别受到年轻人的喜欢，生活节奏的加快，快餐成为一种潮流，耐尔·桑德斯在一次次的失败后，功夫不负有心人，终于迎来了真正的成功。由此可见，潜藏在失败中的是巨大的成功，如果你没有强大的内心去承受失败的痛苦，也就不会发现潜在的机会。

爱迪生在发明电灯的时候，一共做了一万四千次以上的试验，试验不断地失败，他发现很多方法行不通，但还是坚持做下去，直到发现可行的方法。有位年轻的记者曾经问他："爱迪生先生，你目前为止一共失败一万多次，你有什么感想吗？"爱迪生笑着说："年轻人，因为你的人生旅途才刚刚起步，所以我告诉你一个对未来很有帮助的启示，我不认为曾经失败过一万次，只是发现了一万种行不通的方法而已。"对于失败者来说，失败同样是一种收获，面对挫败，你可以选择绕开或者退出，这样做的话非但不好的现状没有任何改变，还会陷入更大的困境。既然失败也是一种另类的成功，那么还有什么不开心的呢？

就像是在学生时期，为了考试成绩的高低耿耿于怀，成绩好了四处炫耀，没有考好就伤心欲绝。那个成绩其实说明不了什么，只是一个证明自己阶段学习的检测，取得好的学习成绩，再接再厉，争取更大的进步；成绩下降，分数太低，就迅速查缺补漏，总结没考好的原因，争取下次有进步。

每个人都渴望成功，而且自认为付出了比别人多一倍的努力，所以心理不平衡，认为付出就一定会有回报，世界上哪里有绝对的定律，没人规定成功一定属于那些付出努力的人，但是成功一定属于那些心态淡然的人。无论面对成功与失败，都要有一颗始终不变的心，如果大悲大喜，波澜起伏，这样的心态就不稳定，也承担不起成功的喜悦与失败的酸楚。

成而不炫，败而不馁，保持一颗平和的心态，人生没有那么多的大起大落，归根结底，是自己的内心在波澜起伏。

坚持不懈，让希望的种子萌芽

开学的第一天，古希腊大哲学家苏格拉底对学生们说："今天咱们学习一件简单的事情，我相信你们每个人都能做到。每个人把胳膊尽量向前甩，接着向后甩。"苏格拉底在前面为学生们示范了一次，并笑着说："大家把这个动作每天练习三百遍，你们可以坚持住吗？"学生们笑了，他们认为这个动作非常简单，过了一个星期，苏格拉底问学生们，有谁做到了，有将近百分之九十的学生举手；又过了一个月，当再问起有谁在坚持做的时候，只有一半的学生举了手；又过了半年，当苏格拉底再次问起这个问题的时候，坚持继续做这个甩手动作的人，只剩下了一个，他就是后来的大哲学家柏拉图。

在做一件事情的时候，总是认为坚持是最容易做到的，因为它总是在自己能力范围内，刚刚开始做的新鲜感让人满怀动力。但是最难做到的就是坚持，时间久了，新鲜感逐渐消失，冲动的热情也在减退，这时候能克服心中的浮躁而坚持不懈的人，往往能做好这件事情。

坚持是生活中经久不变的话题，进行比赛的运动员在奔跑的过程中，总是在内心告诉自己坚持到终点，临近高考的学生在努力备考的冲刺阶段，家长会告诉孩子坚持到最后，在忙于一份让自己身心疲惫的工作时，会想着再坚持一会儿，马上就会完成手头任务。坚持的力量是强大的，它可以让自己在眼见胜利的曙光，却又浑身乏力的时候，给自己一点儿鼓励，充满希望，继续战斗。

坚持是一个人的事情，任凭别人如何在耳边叮嘱，真正可以做到坚持到底的是自己强大的内心和一种不服输的态度。坚持的过程注定充满艰辛，体会到其中苦涩的滋味，才会真正体会到坚持的来之不易。也许每个人都曾经憧憬过追梦路途的一帆风顺，但事实并非如此，现实是残酷的，它会不断地制造坎坷与颠簸，真正的智者无论身处何种环境，仍然会看到希望的曙光，并为之奋斗不息，坚持到底。

新东方的创始人俞敏洪在上小学时的成绩一直不好也不坏，老师根本就不关心他。但俞敏洪特别想引起老师和同学的注意，所以从小学一年级起就一直打扫教室卫生。到了北大以后俞敏洪养成了一个习惯，每天主动为集体宿舍打扫卫生，这一打扫就坚持了四年。所以俞敏洪所在的宿舍从来没排过卫生值日表，他把打扫卫生的工作全部包揽下来。而且俞敏洪还每天都拎着宿舍的水壶去给同学打水，把它当作一种体育锻炼。

十年后，新东方已经发展到了一定规模，俞敏洪希望能有合作者，就跑到了美国和加拿大去找自己的大学同学，用高薪说服他们回来和自己一起创业。后来同学的确回来了，但不是为了金钱，他们给了俞敏洪一个十分意外的理由。他们说："俞敏洪，我们回来是冲着你过去为我们扫了4年的地，打了4年水。"他们说："我们知道，你有这样的一种精神，所以你有饭吃肯定不会给我们粥喝。"这些人的加入为新东方的发展带来新鲜的血液，新东方才会不断地做大。而这些同学信任俞敏洪的原因，主要是他在读书期间就表现出的超于常人的坚忍不拔。

经历了三年的高考他最终才考上北大，大学得肺结核住了一年多院捡回一条命，想去美国留学却被大使馆拒签三次，俞敏洪带着不服输的精神一直在努力，历经风风雨雨让"新东方"逐渐扩大规模，最终从一个默默无闻的培训机构成长为美国纳斯达克上市公司。

俞敏洪曾说过："人生是一个不断搏击的过程。人生中的每一次失败都是在生命里写了一个0，不要怕写0，你要努力去做的是在那无数个0之前成功地写上一个1，那么先前所有的0都会成为你独一无二的财富。"显然，俞敏洪已经在自己写下的许多个"0"之前成功地加上了一个"1"。未来的路还很远，但是俞敏洪相信，成功永远属于那些坚持不懈、充满理想、脚踏实地、奋斗不止的人。

坚持的人会赢得其他人的信任与支持，当在从事一项工作的时候，同事之间的帮助会起到极大的作用。人们喜欢和那些有毅力的人交朋友，会体会到前所未有的安全感，而且会被他们身上执着的精神所感染，让自己也同样充满无穷无尽的力量。

愚公移山的故事：这是一个神话故事，从前有一位老人，他已经九十多岁了，名字叫作愚公。在他的家门口，有两座大山，一个是王屋山，一个是太行山，这两座山有一万多米高，七百多里宽，把村子进出的路堵得严严实实的，村民们想要出村子，甚至要去绕几里地的路。

有一天，愚公把家里人召集到一起，他说："这两座大山严重影响了我们的出行，我们大家一起努力把它们搬走，大家看这个主意怎么样？"大家都知道这两座山实在是太阻碍人们出行，都表示赞同。但是愚公的妻子说："你已经这么大年纪了，即使是挖一座土丘，都很困难，更何况是这样险峻的大山，而且挖下来的泥土和石块又该放置在哪里呢？"愚公笑着说："无妨，石头和泥土可以堆在渤海的边上。"老人心意已决，于是他带领着儿子和孙子三个人来到山底下，他们挖出泥土，敲碎石头，用竹筐把这些东西装好，运到渤海边上。看到他们祖孙三人忙得热火朝天，邻居的一个寡妇也深受他们感染，带着自己的儿子也跑来帮忙。

在黄河边上，住着一位老人，他叫智叟。他非常精明，在听说愚公想要挪走这两座大山后，就赶来极力地劝阻他，并说："你可真是老糊涂了，一大把年纪，不在家里享清福，跑这来受罪，还想移动大山，真是自不量力啊，你根本就不可能实现。"愚公没有因听到嘲笑而停下手中的工作，他说："你这真是冥顽不化，我当然会死，我的力量有限，但是我还有儿子，儿子还能生孙子，孙子又能生儿子，生命不会停止循环，子子孙孙，一代传一代，人数会不断地增加，这两座山的高度不会发生变化，怎么会移不走呢？"

有一个山神听到他们的对话，就把听到的如实向玉皇大帝禀告，玉皇大帝也被愚公坚持的精神感动，他命令天神帮助他们把山搬走了。从此，村子里的路畅通了，人们再也不用为出行发愁了。愚公以坚持不懈、不怕吃苦的精神，为当地人们的生活带来改变。

生活中的我们可能不会像愚公一样，坚持下去，从而能得到神力的帮助。但是只要坚持不懈，不管遇到多么大的困难，始终以一颗平和的心去对待，一定会获得成功。不管怎样，坚持就是战胜了自己的内心，当心不再脆弱不堪，就有了抵挡风雨的能力。

其实，"水滴石穿，绳锯木断"，这个道理我们每个人都懂得，然而为什么对着石头来浇水能把石头滴穿了，柔软的绳子能把坚硬的木头锯断，说到底，还是坚持的力量。水不可能用一天的时间把石头滴穿，绳子也不能用一刻把木头锯断，正是一天接着一天不断累积，坚持下去，直到把它们滴穿、锯断，所以只要坚持住，没有放弃，相信没有什么完成不了的事情。

坚持，不是死脑筋地向前冲，明知是深渊还往下跳。真正具备这种精神的人是理性的，他们清楚自己所做的事情值不值得坚持。如果发现努力的方向偏离了轨道，那么及时改正航线，坚持也有一个尺度、一个标准，这就要看一个人是否具有坚持的智慧。学会坚持，凭借的是一颗强大的内心，在坚持不懈的路上，注定充满荆棘与不平坦，可以试着去看一看那些坚持的人，学习他们的精神态度，不单纯是学习表面的样子，最重要的是体会到坚持的精髓，然后把它融入自己的血液中。

小时候听过的龟兔赛跑也是这样一个道理，兔子认为自己跑得快，所以高枕无忧，跑到半路就开始睡觉，而乌龟却一直以慢慢的速度前进，它没有停歇，却首先到达了胜利的终点。能坚持不懈的人，可能一开始也知道自己不是那么强大，比起其他人，没有更多的优势。所以这样的人可以更清楚地审视自己的优缺点，最有力的优点就是坚持，而坚持是别人拿不走的特质，一旦具有了这种精神，自然变得势不可当。

在一个阳光和煦的春日，有一颗在去年冬天就被埋在土里的种子，它想看一看春天的景色，它努力向上，坚持不懈，还未解冻的土地非常坚硬，它就那么一直向上，向上，终于破土萌芽，感受到了温暖的阳光。

明确定位自己的人生坐标

站在人生的十字路口，可以选择向左走，可以选择向右走，这时候的人会感觉到内心的迷茫。不知道究竟走哪个方向才是人生正确的方向，事情没有绝对的对错，思考一下自己的人生规划，想一下自己适合在什么样的道路上行走，有的人适合走平坦的大路，而有的人可能适合走风景秀美的羊肠小路。无论是走哪一条路，最后都会通向阳光的尽头，目前所要做的就是定位自己，找准适合自己生存的位置。

有时候在寻找自己位置的过程中，会面临许多选择，得到一些东西，也可能失去一些东西。不要后悔自己的选择，每一次选择只要是发自内心的深思熟虑，就是对自己和他人负责的态度。经历过迷茫的过程是正常的，认识自己是一项艰巨的任务，和别人相处可能不困难，但是和自己融洽地相处，也就是清楚地发现自己的优缺点、自己的价值，是不容易短时间内完成的。这个过程注定要长期进行，要耐得住寂寞，经得住生活的考验，时常审视一下镜子中的自己。

"认识你自己。"这是刻在古希腊阿波罗神庙上的三句箴言之一，人贵在有自知之明，给自己的人生准确定位，可能会少走一些不必要的弯路，清楚明白人生价值何在。寻寻觅觅的过程可能会经历一些磨难，但是坚持自己的选择是很重要的。价值的大小没有区分，有多大的光就散发多大的余热，在特定情况下，即使是一根火柴的光也能温暖一个冬日里瑟瑟发抖的人。

在一座山上，住着一老一小两个和尚，一天，小和尚急匆匆地跑过来问师父人生的价值是什么？师父笑着说："你到后山上找一块大石头，然后到山下的市场去卖，如果有人向你询问价钱，你不要说话，只管伸出两个手指头，如果他执意想买，你不要卖，把石头拿回来，到时候师父会告诉你人生的价值是什么。"

第二天早上，小和尚抱着从山上捡来的大石头来到市场，市场的人很多，人们指着石头议论纷纷，想谁会买一块根本不值钱的石头呢？过了一会儿，一个中年妇女走过来，向小和尚询问价钱，小和尚赶紧伸出两个指头，那个妇女说："是两块钱？"小和尚没说话，只是不停地摇头。妇女接着又问是不是二十元钱，小和尚还是摇头。妇女很奇怪，不过她说："好吧，二十块算了，看你待着也卖不出去，我买回去砌墙，算是帮你了。"小和尚想到师父嘱咐自己不要卖，所以他没有答应，抱着石头回去了。回到寺院，师父并没有急于告诉他人生的价值，而是让他第三天抱到博物馆去，依然是采取不说话的方式。

小和尚在第三天又把石头抱到博物馆，人们依然窃窃私语，指指点点，他们不相信一块石头也能进博物馆，不过又不确定这块石头是否真的有什么玄机。这时候有人走出来，询问价格，最后竟然愿意出二百元，因为他正好缺少这样的石头雕刻石碑。小和尚依然没有卖给他。回去后师父还是没说什么，只是让他明天再拿去古董店。

小和尚次日又来到了古董店，围观的人更多了。他们感到非常奇怪，不一会儿，就有人上前询问这是什么朝代的石头，有什么神奇的地方，等等，甚至有人要出价两千元买这块石头。小和尚彻底被惊住了。他不敢停留在这里，头也不回地抱着石头飞奔回寺院。师父摸了摸小和尚的头，慈祥地说："孩子，你的人生价值就像这块石头一样，你把自己摆在菜市场，放在博物馆，拿到古董店，会卖到不同的价格，你清楚地找到自己适合的地方，你的人生价值也会因此不同，你也会发现最大的价值究竟在何处。"

每个人都有自己潜在的能力，很多时候，发现它的存在是一件困难的事情，只有真正了解了自己，了解自己的个性，知道自己适合做什么、不适合做什么，承认自己的不足，知道自己的优点，这个时候从实际出发，从自己现有的条件出发，才能实现自己的人生目标。这个世界上，最了解自己的可能只有自己了，别人的话充其量是起着辅助性的作用，要经常对自我价值做出客观的评价，根据自己独特的情况做出最恰当的定位。

美国广告界一位著名的人物乔安娜，从小就喜欢文学，她平时阅读了大量的书籍、国内外名著，丰富自己的文学素养，她想将来成为一位作家。所以在高考报志愿的时候，她毫不犹豫地报了文学专业。在大学期间，她更加努力地学习文学专业知识，看更多的文学书籍。

大学毕业以后，她没有着急找工作，而是开始从事文学创作。她利用一年的时间埋头写作，不分黑夜白天地写，终于写出一部长篇小说，但是遗憾的是，并没有出版社接纳她的作品。她没有因此丧失信心，她及时地寻找失败的原因，她想可能是自己的人生阅历太少，社会经验不够丰富，所以她和父母要了一笔钱，她决定出去旅游，四处转转，开阔一下自己的视野和思路。在旅行的过程中，她写了大量的笔记和见闻，也向不少杂志社投稿子，但是依然是石沉大海。眼见手里的钱要花光了，乔安娜决定出去找一份与文字有关的工作，幸运的是，不久她在一个报社找到一份记者的工作。在繁忙的工作之余，她仍然继续着自己文学创作的想法，坚持写作。无奈分身乏术，不久她因为自己注意力不集中，造成了工作的重大失误，被辞退了。

因为没有了生活来源，乔安娜的生活变得一团糟，她的情绪很低落，根本进行不了文学创作。但是这种消极的情绪持续了不长时间，她很快恢复了以往的斗志。她开始认真思考自己，想想自己和成名的作家最大的差距是什么，自己还有哪些地方存在着欠缺。经过一段时间的闭门思考，乔安娜终于想明白了，她知道想要成为一名作家，需要的不仅只是努力的心、写作的兴趣、丰富的人生体验，最重要的是作家的天赋，这是天生的感悟力，不是后天努力就可以达到的。

乔安娜清楚意识地到这些差距后，她决定改变自己的人生定位，乔安娜决定放弃成为一名作家，也许自己真的是没有这份天赋，也许自己根本就不适合，就算再怎么努力也不会改变现状。从那天开始，她逐渐去研究广告方面的内容，从事广告文案的策划与写作。因为本身良好的文学基础，再加上对广告业务的努力钻研，乔安娜很快在广告界成名，成为国内著名的广告策划师。她终于在另一个全新的领域发挥出自己独特的才华。

在没有清楚自己的人生定位之前，会四处寻觅，偶然获得一项支持，就开始为之奋斗，但是由于自己的不适合，可能在这个领域发展得不顺畅，备受失败的打击。当清楚地审视自己之后，明确了生活的真正目标，并为之奋斗，在自己擅长的领域发挥更大的作用。因为很多时候会发现你喜欢的并不一定是最适合你的。

社会上很多大学生在专业的选择上，非常盲目，选一些热门的专业，选择容易就业的专业，进入大学后，发现自己非常地不适合学习这个专业，所以更加苦恼。而有的学生在大学所学专业是自己喜欢的，认为其一定是自己为之奋斗一生的专业，却没有想到，毕业后，因为种种原因，自己没有从事和自己专业相关的工作，这其中可能是突然发现自己不适合，再进行下去无疑是浪费青春，关键时刻选择"悬崖勒马"，自然是"回头是岸"。

森林里的鸟儿知道自己的能力适合生存在广阔的蓝天，所以它们去远方飞翔；水中的小鱼知道自己的特征适合生存在蓝色的海洋，所以它们遨游在海底；花草树木知道自己离不开土地的滋养，所以它们生长在深沉的土地上。世间万物有着它们的生存规律，人类也不例外，想要努力长久地生存，需要不断地追问自己，"你究竟适合什么？"有句古话说："知人者智，自知者明。"面对最真实的自己，不去掩饰自己的缺点，勇于接受自己的不足，以此发挥自己的最大能力。

做人善于经营自己的长处，让它发扬光大。"条条大路通罗马"，在行进的过程中，如若发现这条路走不通，可以改变自己的方向，可以选择绕行，可以选择另一条路，也许接下来的每一步都很艰难，未知的路上埋藏着许多不为人知的艰辛，这个时候，就需要准备好充足的信心，坚实、沉稳地迈出关键的每一步。

不需要夜郎自大，更不需要妄自菲薄，客观地评价自己，找准人生坐标上属于自己的合适位置。

勇往直前，就是最强悍的力量

世界上没有任何事情是万无一失的，随时会面临选择、面对机遇与挑战，这时需要的是勇往直前的气概。在追求成功的路上，时常会遭遇种种磨难，也会有失败随时降临。有勇气的人善于从失败的经验中积累力量，重新获得生命力。在他们看来，无论是工作上的失败，还是感情上的挫折，或是一次选择的失误，都不足以阻挡自己前行的脚步，只是会让自己的内心更强大，赋予自己更多的勇气。

勇气是一种力量，是在面对未知挑战时候无畏地拼搏，是永不言败的精神。敢于尝试、敢于冒险的精神让一个人更加睿智，不是滋生更多懒惰、依赖别人的情绪，长此以往，会变得毫无主见，自然不利于个人的发展。勇气是在面对前面有一处湍流不息的河水，依然会全力以赴，勇敢地踏上渡过河水的木桥，哪怕脚下的那座桥已经摇摇欲坠。

勇往直前是值得提倡的积极的力量，不是偏激的行为，不是面对危险的情况不顾及个人安危、不为他人着想的鲁莽。如果是不计后果的横冲直撞，会增加危险的程度，从而带来相反的作用。面对各种突发的、不可知的情况，需要的是一位智者，是可以沉着冷静、积极想出应对的最佳策略，再采取下一步的行动。面对险境依然保持平静的心态，才有冲破险境的希望。

弗洛姆是美国一位著名的心理学家。有一天，他的几个学生前来请教，他们问："老师，一个人的勇气会产生什么样的作用？"他微微一笑，什么也没有说，接着把学生们带到一间黑暗的房子里。在伸手不见五指的屋子里，学生们刚开始非常紧张，他们不知道老师要做什么；不过还是在他的引导下，很快就穿过了这间黑暗的神秘房间。过了一会儿，弗洛姆打开房间里的灯，在这昏黄如烛的灯光下，学生们才清楚地看到房间里的东西，他们不禁感到后怕，甚至吓出了一身冷汗。原来，这间房子的地面就是一个很深很大的水池，池子里蠕动着各种毒蛇，包括一条大蟒蛇和三条眼镜蛇，有好几只毒蛇正高高地昂着头，朝他们"滋滋"地吐着信子。就在这蛇池的上方，搭着一座特别窄的木桥，他们一群人就是在那么狭窄的空间里，就是在这座木桥上走过来的。

弗洛姆看着学生们问："如果是现在，你们还愿意再重新走过这座桥吗？"大家你看看我，我看看你，都表示出沉默的态度。过了好长时间，经过一番激烈的心理斗争，终于有三个学生犹犹豫豫地站了出来。其中一个学生刚一上去，身子不由自主地颤抖着，才走到一半，就挺不住了；另一个学生小心翼翼地踩在小木桥上，几乎是在挪动着双脚，速度比第一次慢了好多倍；第三个学生干脆弯下身来，慢慢地趴在小桥上，完全不顾形象，一点点爬了过去。等他们都过来之后，弗洛姆又打开了房内另外几盏灯，"啪"，强烈的灯光一下子把整个房间照亮了。学生们再仔细看，惊奇地发现为了防止他们掉下去，在木桥的下方其实装着一道安全网，只是因为网线的颜色极暗淡，开始的时候只有一盏灯，屋里的光线比较暗淡，所以他们都没有看到。这时弗洛姆大声地问："现在你们当中还有谁愿意通过这座小桥？"

学生们依然是沉默，弗洛姆笑着问道："既然下面有网保护，你们为什么还是不愿意呢？"学生心有余悸地反问："您能肯定这张安全网的质量可靠吗？"弗洛姆说："现在我可以解答你们的疑问了，这座桥其实走起来并不困难，但是桥下的毒蛇对你们心理造成了阴影，你们害怕掉下去，于是，你们就失去了正常的心态，充满胆怯，心慌意乱，表现出各种程度的畏缩，全然没有了前进的勇气，那么勇气对我们的心态是不是有很大的影响呢？"

的确如此，在面对生活中各种挑战时，也许最后失败的原因不是因为势单力薄、不是因为能力不够，也不是没有分析透彻整个局势的发展，而是把困难看得太清楚、分析得太透彻、考虑得太详尽，最后会被暂时的困难吓倒，举步维艰。倒是那些没把困难完全看清楚的人，他们心中有的只是要达成自己的意愿，没有过度地思虑，不知者无惧，才能够不怕困难、一直向前。

日本松下电器的创始人松下幸之助，年轻的时候去一家电器厂应聘，希望主管能给自己安排一个最脏、最辛苦的工作。人事部的主管见他个子矮小，像是没什么力气，就随口一说："现在我们这里不缺人，你过一个月再来吧。"其实这位主管就是不想用他,故意找了个理由想把他打发了。但是过了一个月松下果真来了,主管推脱不愿意见他,他只好回去了。不过几天后,他又来了,反反复复几次,主管又无奈地说:"你身上的衣服太脏了,所以不能要你。"松下离开后,到商场买了干净的新衣服又来了,主管这下彻底无语,只好说:"你年纪这么小,根本就不了解电器方面的专业知识,所以还是不能要你。"松下去书店买了电器的书籍,回家仔细地阅读、学习。这次主管终于被松下的勇气与耐心感动,松下如愿以偿地进入了企业。

这是松下的应聘经历,他以不屈服的态度最终打动了主管,松下公司成立之后,也进行过招聘,但有个人的表现相比松下就差得太远了。有一次,松下公司要招聘员工,许多青年慕名而来应聘,考核的方式是前期的笔试成绩加上后期的面试成绩。因为松下公司在日本是非常著名的大企业,前来应聘的有几百人,但是公司只要招募几十人,竞争的激烈程度可想而知。经过第一轮的笔试,筛选出一部分人进入了最后的面试。

松下幸之助亲自审阅了这些入围人的资料。翻阅的时候,他发现在笔试的时候有非常好的表现,而且简历也非常优秀的神田太郎的名字没有出现在入围者的名单。他感到非常奇怪,就命令相关负责人去核实这件事情,很快有了结果,是计算机的核算系统出了问题,把本来获得第二名好成绩的神田太郎算错了。松下幸之助得知这个失误后,就责令工作人员把成绩改正过来,并且要求他们尽快去通知神田太郎,前来面试。

第二天,负责通知的人员上班,告诉松下幸之助一个不幸的消息,昨天神田太郎得知自己没有入围,受不了这种失败的打击,一时想不开,自尽身亡了。当面试通知送到他家时,他早已经去世。这位下属一边报告情况,一边惋惜地说:"这个年轻人实在是太可惜了,才华出众,真是我们公司的损失。"松下幸之助说:"不,不是这样,幸亏我们没有录取这样一个心理脆弱的人,一个人连面对失败的勇气都没有,还如何从事好自己的工作?"

生活中不乏像神田太郎这样的人,他们没有面对失败的勇气,也就没有机会去体验成功的喜悦。这样的人渴望过着一帆风顺的生活,希望自己的人生没有任何坎坷与羁绊,但这完全是不现实的。在困难面前选择逃避,甘愿成为一个胆小鬼,害怕面对一切,在自己设置的玻璃房子里躲避风雨而同样也体会不到阳光真正的温暖。

许多人害怕面对,选择逃避,比如大学毕业生害怕工作的压力,选择躲在家里，不出去面对；古代的贤士，本来才华横溢，却无奈经不住社会的残酷变故，毅然藏到山林；所以，现在有些人在面对失败后的第一反应，竟然是像陶渊明一样回到桃花源。陶渊明先生归隐是因为看不惯官场的尔虞我诈，不为五斗米折腰，不愿意与肮脏的人同流合污，他所处的环境与现代不同。现在的许多人所害怕面对的更多不堪，是自己凭空想象的，想象着失败后的狼狈模样，就害怕了，退缩了，因为这和自己梦想里的光鲜亮丽截然不同。

自信指引着勇气的方向，相信自己的能力可以做到，勇气不能凭空产生，它需要日积月累的经验，在一次次的失败中，勇气的力量也会越来越强大。最强悍的坚持就是勇往直前，若是心中充满勇往直前的激情，再多的磨难也会消失殆尽，让勇气变成汪洋大海中的一叶扁舟，变成开启梦想大门的一把钥匙，变成飞跃广阔天空的一双翅膀。在展翅飞翔的过程中，天空突然雷雨交加，乌云密布，山摇地动，不应选择退缩到角落去休憩，而应毅然前行，无惧风雨，与恶劣的环境搏上一搏。

风云散去，山河依旧，带着勇气前行，飞越过千山与万水。

仁爱之心：心余玫瑰余香

　　"仁者爱人"，只要人人都献出一点爱，世界将变成美好的人间。善，是人类最真挚的本质，每个善良的人在目睹别人不幸的遭遇之时，心中会为之难过，并愿意伸出一双手，为困境中的人们带去温暖与帮助。感恩的心，是每个人应该具备的情感，知晓了其中的道理，铭记于心，并以实际行动去表现心中的爱，则付出者本身也是快乐的。爱是一种伟大的力量，它可以战胜一切负面的因素，哪怕只是一点点如水滴般的爱，凝聚在一起，就会形成波澜壮阔的湖海，整个社会也会被爱的气氛所围绕。多站在他人的角度考虑问题，学会换位思考，以爱意去揣度真诚，在有限的能力内，播撒下爱的种子。爱隐藏在人的内心，需要自己去挖掘和发现，表达出自己的爱心，温暖别人，幸福自己。

爱心，愿你被这世间温暖所待

　　有个美国人名叫约瑟，他是工厂里的一名工人，但是每到月底，他一领到薪水，都会先买两双手套，并且放在柜子里存放起来。寒冷的冬天来临，他就会拿着手套来到大街上，把它们发给那些没有手套的人。拿到手套的人都会向他询问价钱，他拒绝收钱，而是说："这个是免费赠送的，握握手就行了。"他这种善良的举动传出之后，每年他都会收到从全国各地寄来的手套，请他帮忙发送。约瑟这种爱心的行为，为冷漠的冬日街头带来了无限的温暖。原来他曾经经历过美国的经济危机，体会过那种刺骨的寒冷，当时适逢大雪，自己却没有手套戴，因此他的母亲曾经教导他："永远不要失去这种献爱心的能力。"

　　爱心不区分大小，哪怕是寒冷冬日里的一双手套，在拥挤的公交车上给老人、孩子让一个座位，看见一个盲人过马路的时候，伸出手扶他一把……生活中随处可见的行为，举手之劳，表现出一点爱心，会让这个世界更加温馨。这些事情不会浪费过多的时间，不会耽误行程，在自己的能力范围内，多伸出援助之手，温暖人的心。

　　许多时候，献爱心不是一项强制执行的行为，它是人发自肺腑的，是自己主动要去做的，而且把这种行为变成一种习惯。水滴汇集在一起可以形成湖海，其力量是无穷无尽的。累积起来的每一份小爱，在一个不经意间，也许会给别人带来生的希望，如同甘霖一样滋养人心。在帮助别人的同时，自己的内心也会被温暖点亮，生活会变得充实起来，体会不一样的人生。

　　爱心是量力而行，它不要求每一个人都像那些伟大的人物一样，或者像明星、企业家一样进行慈善的行为。大多数人只是普通人，也有自己的工作、生活。不一定是把全部力量都投注进去，这是不现实的，但是身边的点滴小事还是可以做好的。做自己力所能及的事情，对得起自己的良心，尽量去帮助别人，并且一如既往地坚持，其实不是说说那么容易，它需要一颗恒心与持久的爱心。

北宋时期的著名文学家、政治家范仲淹在其名作《岳阳楼记》中写道："先天下之忧而忧，后天下之乐而乐。"身居庙堂之上的他，却难得地表现出忧国忧民的思想。这是身为政治家的范仲淹一生践行的理念，也是范文正公作为一位社会慈善家一生中所坚持的善举。

范仲淹自幼家中贫寒，少年读书时候就有我们熟知的"举家食粥"。他要学习，但是家里缺少粮食，他就每天只熬一份粥，等第二天凝固之后，把它切成四份，早晚各吃两块。他的这段艰苦的经历，不仅让人们更加佩服他刻苦读书的精神，同时在范仲淹的内心也留下了深深的印记，就是体会到贫苦人们生活的不易。

身居高位以后，范仲淹虽然有了俸禄，但是他还是过着十分节俭的生活。他把自己节省下来的钱财拿出来，在家乡苏州的郊外买了将近千亩的土地，以这些田地产出的粮食救济当地贫苦的百姓。让他们都吃得饱、穿得暖，当地人们都把这些土地称之为"义田"。此外，如果当地人们有婚丧嫁娶的时候，他也同样会拿出钱财支援，对于一些鳏寡孤独之人，他们没有人照顾，范仲淹也会定期给他们送钱，这里呈现出一片温馨的生活，他的家乡被人们亲切地称为"义庄"。

除了散尽钱财帮助贫苦之人，范仲淹还热心地投入到教育事业中。《范文正公文集》中记录着这样一个故事：北宋年间，范仲淹在苏州园林购买了一处清雅幽静的地方，他原想在这里盖一个住宅，当房屋建好后，他请来一位风水先生，那人说这里是一处风水极好的地方，范仲淹一家久住于此，以后必然大富大贵一生。范仲淹听到这个说法后，没有表现出高兴，反而说让自己一家在这里独享荣华富贵，还不如让人们来这里接受教育，把这处宅子作为学校，那么不就会产生更多富贵之人了。于是范仲淹毫不犹豫地把房子奉献出来，请求朝廷批准设立了苏州文庙，希望能培养出更多人才。范仲淹这个举动在当地造成巨大影响，不少当地富商听闻这个行为，都纷纷效仿，捐钱捐物。据说"吴学"日后的兴盛即得益于此，并且有了"苏学天下第一"的说法。

　　由心底而发地去帮助别人是真诚的，献爱心不是作秀，不是要做样子给别人看，而是对得起自己的内心。去贫困的地方看一看，那里的人们生活得非常艰辛，甚至连肉都吃不上，不是泛滥的同情，而是感同身受，自己换位思考一下，如果处于这样的环境的人是你，多么希望有人来帮助自己。他们尽管条件艰苦，但依然没有改变对生活的热情，他们每个人脸上洋溢的那种微笑，会让人感动。不是要求每个人都去那些地方献爱心，其实一点力所能及的支持，哪怕是一句鼓励的话语，也同样具有力量。

　　应当真心实意地去帮助别人，而不是图表扬和任何报酬。爱是无私的、纯净的，它不容许居心叵测的人去利用它为自己牟利。爱心是一个抽象的东西，它是一种精神与态度；它又是一个具体的东西，一杯热水，一个微笑，一个伸手的动作，正是这些细微的爱心融汇成爱的潮水，滋润每个人的心灵深处。

　　出生在西安的歌手李琛自幼因患上小儿麻痹症而致残，只能依靠双拐走路，当年以一首《窗外》红遍大江南北。他成名之后，自己的生活条件好起来，就开始以自己的力量从事慈善。有一次，李琛来到"全池博爱康复中心"，这里有许多聋哑孩子在接受治疗。看着在这里的孩子们，同为残疾人的李琛无限感触，他深知作为残疾人的不容易，无论是生活，还是工作，都困难重重。与院长聊过之后知道，这里的创办人夫妇同为科班出身，毕业于特殊教育专业，为了自己的研究课题，更是为了让所有的聋哑人恢复健康，他们创办了这个康复中心，一开始也有资金短缺等各种问题，不过还是克服了这些困难，坚持走到了今天。李琛深深地被他们夫妇所感动，当即决定资助六万元来帮助这些残疾的孩子们，李琛资助了十名聋哑孩子，而这一资助就是五年的时间，他负责了孩子们所有的生活以及治疗费用。

　　这些孩子中有人凭借个人努力，克服各种困难考上了大学。李琛知道后非常高兴，他亲自送孩子去大学报到。这些孩子是不幸的，他们一出生就要面对残酷的事实，但他又是幸运的，他们得到了李琛的爱心资助，得到了康复中心良好的护理，再加上自己的不懈努力，终于步入大学的校门，同普通孩子一样正常学习、生活。李琛表示依然会继续资助康复中心其他正在接受治疗的孩子们。他说自己从小到大就一直受到周围人们的帮助，自己才能取得今天的成就，没有这些帮助，他的生活也许更加艰难，他深深地体会到残疾人的成长需要社会各界的全力帮助。

仅仅依靠几个人的力量是远远不够的，希望这些有残疾的孩子们能得到更多的人来关心、帮助，使他们得到好的治疗，接受正常教育的机会，顺利地步入社会。所有的人都是平等的，有缺陷的人同样渴望快乐，渴望正常的生活，他们心中的这个梦想，需要全社会一起来帮助他们实现。

在我们的生活中，也许一个不经意的爱心举动，就能给这个世界带来巨大的改变。把自己剩余的零用钱节约出来，捐献给贫困地区的孩子，他们可能就可以买一支笔，继续完成学业；在等地铁的时候，按照秩序排队上车，不去抢座位，主动给老人儿童让出一个座位，就可能少一些无谓的争执；在春日来临的时候，去路边撒下一些花种，让我们的城市更加美丽。如此等等，爱心的力量是强大的，它能使荒凉的沙漠变成绿洲，能让黑暗的夜晚皓月当空，能让走投无路的人重新燃起生活的希望。

让我们的生活少一些冷漠，少一些吵闹，让爱心的种子四处生根发芽，多一些亲切，多一些感动。"只要人人都献出一点爱，世界将变成美好的人间。"像歌词里写到的那样，这是我们的愿景，也是努力的方向。爱心不会迟到，从现在开始，试着从生活的点滴做起，用自己的行动去兑现爱的承诺。

爱心需要每个人去认真地感悟，用心中的热情去迎接，去体会爱的真谛。即使在严寒的冬日，拥有了爱的力量，也会无所畏惧，爱的火焰熊熊燃烧，释放出无尽的光和热。那些身处寒冷的人们，愿你们被这世间的温暖包围。

心怀感恩，留存善念

美国有感恩节，现在中国也逐渐开始受它的影响。感恩节的由来是这样的：1620年，一些饱受宗教迫害的清教徒，乘坐"五月花"号船出发，去北美新大陆寻求宗教自由。他们在海上颠簸折腾了两个月后，终于在酷寒的十一月里，在马萨诸塞州的普利茅斯登陆。在第一个冬天，超过一半的移民都死于饥饿和传染病。活下来的人们日子更加艰难，第一个春季来临的时候，他们开始播种。为了能继续生存下去，一整个夏天，他们都在不停地祈祷上帝，保佑他们能迎来丰收，因为他们深知秋天的收获，决定了他们的生死存亡。后来，庄稼终于获得了丰收。大家非常感激上帝的恩典，决定要选一个日子来永远纪念，这就是后来人们熟知的感恩节。

　　"感恩"是个舶来词，"感恩"一词在字典中的解释是："乐于把得到的好处的感激呈现出来且回赠他人。"我们生活在这个世界上，欣然地接受着各种"馈赠"，从小到大，我们接受着父母无私的爱、朋友细致的关怀、同事的帮助等，在这些不曾被注意的种种细节中，你是否曾经体会到其中暖暖的爱意，是否被其感动？在困难的时候，有人愿意帮助，似乎是幸运的，因为没有人生下来就注定必须帮助谁。心怀欢喜地去对待生命里的恩泽，生命会因为这份感恩而变得更加精彩。

　　感恩之心是每个人生活中不可或缺的一部分，无论是何等富贵，还是平凡的普通人，无论身在何处，无论从事什么工作，都会时刻体会着各种情感的存在。当体会到这些情感，请铭记于心，并同样愿意伸出自己的手去帮助别人。懂得感恩，会体会到生活中别样的乐趣，感悟到生命的真谛。怀有一颗感恩的心，随之而来的是温暖、善良等品质，当这些品质融入生活中，不再去错过一道道美丽的风景。

　　人与人之间的感恩可以消除一些冷漠，多一份善意。铭记那些曾经提供给自己无私帮助的人们，他们在帮助你的时候并不是要求你必须回报，但哪怕只是一个感激的微笑，也会让这份感动充满暖阳。"感恩"是一种对恩惠心存感激的表现，学会感恩，让曾经被灰尘蒙蔽的双眼重新清楚地看世界；学会感恩，消除内心不必要的积怨，宽容地对待也许曾经伤害过你的人；学会感恩，一颗封闭的心灵也许不再孤独。

　　有这样一个故事：有一个贫穷的小男孩，他的家里非常困难，眼见吃饭都成了问题，他甚至产生了退学的念头，不过他还是决定自己去试着筹集学费。为了攒够自己的学费，他挨家挨户地推销商品，辛苦劳累了一整天，但还是没有人买他的东西，他又饿又渴，但摸遍全身上下只有一角钱。根本买不到什么。所以他决定鼓起勇气向一户人家讨口饭吃，他敲响了一户人家的门，是一位年轻的女子打开房门，小男孩突然有点儿不知所措了，他不好意思要饭，只是希望这位女子给他一口水喝。这位女子看到他很饥饿，累得满头大汗，就回屋拿了一大杯牛奶给他。男孩慢慢地喝完了牛奶说："我应该付给你多少钱？"年轻女子回答道："不用给我一分钱。我的妈妈曾经教导我，对别人施以爱心，不要求回报。"男孩说："那真是太感谢你了！"说完男孩离开了这户人家。此时，他感到浑身是劲儿，再也感觉不到劳累，似乎看到上帝正朝着他微笑。他接着去推销，最终卖出了所有商品，赚够了自己的学费，不需要辍学了。

多年以后，那位年轻女子得了一种罕见的怪病，去遍了各大医院，但是所有医生都束手无策。最后，她来到大城市医治，接受专家会诊治疗。而参与治疗方案制定的就是当年那个小男孩，不过他如今已经是全国大名鼎鼎的霍华德医生了。当看到病历上所贴病人的照片时，他一眼就认出这位接受治疗的病人就是那位曾帮助过他的恩人。他马上起身直奔病房，确定真的是当年那位年轻女士。霍华德回到办公室，决心竭尽全力来治好恩人的病。从那天起，他就特别关照这个病人，经过全体医护人员的不懈努力，最终手术成功了。霍华德医生要求把医药费通知单送到他那里，在通知单的旁边，他签了字。当医药费通知单送到这位病人的手中时，她不敢看，因为她知道，大医院的专家会诊费用非常高，那些医药费也许会花去她的所有积蓄。最后，她还是鼓起勇气，翻开了医药费通知单，不过旁边的那行小字引起了她的注意，她不禁颤抖着读出来："医药费——一满杯牛奶。霍华德医生"。

学会对受到的帮助感恩，也会让自己的心快乐。爱与爱之间的相互传递，使感恩之心形成一种氛围，最终整个社会也会被温暖围绕。社会上的所有人都不是单独的个体，相互之间的依存，相互之间的联系，让整个社会像一个真正的大家庭。家庭里的成员理应相互扶持，共享生活的快乐，共同搀扶着渡过一道道难关。

大将军韩信是曾经帮助汉高祖打天下的功臣，但是在他年少的时候，家里非常贫穷，经常吃不饱饭，所以他有时候去河边钓鱼，希望用钓到的鱼填饱自己的肚子。但是这毕竟不是长久之计，很多时候，他根本钓不到鱼，饿肚子便成了家常便饭。有一次，他像往常一样来到河边钓鱼，他看到有许多漂母在河边。这些漂母靠给别人洗衣服赚钱，其中一位年老的漂母看到韩信饿得面黄肌瘦，就经常拿出自己的饭菜给他吃。韩信实在是太饿了，所以他接受了老婆婆的饭。韩信在艰难困苦的生活中得到了老婆婆无私的帮助，尽管她自己也是勉强维持自己的生活。所以韩信对婆婆说，将来等自己发达了，一定要重重地报答她。那位婆婆并没有表现出高兴的样子，她相反倒是有点生气，她说自己是同情韩信才给他饭吃，不是为了得到回报。

后来，韩信帮助刘邦打天下，立下汗马功劳，被封为楚王。他想到自己曾经受到漂母的恩惠，就命令手下的人带着一千两黄金去看望那位婆婆。尽管自己已经被封王，地位尊贵，但他还是亲自带着吃的、喝的去探望她。

受人滴水之恩，当涌泉相报，不要轻易地忘记别人对自己的帮助，特别是在艰苦的条件下，帮助你的人不图荣华富贵，这样的人是真心诚意地帮助，是善良的人。也许提供的不过是一杯水、一碗饭，但却在特殊的环境下给了你最大的支持，给了你继续生活下去的希望。同样，在帮助别人的时候也是一样，不一定必须奉上金光闪闪的钱财，也许是寒冬里的一杯热茶，也许是拥挤公交车上让出的一个座位，也许是帮助一个迷路的孩子找到回家的路。

曾有一个佛陀，想乘船渡江，不料当日风大浪高，船一下就被风浪掀翻了。佛陀像一片被扔在水里的树叶，他在江中沉浮了许久，才筋疲力尽地爬上岸来。到了岸上的第一件事，他没有诅咒恶风险浪差点要了他的命，也没有责骂船家驾船技术的低下，差点儿让他丢失随身携带的一切，甚至是自己的性命。而是跪在沙滩上遥拜师父："感谢师父！"旁边有人不解地问："你为什么不责骂那个船家？"佛陀说："我今天脱险，完全得益于我的师父，其实我原来并不喜欢游泳的，都是师父每次强把我拉入水中教我学会的。要不是师父的苦心与严厉，我命今日休矣！"遇了难，佛陀不是责备任何一个人，而是心存感激，人生达到了如此的超然境界，遇事豁然通达，在这个世界上，还有什么事情会令他痛苦呢？

感恩，是一种歌唱生活的方式，它来自对生活的爱与希望。感恩是一种处世哲学，是生命中的大智慧。人生在世，永远不可能一帆风顺，有时需要面对失败的痛苦，但是只要我们勇敢地面对，以豁达的心态对待风风雨雨，就会看到风雨之后的美丽彩虹。一味地埋怨生活，抱怨失败，从此变得消沉，只会让情况变得更差；对生活满怀感恩，跌倒了再爬起来，感谢失败，是失败让自己学会成长，是失败让自己有坦然面对痛苦的勇气。

英国作家萨克雷说："生活就是一面镜子，你笑，它也笑；你哭，它也哭。"

草木感恩阳光的照耀，鱼儿感恩河水对自己的滋养，夜行的人感谢月光的指引，世界上有太多的东西需要我们感恩。常怀感恩之心，便生活在一个感恩的世界。感谢别人对自己的帮助，让自己渡过难关；感谢生活中的磨难，让自己学会坚强；感谢曾经伤害过自己的人，让自己学会宽容地成长。对世界少一份挑剔，多一份欣赏，心存善念，多去发现世间的美好。

爱人者，人恒爱之

　　爱是人性中一道耀眼的光芒，照亮人的双眼；爱是山间一道流淌的清泉，洗涤着人的灵魂；爱是世间一股强劲的力量，穿透人的内心。潺潺流动的爱意，逐渐浇息愤怒的指责、无情的嘲讽和尖锐的矛盾，人与人之间原本没有那么多负面的情绪和不可调和的怨恨，是烟尘蒙蔽了双眼，让一时间的愤恨在心头蔓延。爱也许不能完全救赎一个人的过错，但是可以让人重新满怀新生的希望。

　　社会压力逐渐增加，人们在不断的忙碌中度过一天，也在一点点失去爱与被爱的能力。心灵被岁月磨得粗糙而麻木，那颗用来感知爱的心灵之门也在慢慢关闭。对父母的关心，对他人的友爱，对弱者的爱心，对社会的责任心，这些原本属于自己的感情，也在慢慢地消逝。习惯于在自己的圈子里摸爬滚打，全然不顾及他人的感受，还以为自己就是世界的全部，当回首的时候，猛然发现，自己手中却是一无所有的空寂。

　　人生中最大的幸福也许就是知道自己被人爱，也去爱自己，爱别人。把自己的爱毫不吝惜地给予别人，承受者的记忆是刻骨铭心的，而对于施爱者来说同样是快乐、充实的，体会到了付出的美丽，这样的幸福感无与伦比。在前进的路上，有人遇到一块石头挡路，你为他搬开这块绊脚石，原来也可以为自己铺路。帮助别人、温暖别人的同时，也是在温暖自己。爱是一种双向的传递，在你我之间流动。

爱的光芒，照亮别人前进的路，也温暖了自己的身心。心怀爱心的人一生都生活在爱的幸福之中。赠人玫瑰，手有余香。把美丽的花朵送给别人，把芳香留在自己心中，不要刻意隐藏自己的爱，适时地表达自己的爱意，去爱每一个人，说一句鼓舞人心的话，送一朵祝福的花，伸出一只帮助的手，绽开一个最灿烂的微笑，这些力所能及的行为，不会损失自己的任何东西，却能在最困顿的时候帮助别人，同时也让自己一生快乐，那么何乐而不为呢？

在云南保山，提起杨善洲的名字，人们总会说："他就是一个普通的老人，和蔼可亲，每一个认识他的人都喜欢他。"杨善洲，担任保山地委书记二十年，始终保持艰苦朴素的本色，全心为民，廉洁奉公，而且一辈子一直坚持着行善，把爱传播给身边的人，人们对他的评价非常高，也都特别尊敬他。林场的职工朱家兴有一天突然昏迷不醒，肚子胀气，鼓得像个皮球一样，被医院诊断患上了肝硬化，医院甚至下了病危通知，而他的家庭非常贫穷，支付不起治疗的费用。家人做好了最坏的打算，甚至开始预备后事，杨善洲听说后立即赶到医院，向主治医生说："只要对病人有效，尽管治疗，费用由我来出。"而杨善洲也不是富有的人，手里并没有多少积蓄，他东挪西借才凑够了费用。两个月后，朱家兴终于脱离了危险。后来，在杨善洲住院的最后几十天，朱家兴一直和家人一起陪在他身边。朱家兴说："如果不是老书记，我一定不可能坚持在大亮山干这么多年，他救了我一命，他平时对我像是家人一样，我有义务陪他最后一程。"

这样的事情还有很多，杨善洲爱老百姓，永远把他们的事情当作自己的来看待，真心地去帮助解决。保山市的一位市民的眼睛被人无缘无故地打瞎，受害人多方求助，却迟迟得不到应有的赔偿。受害人最终辗转找到杨善洲，听了受害人的描述，杨善洲心里气愤不已，出面主持公道，维护正义的一面，最终帮助受害人讨回了应得的医疗费和赔偿。杨善洲过世后，这位曾经得到过帮助的受害人特地赶来，在他的灵堂前整整守了一夜。

没有人细致地统计过杨善洲这一生帮助过多少人，在整个八十四载春秋中，他帮助过的人不计其数，而其中占大多数的也是普通的老百姓。他住院期间照顾过他的医护人员说过，他生病的时候，前来探望的老百姓挤满了病房，不为别的，只是说一声祝福，看一眼老书记；在他去世的那天，当地老百姓的哭声响彻整个保山城。杨善洲虽然离开了大家，但他永远都会被记住，他的事迹感动中国。

　　爱心的付出不是以换取任何利益为目的，只是出于内心的本能，是希望以自己微弱的行为，去帮助那些需要帮助的人，同他们一起走出人生的困境。帮助别人的行为是可敬可佩的，他们抛却任何私欲，甚至奉献自己一生的力量，去践行爱的含义。每个人的能力有限，不是要求人人都感动中国，只要是对得起自己的内心就好。在寒冷的深夜独行，遇见一个无家可归的流浪人，选择视而不见，还是伸出援助之手，哪怕是送上一杯热水，我们会选择后者，因为那是一个人的生命，在弱小的生命面前，心也会为他的遭遇隐隐作痛，而愿意尽一点自己的微薄之力。

　　在美国有一所监狱，这里的犯人非常难管理，监狱长有时候也感到头疼，他告诉自己的妻子千万不要来监狱，怕她会有危险。可是他的妻子是位非常善良的女人，她不顾丈夫的劝阻，时常来监狱探望这些犯人，有时候监狱举办一些比赛、文艺演出的时候，她还会带着自己的孩子一起来，与服刑人员坐在一起，而且他们的关系相当融洽。当有人问她是否担心自己的安全，她说自己相信这些人的本性是善良的，只要与他们友好相处，他们也一定会关照自己。

　　当得知一个犯人瞎了双眼，这个妇人就前去探望他，还询问他是否学过点字阅读法，并耐心地同他一起学习。这种点字阅读的方式能减轻盲人的障碍，使他们可以轻松地阅读一些书籍，丰富他的生活，净化他的心灵，感知世界上的爱。在这个妇人去世以后，这个犯人想起这件事仍然是热泪盈眶。同样，后来她知道监狱里有一位聋哑人，她甚至跑到聋哑学校学习手语，以便和他进行交流，在生活上开导他，让他重燃对生活的希望，好好改造，争取早点出狱。

　　不幸的是，在一次意外交通事故中，她出车祸去世了。监狱里的人很快都知道了这个消息，大家都感到非常伤心，为这样一个善良天使的离去而惋惜。她的遗体被安放在棺材里运回家的那天，正好会路过监狱门口。代理监狱长早上出门散步的时候，惊奇地发现这些平时看上去冷酷的犯人，没有抢着去吃早饭，而是集聚在监狱的门口。他走上前去，发现这些人的脸上竟然带着悲伤的泪痕，他知道这些人是想去送那位天使最后一程。他思考了一会儿，转过身对这些犯人说："各位，请不要伤心，今天你们可以出去送行，只要记得晚上及时回来就可以。"然后他在一片惊愕的眼神中打开监狱门，让这些犯人一个个走出去，没有任何狱警的看管和监视，这些人走出去看那位善良的女人最后一面。结果，意料之中，没有一个人逃走，所有人都回来了。

这位代理监狱长选择相信这些平时可能残暴的、不可理喻的犯人，因为他知道爱的力量足以让这些人回来。那位善良的妇人以一颗真诚的心感化了这些冰冷、受伤的心灵，在一次次的关爱下，这些人看到世间爱心的存在，他们可能是因为一时的糊涂犯下了错误，但是这位妇人却愿意给他们一次重生的机会。人无完人，每个人在一些特定的情况下，可能都会出错，这些错误并非不可原谅，只要你相信这不是他故意，不是出于本能做出的。人之初，性本善，人赤条条地来到人间，是纯净无瑕、没有任何杂质的。世间瞬息万变的事情太多，谁都无法预知未来可能发生的事情，在一个不知情的情况下，以一颗包容的心去看待这些问题，自然会迎刃而解。给别人一个改过的机会，也可能会产生改变他一生的力量，不是说功德无量，但起码是无愧于心。

古语云："爱人者，人恒爱之。"一个人真诚地去爱别人，别人也同样会以真诚的心爱他。试着去爱别人，哪怕你曾经已经淡忘这种爱的能力。不计较回报，只是单纯地去爱别人、帮助别人，生活会变得比想象中简单。不要给自己太多的束缚，去想一些可能出现的负面情况而患得患失，扶一把地上躺着的老人，在车上给一位孕妇让座位，做一些自己原本想去做的事情。虽然有一些令人感到寒心的事情发生，但那毕竟是个别现象，不代表全部，世界上善良的人是这个社会的基本构成。别让过多的思虑，阻碍到爱心前进的脚步，在爱的奉献中体会被爱的幸福，世界上的你我他，其实本就是相亲相爱的一家人。

助人即助己，勿让私欲遮蔽双眼

在一座城市的郊区有一个水库，每年夏天都会有大批的人来这里游泳。而水库是这座城市的自来水厂的取水来源处，自来水厂在这附近立了许多牌子，上面写着"禁止游泳"，但是效果很不理想，人们还是依然如故。后来自来水厂换下了所有禁止的标语，而是换上这样的牌子写道："你家里的水就是来自这里，为了你和你家人的健康，请保持清洁卫生。"结果很明显，来这里游泳的人越来越少了。

这些游泳的人在不知道这些水的用途是用在自己身上之前，没有意识到破坏水资源的严重性。当看到这是自己的私人利益时，瞬间转变态度，完全不需要劝阻，自动自觉地开始约束自己的行为。生活中这样的事情很多，有的人在公园里随意地扔垃圾，却把自己家的地板擦得干干净净；有的人在图书馆学习的时候，大声喧哗，旁若无人地聊天，而他自己想学习的时候，可能只是因为旁边有人小声地讨论问题，他都会大发雷霆。这些人总是喜欢把自己放置在一个重要的位置，自己才是这个舞台的主角，只要是与自己相关的，才是值得尊重的；与自己无关的，都是不重要的配角，自然是视而不见，毫无关系。

在帮助别人的同时，自己会收获一份快乐，这种体验不是坐在那里想想就会感觉到的。甚至在不经意间，你的一个行为，在帮助别人渡过难关的同时，也同样改变了自己。爱心不是一种强制性的行为，是出于自己内心深处的善良，在得知别人身处困难的境地，愿意以自己的能力去改变这种状况，不管力量多么微弱，心意的力量是无穷尽的。世间呼唤爱的传递，让爱的溪水汇集成一股洪流，冲进人的内心。让阻挡前进的私欲，被河流冲刷殆尽，大浪淘沙，剩下的是纯真如金子般的善良。

二战时的一个冬天，天气非常寒冷，美军欧洲战区的司令艾森豪威尔去考察法国某地之后，乘车赶往总部参加紧急召开的军事会议。车行驶在路上，他突然发现车的前面有一个穿着很单薄的人，被冻得瑟瑟发抖，蜷缩在地上，似乎很痛苦的样子。艾森豪威尔见此情景，立即命令司机停车，让随从把那个人请上车来。随从因为知道马上要参加的会议非常紧急，表现出不情愿的样子，并希望司令慎重考虑，尽量不要多管闲事。但是司令没有听他的建议，他说："他穿得那么少，天这样的冷，如果我们不管他，他很快会被冻死的。"随从只好照做。

那个人上车以后，艾森豪威尔询问他情况，得知他已经几天没有吃东西，于是把他带到附近的镇上，带他吃了热气腾腾的饭菜，买了御寒的棉衣，临走时还给他留下一些钱，做好这些，才急匆匆地赶往驻地。接下来公务的繁忙，这件事很快就被司令遗忘了，这并不是一件给人留下深刻记忆的事情。可不久后，情报部门送来了一份电报，上面的内容却让司令大吃一惊。原来，在他返回驻地那天，希特勒早就已经得知他的行程，并在他前往驻地的路上埋伏好了狙击手，他认为艾森豪威尔必死无疑，却没料到他竟然逃过一劫。希特勒一度以为是自己的情报出错了，那条路线是假的，却没想到，艾森豪威尔因为中途救助那个流浪汉而临时改变了路线，这才保住性命。如果不是那个流浪汉的出现，也许现在的历史都会被改写。

一位跑长途的货车司机，有一次到四川送货，那里的路况非常不好，在蜿蜒的山路上行驶的时候，他发现了一个老人在路边招手，想搭乘自己的车。看到老人在炎热的天气里站在那里，他很同情老人，没有考虑，停下车让老人上车。当这个司机到了目的地以后，老人告诉司机他的车上缺少一个装置，而前面都是下坡路，一直这样走会出事的。原来当地的货车都有这样一个特殊装置，可以避免走下坡路的时候因刹车过热而出事故。老人原来就是修理汽车的，所以他很快给这个司机找来这个装置，并安装妥当。这个司机安上这个装置以后，安全地走完接下来的下坡路，可能很多长途车的司机都不愿意半路带陌生人，可是这位司机却因为自己的善行，避免了要命的交通事故，这不是巧合，这是善良带来的安全。

有些时候，我们看似在帮助别人，实际上在不知不觉中帮助了自己，所以在生活中多做善事会让自己从中受益。不是贪图那些利益，因为本身想去做好事的人，也不是事先考虑帮助后的报酬和利益的多少。这样真诚的爱，是无私的，也是值得尊敬的。奉献爱心的过程绝对不是任何利益能衡量的。生活中遇到的事情不是预先设定的，人生没有彩排，不是所有人可以等在那里以帮助别人作为自己的全部生活，爱需要的不是一时的头脑一热，而是细水长流般如水滴的善良。

从前，山里住着两只小兔子，一只是灰色的，一只是白色的。它们两个是邻居，两个洞穴的门口都生长着很茂盛的野草，所以住得非常隐蔽。一年夏天，连日的下雨，它们好几天没有出去找食物，傍晚的时候，小白兔饿了就想把门口的草吃光了，可是想到妈妈曾经嘱咐自己千万不要吃自己门口的草，不然会被狼吃掉的。所以它竟然跑到小灰兔家的门口，把那里的草吃光了。大餐一顿的小白兔安心地跑回家睡觉了。等第二天起来，小灰兔发现自己门口的草被吃了，一想就是小白兔吃的，它就跑到小白兔家里，把它门口的草也吃光了。中午的时候，一头狼经过这里，轻易地发现了这两个洞穴，没过多久，等两只兔子出来的时候，被藏在附近的狼给吃了。这两只兔子遇到困难，第一时间想到的就是破坏别人、保全自己，这种完全自私自利的行为，到头来却害苦了自己。

在海边居住的孩子在抓螃蟹的时候，有一套自己的独特方法，他们会把抓到的螃蟹全部放在一个竹篓里。这个竹篓是特制的，它的外形非常奇怪，有点像一个瓶子，开口的地方非常狭窄，只能伸一只手进去，但是篓子的中间却非常大，可以放许多螃蟹。这些孩子抓到螃蟹，就把它们全部放进这种竹篓，但是处理方式却有所不同。当只抓到一只螃蟹的时候，因为这只螃蟹会沿着竹篓的内部爬到出口逃走，所以他们会用盖子把篓子的口封得严严实实，不留一丝缝隙，螃蟹怎么挣扎也爬不出来了。

如果抓到了许多螃蟹，螃蟹也会沿着内部慢慢地往出口爬，但是往往快到出口的时候，另外的螃蟹也会拼命地往外爬，结果它会死命地抓住前面的螃蟹，并往下面拖，以利于自己逃出去；螃蟹都抢着去争那个出口，互不相让，这样不断地循环，一只爬上去，一只把它拽下来，最后根本不可能有一只螃蟹可以爬出去。所以，孩子们在抓住许多螃蟹的时候，根本就不需要盖上竹篓，因为没有这个必要。

有的人也像是这些螃蟹一样，在不停地前进，超越自己，超过别人，总是怕别人把自己落在后面，心态的不平衡，最后却是差距越来越大。上学期间，备考的过程中，总是怕其他同学的成绩超过自己，拼命地学习，这种精神值得鼓励。但是时间长了，心态出现一些嫉妒，甚至转为愤恨就没有必要了。把超过自己的同学视为生活中的敌人，当那个人处在困难的时候，不愿意伸出援助之手，而是幸灾乐祸，这样的行为实在是不可取。读书期间的经历是难得的，那些与自己共同度过这段经历的人更是需要珍惜。任何人都不该成为自己的敌人，以内心的爱与所有人交往，忘记那些嫉妒与自私，真诚地敞开心扉，接纳爱的回馈。

想要获得成功的人，在无意中帮助别人后收获成功；想要生活幸福的人，在无意中成全别人的同时收获满满的幸福；想要快乐的人，在无意中给别人带来快乐的时候，自己得到的快乐也是充实的。农民迎来秋天的丰收，是因为在春天的时候播撒下种子。一个不经意的善行，为他人带来生活的改变，为自己的内心带来感动与快乐，同样是一份巨大的收益。这种回报不是用金钱来衡量的，是自己内心的满足与幸福。一个人的内心被自私、嫉妒等负面的情绪占据，会逐渐失去爱的能力，他的眼里看到的只是自己的利益，不把所有人放在心上，长此以往下去，逐渐把自己也忘了，一心想要抓住点什么，却不想失去的更多。

帮助别人就是帮助自己，偶而会有满含私欲的乌云袭来，应以内心爱的力量去驱散这片暗沉，还自己一片明净的世界。

爱的歌谣，让踽踽独行的人不再孤单

电影《海洋天堂》讲述了一个感人的故事：大福是一个自闭症孩子，他很孤独地活在自己的世界里。不愿意和别人交流，甚至不理自己的父亲，他连最基本的生存能力都没有。他的爸爸没有放弃他，一直陪在他身边，因为自己患上了癌症，知道自己的时间不多了，他努力地教大福生活，尽全力地帮助他安排离开自己后的生活，是父爱使大福的生活不再是一片黑暗，他可以去水里自由自在地游了。大福生活的福利院的院长，邻居家的阿姨，表演杂技的玲玲，那些人也在尽自己的能力帮助大福，让他快乐。正是这些人的陪伴与帮助，父爱的无私与伟大，让大福的生活不再是单一的，而是丰富的，让他尽量地减少孤独的感觉。

生活中还有许多像大福一样患有自闭症的孩子，他们非常需要整个社会的帮助。爱的力量，会战胜一切，会创造出不可预料的奇迹。现代社会中，生活节奏加快，生活的压力也在逐渐增加。更多时候，人们愿意把自己放在固定的小圈子里，不愿意走出来，不想把自己内心所想分享给其他人。不是缺少信任，而是少了分享与交流的欲望。把自己的内心封闭起来，躲在一个只有自己可以找到的角落里，想一些自己的事情，结果是越想越难过，伤心的眼泪就一滴滴流到了心底。

孤独不需要一个明确的理由，而自己的孤单更不是所有人都可以理解的，也许没有别人眼中的那么快乐。一个人在感到孤独的时候是脆弱的，也容易走向极端，这时候爱穿越风雨而来，给孤独者的心灵构筑爱的避风港，阻挡外面的狂风暴雨，回归宁静与惬意。在黑暗中，为他人点亮一盏明灯，扫除那些人心中的黑暗。若我们每个人都愿意去为别人点一盏灯，那么，这个世界必如天堂一般光明。

在我们的生活中，家庭的关爱是驱散内心的力量，无论何时何地，父母无私的爱给我们带来一片光明。做儿女的有时候心中只有自己，不管不顾身边的爱，在自己工作上遇到压力的时候，会精神紧张，给自己过多的期待，也让自己逐渐陷入逃脱不出的命运旋涡。父母的爱是永恒不变的世间真爱，是帮自己清扫内心阴霾的清风。

从前，有一个年轻人迷上了求佛，他不听任何人的劝阻，不找工作，不好好生活，只是到处游走。有一天，这位年轻人听人说在一座高山上有位得道高僧，他想要去寻求成仙的方法，就趁着母亲不在家的时候，偷偷出走了。当他来到山上问高僧佛法的精髓时，高僧说："你家里还有什么人呢？你想成为什么样的佛呢？"年轻人说出自己的想法："我就想成为您这样的得道高僧，我就不用在家听母亲絮絮叨叨地说话了。"

高僧知道他的想法后对他说："原来是这样，那么我可以教你一个方法，你不需要每天在寺院吃斋念佛，在这里停留片刻，你就直接回家，一旦遇到那个赤脚为你开门的人，就是你要找的佛。"年轻人心想这回找到了秘籍，成佛的愿望应该马上就会实现了，遂告别大师，高兴地回家了。一连几天，他一路走来，期间也去了几家店投宿，但是没有任何人为他光着脚开门。他非常失望，心想可能是那位高僧随口骗自己的。

在半夜的时候，他终于身心疲惫地到家了，他正在犹豫要不要敲门，因为他不想面对母亲的唠叨。但是不小心碰到了门把手，屋里的母亲问是谁；他犹豫了一下，还是不情愿地应答了。很快，母亲跑来开了门。她一脸憔悴，脸上满是泪痕地看着他。这个时候，他一低头，发现原来自己的母亲就赤脚站在地上。刹那间，他全都明白了，他哭着跪在了地上。

父母亲就是那尊值得敬重的佛，他们在我们困难的时候总是不计回报地帮助我们。生活中，无论是得意时候的喜色溢于言表，还是失意时候的孤独、落寞，父母都会一直陪在我们身边，不离不弃。尽管有时候他们并没有多大能力，不能给你指点迷津，但是却能用爱的温暖，让人不再感到寒冷和孤寂。

一个家庭不需要富有，它也许是清贫，也许是最简单的生活，也许只是吃得上粗茶淡饭，但是它从不缺少爱，少了爱的家，只是一座空空的房子。当你感到孤独的时候，会觉得自己是一个无家可归的人，其实你忘记了自己身后的父母，无论在何时何地，何种环境下，他们都是最坚强的后盾。有一天，金钱会离自己而去，曾经奋不顾身的爱情也可能离开自己，功名利禄也总会消失，唯独父母，他们永远不会嫌弃自己的孩子，可以无数次原谅你，即使你犯下不可饶恕的错误。他们会为了你的痛苦而痛苦，为了你的成就而喜悦，无声无息的爱是最滋润内心的，也是最令人感动的。

一个男孩对一个女孩说，如果我有一碗粥，我会把其中的一半给母亲，另一半给你。于是女孩喜欢上了这个男孩。有一次村里发大水，男孩忙着去救别人，而没有去救女孩，男孩说，如果她死了我也不会孤独地活在世界上。这一年女孩二十岁，男孩二十二岁，女孩决定嫁给男孩。

那个闹饥荒的年代，两个人只有一碗粥可以吃，他们互相谦让，都不肯自己吃，都想让对方吃下去，结果最后一碗粥发霉了，那年他们分别是四十岁和四十二岁。当年的那个男孩已经到了五十二岁，因为家庭成分不好被挂上牌子在大街上游行，而已经五十岁的那个她还是愿意心甘情愿地陪着他，一起去接受批判，忍受不堪的痛苦。她告诉他，无论他经受多大的苦、多大的难，他一直是她生命中的唯一，她会永远爱他。

许多年过去了，他们都已经变成了七十岁左右的老人。在一次坐公共汽车的时候，一位年轻人起来给他们让座，他们都互相谦让，都不肯自己坐下而让对方站着，于是，两个人拒绝了年轻人的好意，紧紧依靠在一起抓住了扶手。车上的人都被眼前的这一幕感动了，他们齐刷刷地站起来，向她们投来敬佩的眼光，仿佛看到他们心中的花正在一点点盛开，在温馨中充满了满满的爱意。

夫妻两个人在相知相守的过程中，不管遇到怎样的情形，相互勉励，共同承受生活中的痛苦与磨难，相互陪伴着度过那些艰难，依偎在一起取暖，足以驱走冬日的寒冷。一生一世，这就是爱，也唯有这样永恒的爱，才能穿越人生的风雨，长久守候幸福的家园。

真正的爱情是愿意为对方承受任何苦难，愿意分担他的痛苦，与之相伴一生，相互扶持，不让一个人孤独地行走。两个人因为缘分走到一起，并愿意一起承受任何不幸，共同面对所有的一切。当一个人在世上孤独地行走，他是在寻找那个可以相伴一生的爱人，一个人独处的时候会感觉到落寞与失望，但多一个人与自己分担，这份痛苦与孤寂就会减少一半，而快乐的机会就会增加一倍。伤心的时候希望有那样一个宽阔的肩膀让自己依靠，可以对人倾诉，不需要任何安慰的话语，只是静静地坐在自己身边相伴，这就足够了。

人们渴望爱情，不是那种惊天地泣鬼神的要死要活，而是最朴素的平凡。哪怕是在一起吃一顿饭，一起牵手去看电影，一起去公园散步，这些简单的行为是非常容易实现的，但是每天忙碌的人们，却把工作当成了自己最大的借口，总是嘴里说的以家庭为重，却没想过其失去的远远多于得到的。女人不需要过着大富大贵的奢侈生活，她们要的只是一个在身边陪伴的人，不是让自己整日与商场、美容院、电视作伴——那些根本不是最容易触动人心的东西。表面看到的那些，用金钱可以买到的东西，恰恰是最廉价的。夫妻之间的感情是无价之宝，也是世间最难得可贵的东西。

我们身边被太多的爱所包围，有父母的疼爱，有朋友的关爱，有独一无二的爱情，这些情感是珍贵的，它值得每一个人好好珍惜。有时候人难免会犯糊涂，没有珍视这些爱的存在，却在失去后而心痛不已。试着学会感知爱的能力，身在其中的人更要努力珍惜，不要给自己留下后悔的余地。

有时候孤独是难免的，总是认为自己一个人在路上行走，其实回头看看，有那么多爱你的人陪在你的身边，满怀深情地看着你，静静地支持你。有时候，会为一些无谓的失去而痛心，而爱是让这些痛苦的记忆慢慢愈合的最佳良药。

爱一直在路上，如一曲响彻大地的歌谣，独行的人，不再让你孤单。

学会尊重别人是一种智慧

人与人之间是平等的关系，不分贫富贵贱，所有人都值得尊重，也应该得到尊重。尊重是守着自己的人生信条而从客观的角度以欣赏的目光看待他人，所以懂得尊重别人的人都参悟了人生的大智慧。古人云："爱人者，人恒爱之。"同样，重人者，人恒重之。我们渴望得到尊重，希望在一个舒适的人际环境中生存，那么首先要做到的是以一种尊重的姿态去对待身边的每一个人。至亲的父母，真挚的朋友，可亲的同事，友好的同学，善良的陌生人，所有的人都是值得我们尊重的人。

尊重是对慈爱父母的孝心，对朋友的关心，对同事的帮助，对同学的感激，哪怕是对陌生人的一抹微笑。尊重是一件容易做到的事情，它不需要付出多少，一个简单的动作，一个表情，都是对别人尊重的表现。不要吝啬这些行为，一个不经意，可能会改变一个人。尊重别人，会让人感到温暖与平等的喜悦；不尊重别人，任意践踏别人的尊严，会伤害一颗脆弱的心灵，让伤痕累累的内心加深痛苦的程度。尊重不是嘴上说说而已，是发自肺腑的真诚，这样的尊重不做作，更加真实，也会让他人体会到尊重的力量。

即使是处于剑拔弩张的紧张气氛，尊重会让人感觉到心平气顺，心情会莫名地感到愉悦，那种紧张而尖锐的状况也会随之发生变化。良好的氛围会在空气中相互传递，人与人之间的相处会少一些矛盾与冲突，多一些平和与理解。尊重，会让一个人重燃对生活的希望，会让心中的积怨消失殆尽，会让人充满战胜生活困难的勇气。整个社会需要尊重的存在。人们有太多的情绪难以释放，施加给自己过多的严厉，心情突然烦躁不堪，但不管自己处于怎样难以释怀的状态，内心应始终坚持尊重的底线。没有人需要必须为我们做什么，没有任何人亏欠我们任何东西，不需要把自己的愤怒强加到别人身上，让不安的情绪四处游走。尊重是该时刻谨记的，因为它是做人的基本道理，是与生俱来的应有思维。

在美国的街头，一个富有的商人在大街上散步，他看到路边有一个衣衫褴褛、浑身被寒风冻得瑟瑟发抖的年轻人在摆地摊卖杂志，一边战栗着一边啃着硬面包。这位富商也是白手起家，起初经历了许多常人难以想象的艰难，看到年轻人，他突然想到了自己以前的生活。他很同情这个年轻人的境况，所以不假思索地从裤兜里拿出十美元塞在年轻人手里，然后头也不抬地走开了。没走多远，商人突然感觉这样做也许会伤害这个年轻人的自尊，不能把他当成一个沿街乞讨的乞丐对待。于是急忙返回到书摊那里，并抱歉地说自己因为有事急着走忘了拿书，希望年轻人不要多想。临走的时候，商人对年轻人说："其实，我们的职业是一样的，都是商人。"

三年后，那位富商应邀参加一个慈善的募捐酒会，到达现场以后，一位西装革履的年轻商人走上前来紧紧地握住他的手说："先生，您可能不记得我了，但是我这一生也不会忘记您，曾经我一直以为自己就是一个摆地摊乞讨的可怜虫，直到那天遇到您，彻底改变了我的愚蠢想法，因为您对我说，我和您一样都是商人，我获得了尊重，同时重新燃起对生活的希望和信心，从而才会创造出我现在的成绩，真的非常感谢您。"富商被惊住了，他没有想到就是因为自己三年前一句普通的话，竟然改变了一个人的命运，让一个自卑的人树立了自尊心，看到了自己的优点和价值，最终通过不懈的努力获得了成功。这位富商并没有在当时给年轻人多少钱财，最有力量的其实只是一句尊重鼓励的话。

有个故事发生在一个普通的家庭：春天到了，一位母亲在整理一些女儿要换季的衣服、鞋子等生活用品。她发现去年秋天买的一双鞋已经太小了，女儿长得很快，所以穿不进去了。鞋子还不旧，而且样式也很漂亮，但是又没有合适的人送，所以母亲决定把鞋子丢掉。女儿听说要丢东西，自告奋勇地说自己去帮忙丢，但是母亲阻止了她，拿出鞋油、刷子细致地把鞋子刷干净。女儿感到非常疑惑，她问母亲为什么要扔掉的东西还要刷干净。母亲一边擦拭，一边说："这双鞋还可以穿，捡垃圾的人或者其他人可能会接着穿，我们要把鞋子刷得干干净净，这样才是对那个拿鞋走的人最大的尊重。"等鞋子刷好，母亲把鞋子递给女儿，叫她去放在垃圾桶旁边。女儿看到那双鞋非常干净就问母亲为什么不直接把鞋给那些需要它的人。母亲摇摇头说："不能这样，捡垃圾的人也是在自食其力，依靠自己的劳动生活，他们不是乞讨的人，当面直接送给他们东西，他们也有自尊心，会感觉到难堪的。放在地上让他们自己拿走，没有怜悯的尴尬，没有被施舍的情绪，这才是真正的善行。"女儿依照母亲的吩咐去做了。

第二天早上母女二人在阳台上看见一个拾荒者捡起地上的鞋子，小心翼翼地放在袋子里，高兴地走了。他也许是回家把这双鞋送给自己女儿一个惊喜，然后兴高采烈地把整个过程讲述出来。母女两人看着他离去的背影，心里也是暖洋洋的。扔掉一双鞋是生活中经常发生的事情，这位母亲却把它变成一个温馨的故事。她懂得尊重别人，哪怕是在大街上的拾荒者，同样值得每个人尊重，因为他也是平等的生命。

尊重可以是生活中一件琐碎的小事，可以是一句问候的话语，可以是一个谦让的动作，但这些就足以创造快乐的奇迹。让那些身处悲哀的人，感觉到世界的美好，看到生活中的希望，增加无限的勇气与力量。尊重是一种善行，也是在帮助别人走出困境、战胜自我，这是仁爱之心。爱不是用金钱来衡量的，它是无价之宝，简单易得，却又意味深长。

有一天下午，一个身穿时髦衣服的女人带着小男孩走进一个著名企业楼下的草坪。他们坐在那里的一个长椅上，两个人不停地说着些什么，不远处有一个白发苍苍的老人在打扫垃圾。不一会儿，女人提高了说话的声调，她开始大声地责骂那个小男孩，男孩委屈地哭了起来。女人从包里拿出面巾纸给男孩擦鼻涕眼泪，擦完就顺手把纸扔到草坪上。那位打扫的老人什么都没说，默默地捡起来扔到垃圾桶里。

女人没有停止责骂，男孩也在不停地哭。女人又拿出纸擦眼泪，扔到地上，反反复复，扔了七八次。那位老人仍然是没有说话，每一次都耐心地捡起来放进垃圾桶。女人看见老人突然感觉到不耐烦，就指着老人对孩子说："你不好好学习，看见这下场了吧！将来考不上大学，就只能和他一样在这捡垃圾。"老人听后依然非常平静，他没有愤怒，只是说："这里是只有公司员工才可以进来的。"女人理直气壮地说："我知道啊，我就是这家公司的部门经理，你管得着吗？"老人没有理睬她，而是拿起电话拨出一个号码。不一会儿，一个年轻人匆匆走来，恭敬地站在他面前。老人说："我现在决定即刻免去这个部门经理的职务。"那个女人呆住了，因为她认得眼前这个年轻人正是自己的主管领导。男人看她疑惑的表情就说："他不是清洁工，而是公司的总裁。"女人一下子瘫坐在了地上。在整个过程中，她从来没有懂得尊重别人，没有尊重老人的劳动成果，结果反过来失去了自己的尊严。

许多在学校学习的学生，认为学业的成绩才是自己奋斗的目标，这的确非常重要，但更重要的是要懂得尊重每一个人，不管什么样的身份、地位、职业，所有人的努力成果都需要人来尊重，容不得任何人践踏。尊重也是一面镜子，尊重别人，才会得到别人的尊重。把自己放置于很高的地位，以一种高高在上的姿态去和别人对话，其实是在贬低自己的价值。放平心态，如一阵和煦的春风，拂过自己生命中每一个人的内心，带给他们温暖的体验。

尊重也是一种爱的表现，爱所有人，也包括自己。不要忽略掉自己的存在，尊重自己，坚守住内心所设置的防线，不轻易地妥协。当别人发表与自己不同意见的时候，记得保持微笑倾听；当别人通过努力获得成功的时候，记得真诚地鼓掌祝贺；当身处困境中的人需要帮助的时候，记得伸出援助之手。没有人可以独自生活在世界上，人与人之间的相处构成人世间的基本元素，大家应在相互尊重中信任彼此，温暖你我。

尊重是一种大智慧，因为懂得，所以慈悲。

繁华散去，正能量的相互传递

　　人生活在繁华喧嚣的都市里，每天疲于奔波，忙忙碌碌，在其中艰难地生存，容易迷失自己，找不到前进的方向。忙碌让人感到生活的充实与满足，也会产生迷茫与无助，当感觉到自己累的时候，适时地停下来，想一想出发的原点是何地，看一看身边停驻的那些过往和擦肩而过的人。让自己的心灵放空，聆听内心最真挚的声音，感知心头那每一次有力的跳动。

　　许多人会抱怨自己遇到的困难太多、经历的挫折太多，生活感到无望。试着转换个角度想，用爱与理解去面对，发现这个世界依然是美好的，无论世界是否与想象中的一样黑暗，都用爱生活。等平静下来想一想，这个世界与自己眼中的截然不同，所有的痛苦与磨难，都是水中月、镜中花，是自己虚幻出来的。无论何种经历，痛苦亦或喜悦，都同样教人学会成长，成长的滋味大概就是这样，酸甜苦辣，样样具备。肉眼看到的事实往往不是真相的全部，爱会赐予你一双全新的眼睛，会发现自己一直被爱包围在其中。

　　这个世界真的是非常美好，春日里的姹紫嫣红，夏日里的金色阳光，秋天里的硕果累累，冬天里的白雪皑皑。缺少了发现美的眼睛，会错过身边许多的美丽风景。社会上正能量的气息弥漫在空气中，让越来越多的人感受到正面的力量，爱是其中一道最耀眼的光芒，穿透邪恶的人性，穿过失落的灵魂，还世间一片纯真的光明。爱是一缕灵活的空气，四处穿梭，洗涤着人们的心灵。用爱对待世界万物，用眼睛发现生活中美好事物的存在，用心感知生活中隐藏的感动，美好会一直眷顾在左右。

　　有一个"千里换心"的故事感动了许多人：一个广西的小伙子小叶，他今年二十一岁，是家中五个孩子里年龄最小的。他一直在外打工，但是春节过后，被查出患有脑瘤，几次手术后，病情也一直没有好转；后来病情又开始恶化，最终进入脑死亡的状态，但是心脏是健康的。承受着巨大悲痛的家人，一致同意把小叶的所有能用的器官和组织捐献出来，尽可能去挽救更多需要它们的病人。

远在北京的医院里，患心脏病的男孩小包突然病情恶化，经过及时的抢救，仍然是命悬一线，只能依靠一些仪器来维持生命。小男孩已经患病两三年，去过多家医院看病，但效果不佳，仍然在不断地恶化。考虑到孩子年纪还小，他的家人一直对心脏移植能否成功存在顾虑。这次他病情危急，急着需要马上进行心脏移植手术，但是却没有匹配的心脏，全家人几乎陷入了绝望。就在这时，从千里之外的桂林传来令人振奋的消息，小叶自愿将自己的心脏捐献出来，全家人仿佛看到了生命的曙光。接下来各项指标的检查，基本上符合匹配的标准，希望之心即将在桂林与北京两地传递。

心脏离开身体不能超过六小时，这就意味着从小叶身上摘除的那一瞬间，就必须马不停蹄，开始与时间赛跑，争取珍贵的每一分钟。医生把摘除的心脏放进储藏箱，快速跑上救护车，外面警车鸣笛，直奔机场。到达北京机场后，又经过"120"的急救飞机送达医院，经过了四个小时的爱心接力，手术终于可以正常进行。经过医生的努力，手术进行顺利，小包重获新生。

这场爱的接力在千里之间展开，期间有无数力量在配合，人们让出道路，让救护车一路绿灯开往机场，才为那个孩子争取到重获生命的宝贵时间。捐献器官的小叶是一个善良的人，他的爱心又到了新的身体里，开始继续跳动，他的生命也获得了延续。他一共捐出自己的六个器官，它们会使六个人获得新生或者重见光明，一定意义上，小叶用自己最后的力量帮助六个人走出困境。

爱心是会相互传递的，当一个人感受到爱的时候，体会到这种爱的感觉，让自己在严寒的冬日充满温暖，当一股暖流在心中流动、升腾，自然也会逐渐地传递出去。当这种传递形成人与人之间的共识，这个世界就会变得比想象中还要美好。那些你认为黑暗的事实，在爱的灯光照射下，全然褪去黑色的包裹，还原了生活的本色。

有一位单身女子刚刚搬了家，她发现隔壁住了一户贫穷的母子，他们过着孤苦伶仃的生活。有一天晚上突然停电了，这位女子只好点上蜡烛照明，过了一会儿，响起了敲门声，打开门一看是隔壁的那个男孩子，他小心翼翼地问："请问阿姨，你有蜡烛吗？"女子心想他家实在是太贫穷了，竟然连蜡烛都没有，就回屋里拿了几根，放到小男孩的衣兜里。小男孩连忙伸出藏在身后的手，只见他的手里握着一根蜡烛，小男孩说："突然停电了，我妈妈以为你没有准备蜡烛，就让我来给你送一根。"此刻女子一下明白过来，原来男孩是来送自己蜡烛的，不是想要蜡烛，两个人竟然想到一起。她非常感动，把孩子紧紧地抱在怀里，从此两家人互相帮助，生活得特别幸福。

生活中会遇到许多陌生人，不要以敌视的眼光去看待别人，生怕他们抢走自己什么东西。不是所有人都是唯利是图的，帮助人是不需要理由的，不是希望得到报酬的。就是因为以防范的心理去对待别人，也让自己失去许多可以成为朋友的机会，也会让真心想帮助你的人失落。不要轻易地拒绝别人的好意和帮助，那是尊重别人，是对一个人的起码信任问题。人是在互帮互助的关系中获得成长，在一次次与人的接触中重新认识自己。

一个风雨交加的夜晚，一个人看到一辆车陷在野外的泥坑里，他看那辆车的处境非常危险，在这种情况下如果不能及时解救出来，会有更大的危险。来不及多想，他把车开过去，费尽九牛二虎之力，把那个人从泥潭里解救出来，避免发生更大的灾祸。被救的那个人想要感谢救自己的恩人，但这个人却说不必了，只要他记住，以后无论何时何地，一旦发现有人遇到困难，要尽力地去帮助就好。多年以后，那个救人的人因为航海事故，被困在一个荒凉的小岛上，正当他感到绝望之时，一个年轻的小伙子驾驶着船经过这里，救他上船，帮助其脱离了险境。他正要对小伙子表示感谢的时候，他也是说出同样的话："如果真是要感谢我，就请你记住，今后尽自己最大的能力去帮助别人。"这句爱心的承诺在不断地被传递，当初如果没有选择去救别人，在自己身处困境的时候，也许就不一定那么幸运正好有人来救自己。可能你曾经帮助的那个人，就是那个帮助你的人。有时候，幸运不是上天赐予的，是自己曾经播撒的爱的种子已经萌发生长，为自己带来幸运，可能拯救自己的就是曾经的自己。

这些爱心传递的事情在社会上还有许多，因为这个世界原本就是充满了关怀与爱心。这些爱心的故事，体现出人与人之间真诚的关爱，反映的是爱的传递，它不断地在空气中凝聚、发酵，让人温暖，让人感动。他们传递的不仅仅是一份爱心，还是一股强大的正能量。每一个善良而正直的人内心都潜藏着一种渴望，渴望这个世界少一些冷漠，多一点互助，少一些防备，多一点体谅。任由世事变迁，斗转星移，从古至今，爱与善始终是这个社会的主流。面对一件件令人感动的事情，人们的内心会产生触动和心灵的共鸣。

人们对于爱心的感动，源于人们内心原本的善良，爱心穿透世间的冷漠与忽略，用一种将心比心的心理，获得一种感同身受的情怀。我们愿意相信每个人的内心都是善良的，都不会缺乏爱心的力量，只是在等待一个被触发的机会。当一个人被感动的时候，内心所升腾出来的善意温情，足以对抗所有负面的力量。总会有一种力量让我们热泪盈眶，总有一种感动让我们深刻铭记。自己看到了正能量的感动，就有责任继续把这份爱传递下去。感受过爱心的温暖，会不由自主地想把这份温暖传递出去，温暖更多的人。

有人说："总希望自己是这温暖链条上的一份子，让这善的传递不在我身上断掉。"爱心散发出的光芒，照亮四周，也温暖自己。传递爱心，传递感动，就是传递正能量。爱心不分大小，正能量也没有强弱之分，曾经所追求的、所拥有的，纵使是价值千金，繁华耀眼，待沉浮之后，沉淀下的永恒，就是爱的痕迹。

理想之巅：并非遥不可攀

　　每个人都有自己的梦想，那些梦想并非挂在遥不可及的天上，坚定内心的想法，一如既往为之努力，不惜汗水与泪水混合着流下，勇往直前，终有一天，梦想会变成现实。没有梦想的人是悲哀的，就像是一只小鸟没有翅膀，它又如何展翅翱翔，飞向广阔的天空。梦想是人生存的精神动力，有了梦的支撑，生活会有别样的激情。在实现梦想的过程中，可能会遇到磕磕绊绊、艰难险阻，遇到困难的第一反应，不应临阵脱逃，因为那样你会完全失去追求梦想的机会。而应迎难而上，给自己一个坚强的理由，尝试过，才会无怨无悔。不应时刻想着放松，享受懒散的生活，而应斗志满满，凝聚力量，为心中的那个梦放手一搏。人生之路永远没有尽头，下一个目标在不远处等待着你，这样的永无止境，生活会变得更加有意义。

放飞梦想，点亮一盏明灯

在一百多年前，有一位牧羊人，他常常带着两个幼小的儿子去山上放羊。他们一直以来都是以替别人放羊为生，日子过得非常贫穷。有一天，他们把羊赶到一个山坡上，一群大雁鸣叫着从远方而来，从他们头顶飞过，并很快消失在天际。大儿子羡慕地说："要是我也能像大雁那样飞起来就好了。"小儿子也说："我要是能成为一只会飞的大雁，那该有多好啊！"牧羊人沉默了一会儿，然后对两个儿子说："只要敢于想，你们一定也能飞起来。"两个儿子信以为真，就张开双臂试了试，但是没能飞起来。他们用怀疑的眼神看着父亲。牧羊人说："让我飞给你们看。"于是他也张开双臂，仍然没能飞起来。可是，牧羊人仍然肯定地说："可能是因为我年纪大了，所以飞不起来，你们还小，未来会有无限的可能，只要坚持不懈地努力，不远的将来，就一定能飞起来，飞到任何你们想去的地方。"两个孩子把父亲的话牢牢记在心中，并一直努力着，等他们长大了，那年哥哥三十六岁，弟弟三十二岁时，他们果然飞起来了，因为他们发明了人类历史上的第一架飞机。这两个人就是美国的莱特兄弟。

每个人都曾经有过梦想，在儿时想过自己成为科学家，成为航天员，成为医生，等等。拥有梦想是一件令人幸福的事情，没有梦想的生活是乏味的空白，没有过梦想的人是悲哀的。我们的梦想可能不会产生改变一切的力量，也许不一定真的在未来的某一天实现，但是曾经拥有过就足够了，因为那像一盏明灯，照亮人生前进的路程。在感觉到暗淡无光的时候，梦想的出现会带来新的希望，就如同走到山穷水尽之时，又看到突然出现的小径，带领自己走出迷茫。上帝关上了门的同时，又打开了一扇窗。

梦想并非遥不可及，它不是想想而已的幻觉，而是努力的方向。坚持不懈地为之奋斗，并愿意为实现这个梦想而奋斗，人生才会无怨无悔。也许是曾经有过梦想，却患得患失，胆小畏缩，惧怕在追梦路上的种种磨难，而中途放弃，从而失去了触摸梦想的机会。不是别人放弃自己，是自己放弃了曾经的梦，就让它真的成了一个梦。年华逝去，迟暮之年的人会不会为曾经放弃的梦想而懊恼？也许只是差那么一点点坚持，就到达成功的彼岸。

很久以前，在一座高山上，有一只鹰的巢穴，巢里面有三个蛋，静静地待在那里。突然地动山摇，原来发生了地震，巢穴也随之剧烈地晃动，其中一个蛋从山上滚了下来，恰好掉到了山下的农场的一个鸡窝里。鸡场里的母鸡们非常好奇，它们仔细地研究着这个从天而降的蛋。一只老母鸡自告奋勇地孵化这个蛋，尽管它的个头很大，全然不是鸡蛋的模样。过了些天，一只非常漂亮的鹰破壳而出，但是因为生在鸡群里，所以它一出生就被当作鸡来看待。这只鹰逐渐长大，它也很喜欢一起成长的鸡，但是因为本性的原因，它们又很难融合在一起。

有一天在外面溜达的时候，小鹰看见有一只雄鹰在天空展翅翱翔，它非常羡慕地看着它，内心渴望这种飞翔的感觉。它就对其他的鸡说自己想要飞起来。那些鸡哄堂大笑，纷纷嘲笑它说："你永远不可能像鹰一样飞翔，因为你是一只鸡，鸡是永远不可能飞起来。"鹰只好羡慕地看着那些飞翔的真正同类，只是梦想自己有一天能和它们一起飞翔。在接下来的日子，每次小鹰说自己想要飞翔的时候，总会招来鸡的嘲笑，说自己不会飞。鹰也逐渐地放弃了飞的想法，认为可能真的是自己痴心妄想。鹰再也不去梦想飞翔，甘心地做一只鸡，以此度过一生，最后作为一只鸡死去。

相信自己是谁，自己就可以试着成为谁，尽管可能不会达到同样一个高度，但是不曾放弃地去努力，总会体验到自己梦想过的生活。每个人都会萌生过一些想法，尽管看来荒诞，完全不现实，而恰恰是这些另类的想法促进了人类不断的进步。如果每个人都不敢想、不敢做，活在一个狭隘的小圈子里不肯出来，故步自封，只会原地踏步，甚至在原点徘徊。勇敢去想，努力去做，这是属于每个人的生活，不分贫富贵贱，人人都有追求梦想的权利，任何人都没有资格扼杀这种想法，它是属于自己内心的东西。

在美国一个小学的课堂上，学生们正在上作文课，老师给出的题目是："我的梦想"。学生们看到题目后，开始提笔写作，其中一个小朋友非常喜欢这个题目，他在作业本上飞快地写下了自己的梦想。他写道：我想要拥有一个占地面积特别大的庄园，庄园被绿色的草坪包围，庄园里有无数的小木屋，还有住宿的旅馆，在绿草茵茵的地上可以烤肉，进行一些休闲活动。将来自己要住在那里，其他游客也可以来这里参观，有吃有喝，一起度过快乐的日子。

作文写完交上去之后，这个小学生没有得到分数，作文被重新发到他手里，老师认为他写得不合格，要求他重新写一篇。这个孩子感到非常疑惑，他仔细阅读了一遍自己写的作文，没有发现任何书写的错误，他就拿着作文去问老师原因。老师说："我要你们写的梦想，不是那些凭空想象的、虚幻的空想，是你将来可以实现的现实一点的想法，所以你的作文不合格。"这个同学向老师强调这就是自己的梦想，它一定会实现，这不是自己的幻想。但是老师坚持让他重写，这个同学仍然没有妥协，他说："我心里很清楚，这就是我心中的梦想，是我真正想要的，我一定会努力实现它，我不愿意随便改掉我梦想的内容。"老师看他如此坚持，也非常生气，给了他不及格的分数。

三十年后，当年这个老师带着一群孩子来到一处风景秀丽的度假山庄旅行，在这里尽情地放松自己，住在美丽的房子里，在草坪上高声唱歌，一起烤肉，享受美食。正在高兴的时候，看到一个中年人朝他们走来，并自称曾经是这个老师的学生。这个年轻人告诉老师，他正是当年那个作文不及格的孩子，如今，他就是这个庄园的主人，他真的拥有了这个梦想中的地方，实现了儿时看似不可实现的梦想。那个老师非常吃惊，他望着这个庄园的主人，想到自己三十年来从来没有梦想地按部就班生活，感叹道："这么多年来，我不知道用成绩改掉了多少孩子的梦想，就是因为自己不敢梦想，而扼杀了多少梦想的萌芽，你是唯一一个没有被改掉的，保留了自己最初的梦想。"

生活中有太多这样令人遗憾的事情，或许因为别人的眼光，一句话，就轻易地放弃了自己苦心构筑的想法。不能活在别人的世界里，旁人永远无法真正理解自己内心真正的想法，只有自己坚持为梦想努力，才会看到梦想的希望之光。如果梦想被现实冷冷击破，它只是暂时失去了飞翔的能力，休憩过后，鼓足勇气，梦想的翅膀依然可以继续上路。在梦想的实现过程中，可能也会走到一个令人绝望的悬崖，四处无路，心灰意冷，可以试着张开双臂，迎风而立，会发现已经充满了飞翔的力量，带自己飞越绝境，迎来明媚的新生。

在残酷现实的冲击下，梦想或许可以成为心灵的慰藉，让苦难的人生增加一丝甜甜的味道。无论实现梦想的路上面对的是鲜花掌声，还是障碍荆棘，鲜花容易让人满足而迷失，荆棘可能会让人望而却步而彻底被击垮，无论是何种情况，它都可以成为前进的动力，都不能阻止追梦的脚步。自己已经选择了追求梦想的道路，即使再艰难，请做好准备坚持走下去。梦想没有传说中的那么遥远，也许，它就在不远处向你招手，正在准备迎接你的到来。或者是在下个转角处，或者在你不经意地回望时，就会发现这个已经近在咫尺的惊喜。

怀揣梦想的人是令人敬佩的，他们凭借自己的毅力和不懈的努力，在朝着自己前进的方向一步步前进。心怀梦想的人内心是幸福的，他们有自己愿意为之奋斗一生的目标，总是好过那些碌碌无为的迷茫者。梦想的力量是巨大的，它让身处困境的人重新获得希望，让迷茫的人找到努力的方向，让失魂落魄的人找到精神的支柱。梦想不需要多么细致，它可以是一个简单的想法；梦想不需要必须去拯救全世界，它是可以属于完全私人的秘密。它可能是伟大的，同样可能是渺小的，因为它从来没有一个具体的定义。梦想对于每一个人都格外重要，是生活中不可或缺的一部分，梦想融进灵魂，照亮心灵。

生命因为梦想这盏明灯，而显得格外耀眼。

追求永无止境，铺就人生舞台

人活着究竟为了什么？这其实是一个严肃的问题，为了身边爱的人生活得更好，为了自己的前程繁花似锦，这似乎没有一个标准答案，仁者见仁，智者见智，每个人的想法都不同，也完全没有对错之分。人的这一生是短暂的，在有限的时间内永远不可能做完自己想做的全部事情，人的能力也是有限的，不可能心中所想全部实现，这是不现实的。在有限的时间和能力范围内，人总是要有些追求，一个没有追求的人灵魂会感到空虚，即使每时每刻都在忙碌，也是在消磨时间，但这样盲目的行动会如机器人一般，毫无意义可言。

想要追求的东西不一定是大富大贵，它可以是生活的每一方面，物质层面的追求当然是不可避免的。每个人都不是不食人间烟火的神仙，需要生活的一切必需，为了自己物质生活的提高，作为自己的追求，是出于一个人的本能需要，它可以保障人的生活质量，这无可厚非。但是物质追求不是永不满足，它不是作为生命的全部，而倾尽一生力量去为之奋斗。它可以存在，但绝对不是追求的终极目的。人的追求也有精神层面的，也是有意义和价值的。与物质相比，精神的富有更为难得，更加重要和不可缺，在实现物质追求的同时，不要忘记隐藏在背后的对人生理想的追求。实现自己的理想与梦想，这样的生活充实而丰富。

人的追求不分大小，每个人的想法都值得尊重，努力学习和工作是追求，在看到别人遇到困难的时候伸出援助之手是追求，积极表现让更多的人喜欢自己是追求。有的人在追求事业的上进，有的人在追求精神的升华，有的人在追求品质的高尚，追求的故事一直在身边上演，演绎出五光十色、精彩纷呈。人生在世，活着的理由，是幸福的理由，是实现自己梦想后的快乐，一个疾病缠身的人，他希望自己能拥有一个健康的身体；一个孤独落寞的人，他希望能有一个知心的人陪伴在身边；一个腰缠万贯的富翁，他希望能让单调的生活变得丰富多彩。这些渴望充盈在生活中，他们努力地希望得到那些自己没有的东西，这是愿景，也是属于不同的追求。

在拿破仑还是一个小孩子的时候，他的思想非常单纯。一次偶然的机会，他的叔叔问拿破仑，长大以后想要做什么？拿破仑感到心中有非常多的想法，马上滔滔不绝地发表了梦想已久的伟大志愿。拿破仑说他从小就立志从军，等长大后积累了作战经验，他还想带领法国的军队，战无不胜，最终席卷整个欧洲，建立一个前所未有的大帝国，而且他自己要成为统治这个帝国的皇帝。叔叔感觉这个想法听起来荒谬至极，等小拿破仑讲述完自己梦想之后，他当场大笑不已，还指着小拿破仑嘲讽道："这是空想，你所说的一切全都是空想！还想当法国皇帝？那是永远不可能的！看你这丰富的想象力，你长大之后，去当一个小说家更实际，因为在小说里更容易实现你的皇帝美梦。"

　　小拿破仑遭到了叔叔的嘲笑，他非但没有生气，反而静静地走到窗前，指着远处的天边，认真地说："叔叔，你看得到那颗星星吗？"因为这时还是中午，白天是看不见星星的，拿破仑的叔叔诧异地走到窗前，茫然地答道："什么星星？现在是白天，当然是看不到啊！孩子，你为了想当皇帝急疯了吧？"再次面对叔叔的质疑，小拿破仑依然镇定地说道："那颗星星一直就在那里挂着啊！我真的可以看到，它依然高挂在天边，无论白天黑夜，不停地为我闪烁着，那是属于我的梦想之星。只要它在天上存在，哪怕只有一分钟，我的梦想就永远不会破灭。"事实上，那颗所谓的梦想之星从未高悬天际，它没有存在于现实世界中，它一直藏在拿破仑的心里。因为这永不消失的梦想，拿破仑为自己内心的追求与希望而努力，最终真的成为了法国皇帝。

　　在人的内心，都有着或大或小的追求，它们的存在也都是有意义的。在追求理想的道路上，可能会遇到一些嘲讽与不屑，或者是别人的不理解，但是只要是心中坚定地树立这个目标，就不要轻易地放手。没有过多的支持，经受住冷嘲热讽，凭借的是自己内心的力量。只是因为一点暂时的问题，而快速选择逃避，这样的追求本身也就是无意义，它连支撑你信念的能力都没有具备。追求的道路是自己选择的，认准这个方向，试着努力拼搏，哪怕只有一线希望，都要积极争取。

　　有一个年轻人，他没有工作，没有像样的衣服，穷困潦倒，身上所有的钱加起来都不够买一件衣服。但是他心中有一个梦想，就是成为电影演员，他坚信将来一定会实现这个梦想。好莱坞一共有五千家电影公司，他根据路线仔细地把每一个公司的先后顺序排好，带上自己的剧本，沿着计划挨个去拜访。第一遍拜访完之后，没有一家公司愿意接纳他，他没有因此丧失信心，接着从失败的最后一家公司开始，重新进行又一轮的应聘。第二轮依然是失败，接下来的第三轮又是以失败告终。歇息了一段时间，他又开始了第四轮的应聘，当拜访到其中一家公司的时候，这里的老板终于同意可以把剧本留下，他欣喜若狂地跑回家，也许这次真的是看到了希望的曙光。

　　几天后，他被通知去公司面谈，在这次商谈中，公司也被他的努力和才华感动，决定投资这部电影。而且请他担任这部电影的男主角，不久这部叫《洛奇》的电影上映，男主角就是现在世界著名影星史泰龙。经历了多次的拒绝，他始终没有放弃自己最初的梦想，最终获得了巨大的成功。

　　追寻梦想的道路，注定不是一帆风顺，不断地会出现未知的困难，在困难面前要保持一个平和的心态，不轻易被磨难击垮，坚持在追梦的路上前行，任何艰难险阻都是可以战胜的。

　　寻根文学的代表作《棋王》是阿城的作品，它以知青生活为题材，再现了那段艰苦岁月，勾画了一群知青在非常环境里的特殊经历。小说的主人公王一生以吃和下棋作为自己的人生追求，他是一个社会底层的普通人，家里的生活特别贫穷，或者因为生活境况，或者因为性格的原因，他迷上了象棋，而他的青春也因此焕发光彩。无论生活条件多么艰苦，什么外界干扰，什么无资格参赛，即使在"史无前例"的特殊年代，也无法割断王一生与象棋的关系。他喜欢下棋，甚至把它当成自己的生命，他在不断与人下棋的过程中提高棋艺，最后一次比赛独战十人，以近乎完胜的成绩完成对梦想的追逐。他不问世道，遇到人就拉着下棋，别人都认为他是异类，而他却依然追求着棋道，而且通过最后的成绩证明自己的追求是正确的。

　　这样执着地追求让人产生一种亢奋的情绪，随着王一生最后车轮大战的胜利，心中也不由得为之欢呼雀跃。有精神追求的人是幸福的，他们除去自己的衣食住行，还有让自己继续努力的目标。人活在这个世界上，总是用一种方式证明自己曾经的存在。《当幸福来敲门》里，威尔·史密斯对他儿子说过："如果你清楚自己要什么，那就去做吧！"人最难得的是能够清楚地知道自己想要什么，当局者迷，许多人一生都在努力奋进，却对奋斗的目标茫然无知，只是机械地进行生活地步骤，按部就班，没有仔细考虑自己活着的目的。

　　《圣经》中的基本信条是"寻找，就能寻见"。我们有责任追求想要的东西，如果不去主动出击，梦想永远是空中楼阁，它不会自己变成现实。如果不知道自己想要的是什么，就不知道该去努力追求什么，如果不知道追求什么，就不得不坐在原地叹息，无尽地等待，最后只好捡起生活恩赐的残垣断壁。积极去寻找就可以找得到，是随波逐流，还是找准航向，有非常大的区别。

　　人生的目标不会是唯一，小孩子总是盼望着早点长大，长大后又会有自己想要做的事情，这样的循环往复，生活自然会有滋有味，忙碌而充实。人生的舞台不一定必须要绚烂夺目，它因演绎者的内心而散发出独特的魅力，而这种魅力的来源是不可磨灭的希望和永不停歇的追求。追求的终极目标不一定要设置在人生最高点，它要与现实相对，一点一滴地积累，一步一个脚印地坚定走下去，会逐渐靠近成功的顶峰。追求的脚步永远不会停止，追求的内容永远不会终极，追求永无止境，因奋斗不息而精彩纷呈！

仰望，撑起生命与灵魂

门前有一棵高高耸立的杨树，站在树下仰望顶端，一眼望不到尽头，梦想终有一天会爬上这棵树，从上面看一看四处的风景，体会身在云端的壮阔，尽管上面的风光与自己梦里的可能会有所不同，但是这种实现心中所想的喜悦是难以描述的。儿时的梦想并非高不可攀，只要心怀梦想的力量，努力一步一步向上攀爬，想象中的景致会一览无余，曾经那么遥远的仰望，也终于回归到水平的视线。

仰望梦想，是生活中不可或缺的一部分，失去了梦想的人，像鱼儿离开了河水，鸟儿失去了飞翔的翅膀，花儿失去了滋养的土地。没有梦想的人，他们的心灵是空洞的，眼神是茫然的，身心是无所依傍的。生命里有了梦想，就像是有了前行的方向，即使生命已经千疮百孔，依然可以在有限的空间里释放出无限的光芒。在一些特殊的环境下，可能生命是苍白无力的，毫无乐趣而言，在这种万般无奈的情况下，给自己一个坚强、快乐的理由，也是让梦想为自己找到这些突破口，生命可能会因此有所不同。任何时候，不要轻言放弃、悲观懊恼，给自己一个仰望梦想的机会，让自己重拾已被遗忘的快乐生活。

没有了梦想的仰望，会有一个个飘荡的灵魂在空气中游荡，无依无靠，孤苦伶仃。这样的灵魂不会自主找到心灵的栖息，梦想适时出现，让阳光的温暖照进冰冷的内心，灵魂也会多一丝安慰。梦想的存在对于任何人都是重要的，每个人有时候都会感到自己脆弱无助，希望在痛苦难挨的时候，有那么一样东西可以让自己走出困境。试着给自己一个梦想吧！不管它是否能够真正实现，它至少会缓解暂时的痛苦，这不是自我麻醉，而是一种特殊的排解方式。

海伦·凯勒出生于亚拉巴马州北部一个叫塔斯喀姆比亚的城镇。在她一岁半的时候，因为患了一场重病，失去了视力和听力，非常不幸的是，不久她又丧失了语言表达能力。然而，就在这黑暗而又寂寞的世界里，她没有放弃自己想要好好生活的梦想，她不甘心一辈子就在无声无息中生活，她凭借惊人的毅力学会了读书和说话，并以优异的成绩毕业于美国哈佛大学的拉德克利夫学院，成为一个学识渊博，掌握英、法、德、拉丁、希腊五种文字的著名作家和教育家。获得这些成就后，她希望依靠自己的力量为更多的残疾人努力，这是她以后生活的全部，也是她的梦想。她走遍美国和世界各地，为盲人学校募集资金，把自己的一生献给了盲人福利和教育事业。因为这些无私的爱心与贡献，她赢得了世界各国人民的赞扬，并得到许多国家政府的嘉奖。

追求梦想的过程并不是顺利的，因为她特殊的情况会有许多未知的困难。一个聋盲人要脱离黑暗走向光明，像正常人一样生活，最重要的是要学会认字读书。从学会认字到学会阅读，谈何容易，更要付出超乎常人的毅力。海伦是靠手指来观察老师莎莉文小姐的嘴唇，用触觉来领会她喉咙的颤动、嘴的运动和面部表情，而这往往是不准确的。她为了使自己能够说好一个词或句子，要反复地练习，海伦有追求梦想的愿望，既然已经确立，就不会在一时的失败面前轻易妥协。

从海伦七岁受教育，到最后考入拉德克利夫学院，在这十四年间，她给家人、朋友和同学写了大量的信，这些书信，或者描绘在旅途看到的景致，或者倾诉自己的感情，有的则是复述刚刚听说的一个故事，内容十分丰富而精彩，全然不像出自一个残疾人之手。在大学学习期间，许多教材都没有设置盲文的版本，她要依靠其他同学把书的内容拼写在手上，因此她预习功课的时间非常长，远远超过其他同学所用的时间。当同学们在操场上嬉戏、唱歌的时候，她却在花费时间努力复习功课。

海伦用顽强的毅力克服生理缺陷所造成的精神痛苦，因为那些梦想支撑起她生命的高度。她热爱生活，会骑马、滑雪，还喜欢观看戏剧演出，经常参观博物馆和名胜古迹，因为她可以从中得到许多知识。她二十一岁时，和老师合作发表了她的处女作《我生活的故事》；在以后的六十多年中她共写下了十四部著作。她的事迹在世界各地广为流传，激励着更多的人们。

在那些遭遇不幸的人眼里，梦想的存在会给自己莫大的鼓励，因为可以真实地触摸生活的模样，它不再是印象里的冷酷无情，不会永远带给人们苦难与痛苦，换一种活法，会发现一个崭新的世界。因为这些梦想会给生命一个弧度，张开自由飞翔的翅膀，尽情纵横天地。梦想也会给灵魂一颗跃动的心，重新迸发活力，光芒万丈。

刘伟，一个感动全中国的名字。他生于北京，当一名职业足球运动员是刘伟的青葱梦想，但十岁那年的一次意外触电事故，不仅让他失去了双臂，成了一个残疾人，更剥夺了他在绿茵场奔跑的权利，他只好被迫放弃最初的梦想。耽搁了两年学业，再回到学校也是徒劳，母亲想让刘伟留级，他死活不同意，无奈的母亲只好给他请了一个家教，刘伟利用暑假的时间，不分日夜地拼命学习，最后终于把落下的课程赶上了。经过不懈的努力，开学考试中，他又回到班级前三名。刘伟重新回到了正常的人生轨道，但他仍然对曾经的体育梦想念念不忘，既然足球这条路走不通，他决定改学游泳。12岁那年，他进入北京残疾人游泳队，开始了新一轮的努力学习。因为表现突出，两年后刘伟在全国残疾人游泳锦标赛上夺得两金一银。

刘伟对母亲承诺，自己一定要在2008年残疾人奥运会上夺一枚金牌。谁知厄运再次降临，因为不停地训练，消耗了太多的体能，他身体的免疫力逐渐下降，不幸患上了过敏性紫癜。医生警告他说，必须停止体育训练，否则会出现生命危险。无奈之下，刘伟只好忍痛告别了自己心爱的游泳。体育的梦想终是无法实现了，但是他又有了新的梦想，他要学习音乐，从此他走进了后来带给他成功的音乐世界。

他决定开始从起点出发，练习钢琴，但是练琴的艰辛又超出了常人的想象，由于大脚趾比琴键宽，按下去会有连音，并且脚趾无法像手指那样张开，使得弹琴困难重重。刘伟凭借自己的毅力，硬是琢磨出一套"双脚弹钢琴"的方法。刘伟每天都要练习七八个小时，练得腰酸背疼，双脚抽筋，脚趾都磨出了血泡。三年后，刘伟的钢琴水平达到了专业七级。他终于实现了新的梦想，在《中国达人秀》的舞台上，他演奏了一首《梦中的婚礼》，当时全场寂静，响彻四周的是优美的旋律。曲子演奏结束后，全场掌声雷动，他是当之无愧的生命强者，他坚强的精神感动了全中国，后来刘伟又登上了维也纳金色大厅。当生命的绳索无情地束缚住了双臂后，当别人的目光叹息生命的悲哀时，他依然坚持为自己的梦想插上翅膀，用双脚在琴键上划出飞翔的轨迹。

人的生命里有梦想才会有生活的动力与勇气，刚刚萌生的一个梦想，就如同播撒下一粒种子。它会慢慢地破土而出，发芽，成长，但是在努力向上的过程中，可能会遭遇倾盆大雨，身体会"伤痕累累"；可能会遭遇骄阳似火，晒得浑身乏力；可能会遭遇寒风刺骨，冻得瑟瑟发抖，但是依然阻止不了成长的梦想，若干年后，它最终会成长为一棵参天大树，可以尽情体会梦想花开的喜悦。

梦想的力量不能低估，它可以让困顿的生活重新获得新的希望，仿佛有了指引，沿着前进的方向，走出暂时的困境；可以让暗淡无光的灵魂重新迸发力量，接受新的洗礼，扫去以往的阴霾，让身心自由呼吸。在窒息的环境里，身心的压抑让人透不过气，需要给自己一个快乐的空间，而这个空间的来源是用梦想来构筑。

仰望，把自己置于崭新的高度，那个高度不是遥不可及，丈量两点间的距离，不过是自己前行的脚步。仰望，从高处不胜寒的角度俯视世界，以往所看重的，为之伤心、难过的事实，随一缕清风散去，胸中激荡而开阔，获得的是傲视所有不堪过往的力量。仰望，让自己的生命与灵魂焕然一新，体会新生的感觉，生命被赋予意义，灵魂被添加上韵律。

仰望，这里一片风景独好。

努力之于梦想，助力展翅翱翔

人生要有目标，更要有梦想，目标不是一纸承诺，不是空喊的口号，而是深深印刻在心中的梦，它需要不断地去努力去奋斗去实现，否则就真的只是个梦而已。或许在每个人的内心深处，都埋藏着一个梦想，小孩子会说自己的梦想是当科学家、宇航员等，这些是一个未来职业的具体形式，也可以说是梦想的雏形。这些职业各不相同，甚至有人会说自己长大了要当售货员，因为这样可以免费吃到好吃的零食，这些梦想的内容没有高低贵贱之分，只是产生的社会作用不同而已。只要是自己曾经设想过，曾经憧憬过，就都会有存在的价值。

现实社会的人，没有梦想的支撑，生活会显得浑浑噩噩，无论在从事什么工作，都不会做好。比如，一名普通的清洁工人，她的梦想很简单，是让自己扫的大街更干净，通过自己劳动赚钱，全家可以过上幸福的生活。这样的梦想很现实，也不难实现，只要清洁工人在自己的岗位上努力工作，勤勤恳恳，满怀热情地去迎接每一天的工作，这个梦想就顺利实现了。如果没有梦想，对待任何工作都会是过一天算一天，哪怕这是一份非常悠闲、体面的工作，最后依然是毫无进展，甚至变成一团糟，在懒散中堕落，或者是咒骂自己工作的不顺心，每天上班的心情都非常差。

梦想也不应随便想想，最重要的是不能脱离实际，如果梦想是拯救全人类，征服全世界，这就成了幻想，还可以说是白日梦。就算是穷尽一生的力量，也根本不可能实现，而且如果长期沉浸在这种不切实际的幻想里，不能自拔，等它一旦被告知无法实现，精神可能会因此崩溃。梦想依托现实而存在，在最普通不过的生活、工作中，为自己添加一个梦想，它会激发出体内潜藏的能量，不怕吃苦，不怕挫折与失败，这些可能令你未曾发觉的勇气爆发出来，是所产生的能量不可低估。

苏秦是东周洛阳（今河南省洛阳市）乘轩里人，出生于一个普通农民家庭。苏秦是五兄弟中最小的，故字季子，其兄苏代、苏厉、苏辟、苏鹄，均为一时著名的纵横之士。苏秦的准确生年，今已不可考。他所生长的年代，正值战国中期，各国龙争虎斗，风云际会，许多纵横之士纷纷现世，游说诸侯，以出众的口舌才华，获得功名利禄，成为白衣卿相，权倾朝野，声震天下。苏秦对这些人的境遇非常羡慕，又因为兄长对他耳濡目染的影响，他从小便立下志向，将来一定像纵横之士一样，成为名噪一时的大人物。

为此，他独自前往齐国，投身于一代纵横大师鬼谷先生门下，拜他为师，学习纵横之术。经过不懈努力和勤奋，几年之后，他学成归来，他曾先后游说周、秦、赵等国，然而时运不济，均没被重用，屡次碰壁，只好回家，他对此感到十分羞惭。苏秦回家后，妻子和嫂嫂都看不起他，认为以他的才能还想混取功名简直是白日做梦，经常嘲讽他不务正业，连基本的农商都干不好。苏秦听后，不但没有灰心丧气，反而闭门不出，发愤苦读。他日夜研习《阴符》《揣情》《摩意》等篇，揣摩打动人主的方法。每日读书直到半夜，累得昏昏欲睡之时，他就"弓锥自刺其股，血流至足"（语出自《秦策一》），也就是后人熟知的"锥刺股"的经典故事，他刻苦攻读的精神历代为人们所传诵，锥刺股的苏秦与头悬梁的孙敬，都被编入《三字经》中，成为发愤读书的人学习的榜样。虽然，苏秦刺股攻读的目的是为了求取功名富贵，然而这同样也是他的梦想，而且他那种积极进取、不怕吃苦、努力向上的学习精神，至今仍值得人学习。功夫不负苦心人，努力学习很多年，他的学问长进了不少，揣情摩意的功夫也提高了，苏秦再次踏上了游说列国的征途，最终成为战国时期著名的纵横家。

心中的梦想就是在一次比一次的努力中逐渐实现的，既然已经树立了远大的目标，就不要轻易停止前行的脚步。其间的失败是在所难免的，但是努力奋进是战胜失败情绪的强大力量，没有努力的支持，勇气也会一点点锐减，最后消失殆尽。经不得大风大浪的考验，没有了精神支柱，面对失败，只能是一败涂地，再也没有起身出发的能力。

达尔文的父亲是一位著名的医生，他希望自己的儿子可以继承自己的事业，将来成为一名医生。可是达尔文无心学医，他对医学没有一点兴趣，进入医科大学后，他没有学习相关专业知识，而是成天去收集动植物标本，他梦想成为一位生物学家，并有所建树。父亲对他无可奈何，依照自己的想法，又把他送进神学院，希望他将来成为牧师。然而，达尔文的兴趣根本就不在牧师上，他还是坚持自己的理想，他九岁的时候就对父亲说："我想世界上肯定还有许多未被人们发现的奥秘，我将来要周游世界，进行实地考察，发现那些未知的秘密。"为此，达尔文一直在积极努力，做好各项工作的准备。为了有利于自己观察和收集动植物标本，真正地接触大自然，达尔文抛弃了一份清闲的工作，背上行囊出发了。经过五年的环球旅行，达尔文在动植物和地质等方面进行了大量的观察和采集，在旅途中也经历了各种危险和苦难，但是这些没有阻止住他前进的脚步，依然坚持工作。回国后又做了近二十年的实验，终于在1859年出版了震动当时学术界的《物种起源》一书，书中提出了以自然选择为基础的进化学说，不仅说明了物种是可变的，对生物适应性也作了正确的解说，从而摧毁了神造论、目的论和物种不变论。这一理论，是19世纪自然科学三大发明之一。达尔文终于实现了自己的理想，成为了英国著名博物学家、进化论的奠基人。

在追求梦想的过程中，一定要坚定自己的信念。有人会说："即使做了也不会成功"，有人会警告说："坚持下去注定失败"，还可能会有人劝说你放弃，在面对外界的种种情况时，你要保持清醒的头脑，只要认为自己的选择是正确的，就要努力去拼一拼，不要因为别人的一两句话，就动摇早已根固的想法。人不能活在别人言语的世界里，应为自己而战，即使最后失败也无怨无悔。

法兰克福的工人汉斯·季默一直对音乐非常痴迷，他从小的梦想就是成为一名音乐大师。因为他的家境贫穷，买不起昂贵的钢琴，他就在硬纸板上画出琴键，模拟练习，不分昼夜的练习把纸板都磨坏了；在练习贝多芬的名曲《命运交响曲》的时候，因为次数太多，十指竟然磨出了老茧。终于依靠在工厂的辛勤劳作，他用积攒下的钱买了一台梦寐以求的钢琴，有了钢琴的辅助，他的琴技突飞猛进，成为好莱坞电影音乐的主创人员。

在开始音乐创作以后，他的生活重心就变成了音乐，他为实现自己的梦想努力奋斗着。因为作曲的时候特别投入，他忘记了和女孩的约会，忘记了吃饭喝水；成家后，他一边想旋律，一边做饭，结果把饭都做糊了，惹得妻子非常不高兴。无论是在坐地铁，还是在走路，汉斯·季默随时想到曲子，就会拿出本子记录下来，全然不顾路人惊奇的眼光。有时候甚至被睡梦中想到的旋律惊醒，他也会打开灯把曲子写下来。就是凭借着忘我的精神、不懈的努力和付出，他在第六十七届奥斯卡颁奖礼上，以举世闻名的动画片《狮子王》，荣获最佳音乐奖。他终于获得了成功，实现了最初的梦想。

有时候看到媒体上那些成功人士，我们会非常羡慕，看到他们被荣耀、掌声、鲜花包围，露出发自内心的笑，却忽视了他们成功背后付出的辛酸，还有不为人知的汗水。成功的机会属于每一个人，它愿意垂青的人，是那些肯付出辛勤劳动的人、努力奋斗不放弃的人。

努力与梦想是助力人生腾飞的两个翅膀，缺一不可，心中满怀梦想虽然非常重要，但是只是有梦想而不去坚持不懈地努力，只是一味幻想梦想实现后的喜悦，最终将一无所获，白白浪费了时间与精力。没有明确的目标，只知道努力奋斗，却根本没有分清前进的航向，每一天都在忙碌，却根本不知道在为什么忙碌，盲目而迷茫，也是在让自己的努力付诸东流！虽然这样的行为让人惋惜，坚强的毅力让人敬佩，但结果是一样的，依然是徒劳无功。让梦想与努力并驾齐驱，展翅翱翔，迎接胜利的曙光！

懒惰有时是毒气，有时是动力

古时候，有一个人叫阿贵，人不坏，但是有一个恶习就是懒，做任何事情都是懒洋洋的，喜欢过饭来张口、衣来伸手的生活，他的妻子也拿他没办法，不愿意和他吵架，只好依了他的性格。日复一日，年复一年，这个懒人非但没有改变懒惰的意思，而且变本加厉，比以前更懒了。整日躺在床上，动也不动一下，连手指头都不愿意伸。一天，他的妻子要离家几天，临走之前，妻子怕他懒得做饭，就做了一张巨大的饼，用绳子把饼串好，挂在他脖子上，他连话都懒得说一句，只不过是哼哼几声而已。妻子离家之后，这个阿贵饿了就张开嘴咬一口饼。因为他实在是懒得动弹，就只是吃能张嘴吃到的地方，并没有把没有吃到的饼转到前面来，所以过了两天后，能够吃到的饼吃没了，他就只好躺着等妻子回来，饿得奄奄一息。等妻子回来后发现懒人已经饿死了。

这是人们熟知的懒汉吃饼的故事，虽然有些夸张，因为现实世界中不会有人连活着都觉得累，懒到失去性命。但是故事的道理却很直接，懒惰确实让人难以生存，是应该及时改正的恶习。懒惰是一个不好的习惯，一旦在生活中滋生了懒惰的情绪，会消极萎靡，做任何事情都没有兴趣，精神空虚，感觉生活的世界暗淡无光。长此以往，对一个人的精神腐蚀会是毁灭性的后果。

一些游手好闲的人，不肯勤奋地去劳动，不愿意为了既定目标而努力，他们会给自己找出各式各样的借口：会面对危险；一定会失败；浪费时间，这些听起来是借口，实则是懦弱的表现。无论看起来多么美好的东西，一定要用汗水和努力去浇灌，才会开出娇艳的花朵。不愿意付出，却还是心心念念地享受成功的果实，这实在是一个虚幻的想法。真正的幸福隐藏在努力的背后，精神麻木的懒散人是体会不到真正快乐的，贪图安逸的享受，带来的是无尽的空虚与无聊。

懒惰都曾经暗藏于每个人的天性中，不思进取的人让这种情绪"发扬光大"，在身体中膨胀，慢慢地腐蚀着仅存的斗志，最后彻底失去成功的机会。努力奋进的人会有效地调节这种情绪，让它一直生长在阴暗的角落里，克服这种与生俱来的天性，让勤奋占据上风，最后成为精神力量的全部。在偶尔感到疲惫不堪的时候，可以让懒惰出来遛一遛，给自己的身心一个闲暇的时光，只是要使其存在于可控的范围内，可以随时让这种情绪收回去。生活不是让每个人都像机器一样，不停地工作，永不停歇，懒的情绪也绝对不是必须杜绝的，适时地让它发挥积极的作用，也未尝不是一件趣事。

从前，乌鸦还是非常漂亮的鸟，羽毛丰满，色彩斑斓，甚至比凤凰还要美丽，所有的鸟都认为她是"美丽的公主"，乌鸦也逐渐地开始骄傲了、懒惰了，它不愿意飞来飞去地找食物，而是等喜欢自己的鸟来给自己送吃的。如果遇到不喜欢的鸟，它看着不顺眼，就会用翅膀一下把它扇走。一转眼，秋天过去了，眼看就要到严寒的冬天，鸟儿们都开始忙碌起来，它们要积极贮存过冬的粮食，或者给自己搭建一个温暖的巢穴。只有乌鸦躺在太阳底下享受，一只好心的燕子飞过来说："乌鸦姐姐，马上就要进入冬天了，你还是赶紧准备准备吧！"乌鸦不慌不忙，连头都懒得抬起说："不急，你看这阳光多好啊，冬天还远着呢！"燕子听它还是没有要起来的意思，只好无奈地飞走了。

很快，寒冷的冬天如期而至，所有的鸟儿都藏到自己温暖的窝里，因为有足够的食物过冬，所以高枕无忧地睡觉了。乌鸦在外面晃来晃去，也没有地方待，它冻得浑身瑟瑟发抖，终于找到了一个山洞。它升起了一堆火，因为又累又困，它很快就睡着了。在它睡着的时候，火堆燃烧起来，一下烧到了它的羽毛，很快全身的羽毛都被烧着了，等乌鸦醒过来，对自己的所作所为非常后悔，它后悔没有听燕子的劝告，结果现在落得如此下场。尽管乌鸦还是想把自己的羽毛恢复成以前漂亮的模样，可这是不可能的了，从此，这个乌鸦的子子孙孙都像它一样，全身的羽毛变成了烧焦的黑色。乌鸦因为自己的懒惰，失去了美丽的外表，剩下的只是无尽的悔过和痛苦的记忆。

懒惰让人获得的是暂时的清闲，四体不勤的人可能会取笑那些辛苦劳作的人，以为自己是最聪明的：这些行动上的勤快人还不是落得满身疲惫，到头来又得到些什么？懒惰的人贪图轻松与惬意，永远也体会不到奋斗带来的激情与快乐。树立了人生目标，并为之奋斗一生，生活是充实而满足的，成功后的喜悦更是无与伦比。懒散了一辈子，没有任何人生追求，浑浑噩噩地生活，做一天和尚撞一天钟，人生最终也是会遗憾不已。

事情并不是绝对的，懒惰虽然是让人深恶痛绝的行为，但是换个角度看，如果将懒惰换一种形式呈现，可能会产生不同的效果。懒惰不是懒到什么都不愿意做，懒同样可以成为一种智慧，比如许多发明创作，都是因为发明者想要找到更好的办法来取代现有的方式，就苦思冥想，结果一个个发明促进了整个社会的进步。不愿意一直步行，感觉太累，发明了汽车；感觉手工作坊的劳作太过辛苦，发明了机器替代人的工作，人就可以轻松许多。这些都是在"懒"的促使下生成的，懒不但没有拖延前进的脚步，反而是加快了前进的步伐。加以正确利用，引导懒的行为，让其中包含智慧的哲学发挥出更大的作用。巧妙利用懒惰的人，身上常常闪烁着创造的火花。

犹太人汉弗特就是推崇这种"懒惰"哲学的人，他在渥太华开设了一家豪华宾馆，处事就非常"懒惰"：凡是能吩咐别人可以做的事情，他绝对不会亲自去做。宾馆的业务虽然繁忙，他却像没事人一样，整天到处闲逛，悠闲自在。年终时，他让宾馆分别评选出十名最勤快和最懒惰的员工，汉弗特叫人通知那十位"懒惰"的员工来自己的办公室。这些员工心里非常忐忑不安，心想可能是老板要把自己炒鱿鱼。可是他们万万没有想到的是，一进门，汉弗特就笑着说："恭喜各位被评为本宾馆最优秀的员工。"他们感觉很疑惑，不知道老板葫芦里卖的什么药。看见他们一个个目瞪口呆的表情，汉弗特招呼他们坐下后，慢慢解释说："据我观察，你们懒的突出表现是总是一次把餐具送到餐桌上，习惯一次把客人的房间收拾干净，每次都是一次把手头工作完成，讨厌多走半步路，讨厌做第二次。因而在旁人眼里你们是整日闲待着，无所事事，但依我看来，最优秀的员工无一例外地都是懒人，因为他们懒得连一个多余的动作都懒得去做，而勤快员工的勤，大多表现为每日忙忙碌碌，不在乎把力气花在任何多余的工作上，做一件事，不在乎多往返几次，花费更多的时间，这样永远不会提高效率。"

那些成功人士在内心都有一个坚定明确的目标，并努力去实现它。从心理学角度来说，一个人之所以懒惰是因为缺乏奋斗的目标，当一个曾经懒散的人，如果下决心改变自己，订一个长远的目标，然后逐个分解成自己有能力实现的小目标，各个击破，这个人就会改掉懒惰的毛病。当懒惰的情绪产生时，一想到自己还有要完成的事情，就会去继续奋斗，长此以往，懒惰的习惯就会被逐渐克服。在勤奋与懒惰的不断对抗下，懒惰也会有消失殆尽、彻底被隐藏起来的那一日。

当一个人的心中有了梦想，生活有了奋斗的理由，整日都会有忙不完的事情，又怎么会有闲暇的时间去享受懒惰的侵蚀呢？懒惰的人会一事无成、两手空空，他们一心幻想不劳而获，认为不努力也会有收获，这种错误的想法在心中形成，就不会轻易地脱离。对于时刻可能会出现的懒惰情绪，每个人都该保持警惕的态度，生活正是因为不停地前行，才能去欣赏更多不一样的风景。

懒惰的情绪在生活中可能会随时出现，它自由游走在空气里，保持随时入侵的状态。怀揣梦想的人，前方永远有一个目标，等待着去完成，勤奋与努力的生活具备了抵御懒惰的能力，更是无所畏惧，这一丝如毒气般的懒惰，永远入侵不到坚定的内心深处。

梦想照进现实，寻求诗意栖息

曾经在脑海中有一个清晰的场景，那是梦里出现过的地方，坚信通过自己的不懈努力，完全可以企及那高度。梦里突然出现一道光束，那个幻境之地突然支离破碎，心会恍然被惊醒，原来已经触手可及的东西，就在一瞬间灰飞烟灭。光芒总是照进最黑暗的地方，那里是梦的起点，也成为了被埋葬的深渊。满怀热情地去迎接梦想实现的那一刻，却在蓦然间了无痕迹，任何人都会心生痛苦，因为可以清晰地听见心碎的声音，那刺骨的疼痛，在心灵深处刻下难以忘记的印记。

世相迷离，在纷纷扰扰中容易迷失，而凡尘缭绕的袅袅烟火又总是会把人呛得呼吸困难。眼前千帆过尽，回首往事，可能最初的梦想已经渐行渐远，岁月留下的，是让人感到满目疮痍的悲凉。当梦想照进现实，可能会感觉到无奈与凄凉，但是换个思考的角度，将梦想安置于心灵的空地，让四处游荡的心有一个诗境的家园。即使身处绝望的沙漠，依然会生长出一片郁郁葱葱的绿洲。

现实与理想之间不可调和的矛盾，在生活中会经常发生，一种态度是完全不妥协，与现实做顽强的抗争，这种勇往直前的气概固然值得褒奖，但是大多数是以失败告终，精神被现实逼迫到崩溃。但也会有少数会获得胜利，但是满身伤疤，身心俱疲，没有好好地享受我们美好的生活。一种态度是转换生活的姿态，以一种自己适应的方式面对挑战，不是惊恐地四处逃避，而是以智慧的哲学处理，有时候选择给心境腾出自由呼吸的空间，以诗意的生存观面对现实种种，未尝不是一件乐事。

阮籍是三国魏文学家、思想家，"竹林七贤"之一。他四岁丧父，家境非常贫寒，但是他勤学苦读，小小年纪就才华出众，八岁就能写文章，终日弹琴长啸。他酷爱研究儒家的诗书，同时也表现出不贪图荣华富贵的品质，以道德高尚、乐天安贫的古代贤者为效法榜样。他有济世的志向，曾经登临广武城，观楚汉古战场时感叹道："时无英雄，使竖子成名！"当时所处局势不稳，曹爽、司马懿夹辅曹芳，二人明争暗斗，政局十分险恶。曹爽曾经召阮籍为参军，阮籍深知其中的厉害，所以托词患病辞官。司马一族尽情杀戮，剪除朝廷中的异己，阮籍本来在政治上倾向于曹魏皇室，所以对司马集团的行为感到非常不满，自己一腔热血是空有抱负但无处施展。

因为身处乱世，又无法完全脱离开政治斗争，阮籍采取不涉足是非对错、明哲保身的态度，即使自己的才华无处施展，自己仍然可以找一处宁静之地，换一种生活方式，让心中情怀寄情于山水之间。他或者是闭门读书，或者登山临水，或者酣醉不醒，或者缄口不言。钟会是司马氏的心腹，曾经多次来试探阮籍对世事的态度，他都以酣醉的方式逃过。正始之后，阮籍与嵇康、山涛等人共为"竹林之游"，也就是历史上著名的"竹林七贤"。在山水之间写下大量名篇，流传千古，因为推崇儒家思想，志在济世，后来魏晋时代政治动乱，由于对现实的失望，感叹生命的无常，阮籍转向以隐世为旨趣的道家思想上。

阮籍最初的志向是远大的，他心系百姓，想在这世上有一番作为，无奈现实残酷，理想的实现已经走上了一条相反的道路。在理想逐渐远离自己的时候，他选择了另一种方式抒发自己内心的情怀，被迫无奈的情况下，确定给自己一条新的出路。现实是残酷的，它不会永远像想象中那样美好，那样一帆风顺，在残酷的事实面前，哭天抢地变得毫无意义，与其坐在那里伤心痛苦，倒不如给自己的心情换一个思维，让痛苦得以排解，换自己一个舒适的生活空间，在这里尽情释怀，随意放浪形骸。

陶渊明出身于一个没落仕宦家庭，是我国著名的田园诗人，他年幼时，遭遇家庭变故，家境衰微，九岁时丧父，与母亲、妹妹孤苦伶仃地生活。他的外祖父家中藏书颇多，给他提供了阅读古籍和了解历史的机会，他接触到各个方面的知识，时代的思潮和家庭环境的影响，使他对儒家和道家的思想特别感兴趣。陶渊明少年时期就有"猛志逸四海"的志向，孝武帝太元十八年，他心怀"大济苍生"的愿望，担任江州祭酒。但因为当时门阀制度森严，他出身低微，到处遭到人们的排挤和轻视，于是辞职回家。

安帝隆安四年，他来到荆州，投入桓玄门下做属吏，这时候桓玄伺机篡夺东晋的政权，陶渊明不愿意与他同流合污，成为这个大野心家的帮手，后来再一次借故辞官。不久，桓玄果然举兵与朝廷对抗，攻下建康，夺得东晋的军政大权，接着又篡夺了皇帝的位置，改国号为楚，把安帝囚禁于浔阳。陶渊明在家乡躬耕，闭门谢客，沉浸在诗书的世界里。后来，刘裕带领军队讨伐叛军，大获全胜，陶渊明曾一度认为这个人还是有才华的，而且能改革时弊，让国家获得重生，故对他满怀希望。但是入幕不久，看到刘裕为了妓女，杀害了自己的功臣，这样黑暗的事实，让陶渊明彻底感到失望，他知道身处这样的政局，自己的志向是无法实现的。十三年的仕途生活，是他为实现"大济苍生"的理想抱负而不断进行尝试，不断失败，不断失望，最终绝望的十三年。他愤然写下《归去来兮辞》，表明自己与上层统治阶级的彻底决裂，他不愿意与世俗同流合污，归隐山林。

归隐乡间，他写下了许多脍炙人口的名篇，一直过着贫苦的田园生活，但是依然固穷守节，老而益坚。陶渊明少年时代就深受传统儒家思想的影响，怀有兼济天下、大济苍生的壮志。但是由于门第观念的存在，庶族寒门出身的人不可能突破高官权位的垄断，在这样的情况下，陶渊明的理想是难以化为现实的，他梦幻中的理想注定破灭。到他三十九岁的时候，多年来的经历让他的思想发生本质的变化，他开始转向躬耕自给自足，追求心灵的宁静与淡泊。在现实与理想抱负的反差面前，他把自己的心安置于一处安逸之所，让身心都得到解脱，人生意义也因此变得不同而耀眼。

公元712年，杜甫降生于河南巩县，在年幼时其母亲去世，之后其寄住在洛阳姑姑家。因为少年时候家庭条件优越，因此过着富足安定的生活，自幼好学，七岁就能作诗。后来多次参加科举考试，全部落选，为了实现自己的政治理想，他不得不通过一些权贵的途径，但还是没有结果。他客居长安十年，郁郁不得志，仕途失意，过着贫困的生活；后来终于得到一个河西尉这种小官，但杜甫不愿意接受这个职务，朝廷给他改为参军。安史之乱爆发，社会动荡，政局不稳，他时刻关注着时局的发展，还为此写下两篇文章。尽管个人也遭遇了不幸，但杜甫无时无刻不忧国忧民。

他的心情十分苦闷与烦恼，看到世间的各种疾苦，他十分同情这些劳苦人民的遭遇，写下大量诗篇，以排忧遣闷。经过不断的颠沛流离，他来到成都，建了"杜甫草堂"；后又被迫离开成都，到了今天的奉节，在那里租了一些田地，买了四十多亩的果园，亲自参加劳作。治理田地的同时，自己郁闷的心情也得到了释放。这一时期，他的创作达到了高潮，不到两年，作诗四百三十多首，大量名作流传至今，广为传颂。其中最著名的诗句有："安得广厦千万间，大庇天下寒士俱欢颜！"

杜甫生活在唐朝由盛到衰的历史时期，他诗作的内容反映当时社会矛盾和人民疾苦，表现了强烈的忧患意识和仁爱精神。他的志向一直是忧国忧民，以挽救人民疾苦为己任，但无奈社会黑暗，让自己心中的志向无法实现。他在山水田园间，体会着人间的疾苦，把这些思想转化为诗词，把当时的生活状况真实地再现。

"人，诗意的栖居。"这句话出自19世纪的德国诗人荷尔德林，社会快速发展的今天，物欲横流，人们更愿意去追逐物质的满足，精神层面反而日益失落。在追逐梦想的道路上，或欣喜万分，或落寞悲哀，个中滋味细细品味，无人言说。桂影斑驳，风影移动，诗意的栖息，不管是梦想实现后满怀喜悦，还是梦想遭遇现实后不堪重负而满身疲惫，只要愿意，同样可以让自己的身心回归平静，寻找与构建精神的家园。

勿忘心安：责任改变生命的色彩

　　责任，重于泰山，它像是一块人生的基石，承载着更重要的担当。一个人总是要学会成长，或许在小的时候，我们依偎在父母的身边，并没有体会到责任的重要性，但是随着"时间都去哪了？"在逐渐的年龄增长中，人生阅历增加，身心也在成熟，责任也成为生长在内心的一种力量。勇于担起一分责任，为自己，也是为了身边所有珍惜的人，不管这分责任重大与否，当有了这种承担的心智，就已经是最大的改变。学会承担，也是社会责任感的一部分，整个社会像是一个大家庭，身在其中的人们，就是相亲相爱的一家人，关爱彼此，相互承担，是一个社会最大的进步。承担责任的过程注定不是轻而易举的，可能需要为之付出不懈的努力，试着学会坚强，用自己的智慧与力量，将责任之花浇灌，让它芬芳四溢。

责任，饱含成长的滋味

"上帝，什么叫责任？"有一天，威廉跑去询问上帝。上帝笑了笑说："这个很容易理解，你去人间走一趟吧！"于是威廉就开始了自己的人间之旅。他来到一座漂亮的公园里，一位园丁正在辛勤地给植物剪枝，威廉走上前去问园丁为什么给植物修剪枝叶，园丁一边工作一边说："这是我的工作，我的责任就是让它们长得更好。"威廉明白了，原来让植物生长得好就是责任。接着，威廉又来到一间优雅的咖啡厅，一位服务员正在给顾客们端咖啡，威廉问他为什么不让这些顾客自己来取，还要自己主动端上去。服务员轻声地说："因为那是我的责任。"威廉明白了，原来为顾客端上一杯咖啡就是责任。

最后，威廉又来到一家医院，一名护士正在照料一位染上传染病的病人。威廉去问护士难道她不怕被传染，护士微笑着说："我当然怕，但是病人身体不舒服，缓解他们的病痛是我的责任，所以就没有什么害怕的。"威廉明白了原来照顾病人就是责任。威廉结束了他的人间旅行，回到天界。上帝问他："威廉，你知道什么是责任了吗？"威廉果断地说："是的，上帝，我明白了，责任就是让植物生长得更好，就是热心地给顾客送上一杯咖啡，就是耐心地照顾病人。"上帝听后，笑着说："孩子，你看到的，只是责任的一部分，责任在我们生活中的每一处，无时无刻地存在。其实，做好自己应该做的事，这就是你的责任。孩子，你明白了吗？"

每个人身上都肩负着不同的责任，从诞生于这个世界的那刻起，爱护花草树木是对大自然的责任，竭尽所能地孝敬父母是责任，即使是帮助一个素不相识的陌生人也是责任，责任一直在身边，每一天也在承担着责任，时间久了，责任成了一种习惯，一个习以为常的生活态度。社会中的人，自然界的万物，没有可以孤立存在的，总是在索取着或多或少的、不易觉察的东西，因为接受，所以感恩，感恩也是负责任。

承担责任的过程，是身上肩负起一种力量，责任不分轻重，却是心里的一个坚实信仰与承诺。承诺重千金，不是随口说说而已，给出一个承诺，心中就是多了一份责任，就有必须为之付出的努力，这才是无愧于自己的内心。承担责任的过程不会是一路欣喜若狂、满是成就感的喜悦，它会遭遇各种突发的情况，各种困难与麻烦，会让人心灰意冷，心生悲凉与寂寞，但是无论如何，选择了承担这条道路，就算是困难重重，会遇到许多不理解和嘲讽，也要坚持走到底，完成这份沉甸甸的坚守。

当我们还是无忧无虑的小孩子时，天真烂漫，眼前所看到的，心中所想的，都是这个世界的美好，心怀无限的梦想，快乐地生活在每一天。但是随着年龄的增长，一天天地长大，心智在成熟，接触的人和事也逐渐多了起来，会发现那种快乐无邪的日子已经渐行渐远。你会担心考试成绩的好坏，父母身体的健康状况，与同学、朋友的关系，思考的内容越来越多，心态也在发生变化，对这个社会的思考，也是责任，也意味着成长。不必叹息孩提时代的远去，因为成长同样是美好的，它会让人懂得什么是责任，如何去承担责任，而不是去逃避责任。

列宁小时候，有一天和爸爸、姐姐到姑姑家做客，姑姑家里有很多孩子，列宁和这些表哥、表姐在一起玩，大家玩得很开心。这天，他们在姑姑的房间玩捉人的游戏，互相之间追逐，跑来跑去，非常热闹。列宁跑得最快，忽然听到一声清脆的响声，原来是列宁不小心碰到了桌子，桌子上的花瓶掉在地上打碎了。这是一个非常漂亮的花瓶，瓶身上印着玫瑰花瓣。孩子们听到响声，都惊呆了，因为这是姑姑最喜欢的一个花瓶。姑姑听到响声，也急忙跑进来，看看究竟发生了什么事情。她看见花瓶打碎了，就问大家有没有人看到是谁打碎的，表哥、表姐们都说不是自己，列宁也小声地跟着说不是他打碎的，因为他怕姑姑责骂他。

姑姑说："你们谁也没有打碎花瓶，那一定是它自己想从桌子上下来的，可是忘记了自己是玻璃做的，所以摔到地上就碎了。"大家听姑姑这么说，都感觉很有趣，就笑了起来。只有一个孩子没有笑，就是列宁，他不声不响地跑到另外的房间里，呆呆地坐在椅子上，因为他在众目睽睽之下说了谎。晚上他和妈妈回到家里，他没有吃饭而是躺在床上一声不吭，想着，想着，他就哭了起来。妈妈感到很疑惑，就问他为什么哭。列宁把自己说谎的事情和妈妈说了，妈妈说："不要紧，你明天给姑姑写一封信，告诉她事情的经过，承认自己的错误，她一定会原谅你的。"列宁听了才安心睡觉。

过了几天，邮递员给列宁送来一封信，果然是姑姑的来信！列宁连忙把信拆开来看。姑姑的信上写着："你做错了事，敢于勇敢承认自己的错误，就是个好孩子。"列宁非常高兴，连忙把信给爸爸、妈妈看，他们都称赞列宁是个诚实的好孩子。列宁知道自己做错了事情，不应该说谎骗别人，而是勇于承担错误，面对错误，所以内心没有了被谎话折磨的痛苦，让自己的生活归于平静与快乐。孩子在成长的过程中，可能会遇到一些突发的事情，胆小的孩子也会感到恐惧，不知如何面对，其实面对的方式很简单，就是勇敢去承担，无论这件事情是否给自己的生活带来麻烦，都去真诚地面对。学会承担错误，正视错误，而不是立即想到选择逃避，或者用自以为正确的方式去处理，这是成长的开始。

有这样一个男孩，他很小的时候，家庭条件还是相当不错的，父母都有工作，但是突然有一天，这种幸福的生活被打破了。母亲被查出患上了尿毒症，巨额的医疗费用几乎花光了家里的全部积蓄，父亲不堪家庭重负，离家出走，扔下了可怜的母子二人。爸爸走了，这个孩子还鼓励母亲："爸爸走了，还有我呢！"他叫刘霆，在他十九岁的时候，他就曾经说过："母亲含辛茹苦把我养大，我自然要力所能及地回报她，这并不需要任何理由。"后来，这个懂事的孩子以优异的成绩考上了大学。为了能继续照顾母亲，还能完成自己的学业，他决定背着母亲一起上大学。他和母亲住在一个简陋的出租屋里，家里的生活非常贫穷，但是他们很坚强也很乐观地面对生活，最终刘霆用自己瘦弱的肩膀为母亲撑起一片天空。

刘霆在学校上完课后就会立即赶回出租的房子，整理家务，洗衣服，做好这一切后，再回到学校食堂打工，在这里的工作可以解决母子二人的生活费用。因为母亲病情的恶化，她的劳动能力尽失，而且生活也不能自理，他要给母亲喂饭、敷药、打针。安顿好家里的生活，伺候母亲吃完饭，他还要急忙赶回学校，利用晚自习的时间复习一天的功课。刘霆晚上和母亲住在一张床上，要是妈妈感觉到不舒服，轻轻哼了一声，他也会立即起来照顾妈妈。

现在，刘霆不仅每天要正常上学，还要勤工俭学，赚取母子二人的生活费，还要照顾生病的妈妈，但是他还是坚强地承担下这一切，他在大学期间的学习成绩依然保持优秀。他想等毕业之后，就把自己的肾捐给母亲。他说自己所做的一切不过是对母亲应尽的责任。这个孩子在面对种种生活苦难的时候，依然保持着乐观的状态，他知道自己的力量是微弱的，但是对于生养自己的母亲，这份责任是无法割舍的，他选择承担，承担生活的所有重负。生活中可能会随时出现一些情况，它需要有一颗强大的心去面对，勇于去负担起生活的各种磨难，成长的过程不可避免地会遇到这些问题，学会承担这份责任，成长在其中孕育，会逐渐萌芽。

成长的滋味是丰富多彩的，酸甜苦辣自在其中，体会到成长的辛酸与甜蜜，感悟到成长的痛苦与快乐，这才是一个完整的过程。不去惧怕痛苦的过往，一棵小树苗在经历了无数的风吹雨打之后，才成长为高耸入云的参天大树。在成长中进步，像是迈上一个个阶梯，一步一步努力向前。在努力成长的过程中，责任也包含在内，学会承担责任，勇于承担责任，不去逃避责任，让身心接受成长的洗礼，终有一日，即使是曾经娇弱的花朵，也同样会绽放出最坚强而灿烂的微笑。

铁肩担义，为他人编织梦想的花环

梦想花开，需要追梦的人为之付出努力，梦想的实现过程注定充满荆棘与不平，在看见他人深陷困境、苦苦挣扎之时，我们应伸出援助之手，救人于危难之中，帮助他实现心中的梦想。这是一份深深的责任感，在这个时候，梦想不再只属于一个人，它依靠着众人的力量，定会冲破艰难险阻，像花朵一样盛开，无限芬芳。

勇于承担自己的错误，是负责任的表现，孝敬自己的父母，是一种负责任的行为，做好自己的本职工作，也是在负责任。生活中，会承担许多大大小小的责任，责任不仅是和自己相关的人与事，社会本身就是一个整体，每个人之间都会有着千丝万缕的联系，这种联系不是在依靠何种关系维持，而是对内心的一种呼唤。这种呼唤是充满震撼力的，它让自己燃起对希望追逐的力量，这种希望为那些素不相识的人带来新的生活。

"感动中国"人物徐本禹出生于山东聊城的一个贫穷的农村家庭，全家的收入少得可怜，但是凭借自己的努力，他终于考上大学，成为华中农业大学的一名学生。徐本禹家境贫寒，考入大学后，在学习和生活上遇到很多困难，他被列入特困生，并得到学校的资助、老师同学的关爱和社会的帮助。这转化成他强大的精神动力，激励他自强不息、立志成才，将来一定要做一个对国家、对社会、对他人有用的人。他刻苦学习，成绩保持优秀，曾多次获得国家奖学金和学校"特困生自强奖学金"。他满怀高度的热情，积极投身社会实践，被评为湖北省大学生社会实践先进个人。他非常有爱心，在大学期间节衣缩食，用自己勤工助学的微薄收入和刻苦学习所得到的奖学金，先后资助多名经济困难的同学，并积极为社会公益事业捐款。他一直在资助湖北沙市一名叫许星星的孤儿，一直坚持、从未间断。他在自述中写道："我唯一能做的就是把爱心传递下去，用自己的行动来帮助那些生活上需要帮助的人。"

有一次，徐本禹参加学校组织的暑期社会实践，到贵州省大方县猫场镇狗吊岩村设在山洞里的为民小学支教一个月。这次社会实践使他更加深刻地认识了当地贫困的状况，激发了他强烈的社会责任感，他决心以实际行动为改变当地的现状贡献出自己的力量。他要返校时，孩子们依依不舍，他向孩子们承诺一年后再回去给他们上课。

后来，徐本禹以高分考取了硕士研究生。然而徐本禹却作出了让所有人大吃一惊的决定：放弃攻读研究生的机会，去贵州省大方县大水乡大石村支教。徐本禹重返山区后的生活和工作条件十分艰苦，当时团中央西部志愿者计划尚未实施，为了保证他的基本生活，学校团委和他所在的经济贸易管理学院为他提供了生活补助。徐本禹深受感动和激励，他决定每月从微薄的生活补助中节省出一半的钱，用来资助当地孩子上学。他的感人事迹经媒体报道后，社会各界纷纷伸出援手，使当地教育条件迅速得到改善，小学迁出山洞，搬进了新校舍，学生人数也开始逐年增加。接着他又从办学条件已经大为改善的狗吊岩村转到条件更加艰苦的大水苗族彝族布依族乡大石村继续义务支教，继续自己艰苦而又充实的生活。

徐本禹本是这个社会中一位极其普通的大学生，因为自己曾经得到过社会各界的帮助，也因为深深地体会到一些贫困地区生活的艰难，他毅然地承担起这份责任，把自己的青春献给了大山深处的孩子。这些孩子因此可以继续自己的求学梦想，在徐本禹的无私奉献下，这些贫困地区的教学环境也得到了改善。生活中这样的人非常多，除去我们在媒体上看到的一些人，其实身边也有这样一些一直默默无闻地奉献着自己微薄力量的人。尽自己的力量去帮助别人，不一定是必须捐钱捐物，其实还有很多其他的形式，同样可以产生非常大的影响，我们自认为的点滴爱心，却有可能改变一个人的命运。

一位可敬的老人白方礼生于1913年，祖辈贫寒，很小就给人打短工。他从小没有读过书，后来因为日子实在过不下去逃到了天津，流浪几年后当上了三轮车夫。靠起早贪黑蹬三轮车糊口，经常挨打受骂，被人欺负，再加上各种苛捐杂税，所以终日吃不饱。新中国成立后，白方礼靠自己的勤劳成了为人民服务的劳动模范，他生养了四个孩子，其中三个考上大学。同时，他还供养着二十岁就守寡的姐姐，并供侄子上了大学。一个不识字的老人，用三轮车碾出的汗水钱，把子女培养成大学生。老人的儿子曾经回忆说，父亲虽然没文化，但就喜欢知识，特别喜欢有知识的人，从小就教导他们好好学习，谁要学习不好，他就不高兴。

老人后来进入天津市河北运输厂工作，退休后，曾在一家油漆厂补差。后来老人开始从事个体三轮客运。每日里早出晚归，风里来雨里去，攒下了一些钱。1987年，已经七十四岁的他决定做一件大事，那就是把自己蹬三轮的收入捐出去，帮助一些贫困的孩子实现上学的梦想。这一蹬就是十多年，从未停止，直到他九十二岁逝世。为了让贫困的孩子们能安心上学，白方礼老人依靠自己的辛苦劳动，在十多年的时间里先后捐款三十五万元，资助了三百多个大学生的学费与生活费。他为学生们送去的每一分钱，都是用自己的双腿一脚高一脚低那么踩出来的，是他每天不知疲倦，咬牙坚持，用淌下的一滴滴汗水积攒出来的，实在是来之不易。其实像他这样的古稀老人本应该在家安享晚年，接受别人的关心和照顾，无须再为别人做什么。可他没有这样做，不仅没有，还以自己仅有的能力，去为别人点燃耀眼的一截残烛，而且燃烧得如此明亮，如此辉煌！

　　白方礼老人于2005年早晨安详地离开了人世，离开了停在他家楼下那辆老旧的三轮车，离开了那些他曾资助过的学生们，离开了尊敬他的人们。二十年时光荏苒，白方礼老人的事迹激励人们，感动了全中国。网友在纪念白方礼老人的专题网页上如此评论："一个馒头，一碗白水，他曾如此简单生活；三百学子，三十五万捐款，他就这样感动中国。"但在有些人看来，白方礼可能太傻了。在当今社会，一个有稳定退休金的老人，不在家安度晚年，还要去帮助那些家庭贫穷的学生，而自己要过捡别人鞋子穿的艰苦生活，把自己靠蹬三轮辛苦挣来的钱全部捐出去，这真的是让人难以理解。白方礼从来不在乎别人怎么看、怎么想，他就是要照自己喜欢的方式生活，一如既往地尽自己的能力去帮助别人。

　　或许正是他极端清贫朴素的生活，与捐出的三十五万元善款形成了巨大的反差，才使人们已经麻木的神经受到温暖的触动。或许正是他老迈的九旬之躯，与三百学子灿烂的笑脸形成了鲜明的对比，才使人们漠然的心湖荡起了波澜。当这个社会在逐渐被冷漠与隔阂弥漫的时候，这位老人用自己的实际行动给人们上了生动的一课，这位瘦弱的老人为那些渴望读书的孩子们撑起了一片天空，让那些学子们实现了自己的求学之梦。在帮助别人实现梦想的同时，自己也是快乐无比的。帮助别人不是一件困难的事情，自己的一个简单行为，就可能改变了很多人的生活，让这些人的生活一点点地发生改变，你可能永远无法想象这种力量的强大，这种帮助别人实现梦想的幸福。

　　历史上的英雄、有识之士，在国家危难和关系民族存亡之时，会义无反顾地挺身而出，承担起国家的责任，不惜牺牲自己，去成全民族大义，舍身为国。现代社会中，没有了这些阶级、民族矛盾，也没有了关乎生死攸关，我们的生活是一如既往地平淡。普通的生活难得可贵，但是生活不仅仅是在自己的圈子里关起门窗过日子，我们身上还有着与生俱来的责任感，还有那份仁爱之心。人不是自出生就是带着仇恨与冷漠来到这个世界，"人之初，性本善"，每个人的心中都是满怀热情，每一个善良的孩子都是笑着降临，在这种真挚的感情中，责任是永远不会消失的。

　　即使是被冷漠遮蔽，责任不会永远隐匿在黑暗中，当整个社会氛围都被浓浓的社会责任感所包围，那些所有负面的情绪将会一扫而光，还这个世界一片美好。试着学会承担责任，学会爱别人，在互助互爱中享受爱的暖意，闭眼冥思，感天高云淡、清风拂面。

勿以恶小而为之，勿以善小而不为

三国时期的刘备曰："莫以恶小而为之，勿以善小而不为。"这句话讲的是做人的道理，只要是恶的事情，即使是小恶也不能做，只要是善事，即使是很小的事情也要做。任何事情，无论好坏，都是在一点一滴中积累的，在不为人注意的瞬间发生的。作恶事，以破坏别人的利益成全自己，自私自利，会遭到人们的唾弃与不齿；做善事，行善积德，尽自己最大的努力去帮助别人，乐于奉献，会得到人们的赞扬与敬意。

社会中的有些人成了无恶不作的强盗，不依靠自己的劳动去生活，而是想一劳永逸，这样的人或许因为儿时的一丝贪念，拿走邻居家一件并不贵重的物品，在这种小偷小摸中体会到了不劳而获的快感，殊不知这就是罪恶的开始，在一次次的偷窃行为中原谅自己，甚至从最开始的紧张逐渐变成了生活习惯。当把偷窃行为当成习惯的时候，罪恶之门已经完全打开，在其中越陷越深，最终走上犯罪的道路，也终会得到法律的制裁。正是这样的"恶小"累积导致了一个个家庭悲剧的发生。

相反，很多的"善小"却能使他人受益，自己也会乐在其中。从身边小事做起，一件善事，一件善意的小事，也许对大多数人而言，只是一个不经意，一个微不足道，可能在其他人身上已经发生了翻天覆地的变化。一个鼓励，不管是金钱上的支持，或者只是一句善意的话语，可能会使一个对学业失去信心的孩子重新成为奋发向上的好学生；也许只是一句温暖的微笑，会让一个对世界失望的人重新感知这个世界的美好，燃起对生活的希望；也许只是一个习惯性的弯腰动作，捡起地上的垃圾，会让生活环境得到改善，让整个社会形成一种环保的氛围。这样的事情太多，生活的每一天都在发生，在不易觉察中实现着它独特的价值。

"微尘"，是一个人的名字，也是许许多多人的名字。

2004年的最后一天，天寒地冻。

在寒冷的冬日，一对中年夫妇急匆匆走进青岛市红十字会，拿出五万元现金，他们说想要向印度洋海啸灾区捐款。当为他们开具捐款收据，问他们的名字时，他们很平静地说："我们只想做些该做的事，如果非要留下什么名字的话，就写上'微尘'好了。"

这个热心公益事业的举动引起了青岛新闻媒体和市民的广泛关注，在人们的好奇寻找中，这两位多次捐款、且数额较大的好心人却一直不愿公开露面。但是，越来越多的"微尘"出现了：在一个个募捐站上，你会频频听到"我叫微尘"的自豪回答；在一本本募捐册上，你会频频看到署名"微尘"的一笔又一笔捐款。有一个身患先天性心脏病的男孩，他叫吕晓彬，十五年前他突然昏死过去，经医院诊断，他患的是严重的先天性心脏病。因为没钱治病，晓彬一直忍受着病魔的无情折磨。十七岁本是一个憧憬美好未来的花样年华。可是，面对数万元的医疗费，看着含辛茹苦把自己拉扯大，此时再也拿不出钱的父母，懂事的晓彬竟然选择了放弃生命。这件事通过当地媒体传开后，一笔又一笔爱心捐款从城市的四面八方汇聚到了晓彬的病床前。让晓彬和父母感到奇怪的是，好多捐款署着同一个名字："微尘"。谁是"微尘"？晓彬和爸爸妈妈急切地寻觅，更多的人也开始了寻找"微尘"的行动，有关方面公布热线电话，欢迎市民提供有关"微尘"的线索。一时间，寻找"微尘"成为岛城新闻论坛里最火的帖子。

晓彬在病床上开心地笑了，在"微尘"这个爱心群体的帮助下，他那颗原本孱弱的心脏终于强劲地跳动起来，一个年轻的生命获得新生。有人说："我们的社会需要这样有公益心的人，需要这样的爱心。"许多人希望，今后不愿留名的捐献者都可借用"微尘"，让这两个字成为岛城公益事业的一个符号。青岛市红十字会推出了微尘系列纪念品，一枚"微尘"徽章定价十元。很多人来购买这个徽章，拿出自己的零花钱、工资，许多单位纷纷购买"微尘"纪念品作为开业庆典的礼品、文体活动的奖品……千枚徽章最终卖了二十万元，救助了二十名先天性心脏病患儿。在日常的生活中，青岛市民积极参加献血活动，还有许多人签署了捐献角膜、捐献器官、捐献遗体、捐献遗产的协议，

"微尘"由一个个善良的心积累在一起，最终凝聚成了一股强大的力量。

生活需要什么？或许是物质，或许是精神，总之很多很多。但不可或缺的，是一颗善良之心。善心不是轰轰烈烈地在那里激情讲演，不是拿出万贯家财，它其实很简单。记得有这样一则小故事：一场暴风雨过后，成千上万条鱼被卷到一个海滩上，一个小男孩每捡到一条便送到大海里，他不厌其烦地捡着。一位恰好路过的老人对他说："你一天也捡不了几条。"小男孩一边捡着一边说道："起码我捡到的鱼，它们得到了生命。"一时间，老人为之语塞。男孩的心中想到的是让这些岸上的鱼获得生命，尽管这些力量微薄，但是善良却能挽救小鱼的性命。

新疆的一位阿里木老人，走南闯北，靠卖羊肉串为生，尽管生活并不富裕，但是他还是把靠卖羊肉串攒下的十多万元，全部捐赠资助了上百名各民族贫困学生。多年以来，阿里木曾牵着马沿着陡峭的斜坡，给山坳里的孩子送去新书包和文具，曾只身前往玉树地震灾区救灾，在毕节学院、贵州大学他设立了这些学校金额最小而分量最重的助学金——"阿里木助学金"。一件十五元的粗线毛衣，这个新疆汉子一穿就是四年多，穿坏了也舍不得买新的；一个馕加一杯水，常常就是他的一顿饭。他曾经说过："很多有钱人把自己的生活弄得太复杂，我不喜欢。生活嘛，吃饱就可以了。"他的事迹感动了很多人，他被人们亲切地称为：烤羊肉串的"慈善家"。

有一次，阿里木从中央电视台《共同关注》栏目的报道中，得知当时就读于中央民族大学的彝族大学生李英，因家庭贫困，支付不起学费，就利用假期到煤矿当矿工挣钱读书。阿里木被这个故事打动了，他四处打听李英的消息，他说："这个孩子家里那么穷还拼命读书，有志气，我很佩服他。"费了一番周折之后，阿里木终于找到了李英，一见面，阿里木就拉着李英去银行开了一个账户，把存折交给李英。他还告诉李英："以后我就通过这个账号每个月汇一百元给你，你一定要好好读书，将来帮助更多的人。"这样的善事阿里木做过多少，他自己也数不清，只要听说谁遇到困难，他都会毫不犹豫地伸出援助之手，尽管他自己的日子过得并不富裕，但还是拿出积攒的钱帮助贫困学生。

因为阿里木的事迹，我们知道了什么叫"拳拳之心"，什么叫"积小善成大善"，什么叫"大爱无言"。阿里木的善行让这个社会也明白了一个道理，无论你从事的职业多么卑微，只要竭尽全力去爱、去奉献，同样会变得高贵，受到人们的爱戴。善良的心不分国界、不分民族，面对身处困境中的人，内心会驱使着人们去做那些对的事情。

做善事可以是举手之劳，比如在拥挤的地铁上给老人、孩子让出一个座位，给马路上的迷路的人指出方向，给沿街乞讨的人递出一杯热水，或是在遇到捐款活动时，献出一份小小的爱心。这样的行为非常简单，简单到让人难以察觉，可就是这样简单，有的人也不屑去做，认为这和自己毫无关系，只要过好自己的生活就行，又何必再去顾及其他人。这种想法是不被提倡的。整个社会都是相亲相爱的一家人，漠视会让人们的关系愈加疏远，而热情会让社会变得更加温暖、和谐。俗话说，聚小滴成江海，积跬步行千里，小善积累在一起，就形成大善。在这个过程中，不仅帮助了他人，自身的心灵也得到了升华。要相信善良，信仰善良的力量，以此去战胜恶的阴霾，还世界一片崭新的天空。

用自己的善心去雕琢这个世界，那些邪恶会被涤荡，世界将变得温情，充满鸟语花香。一花一世界，一叶一菩提。拥有善良之心可以使人与人之间充满依恋与呵护，让这个世界少一些冷漠、多一些关爱。从身边的点滴小事做起，将善良进行到底，让善良走进心灵，照亮生活，让幸福回归！

推卸责任，让心境蒙羞

无论是在生活中，还是在工作中，会遇到各种各样的情况，或是让人喜悦，亦或是悲哀，总是无法预料。每个人都有自己的职责所在，也各自扮演着各自的角色。这些角色，不分轻重，却都有着不可替代的作用，有各自应该发挥的光热。无法理清身上责任的时候，时而迷茫，时而不知所措，这是一个必经的过程，认清自己并不是一件可以轻易做到的事情，谁的青春没有茫然过，关键是自己的内心应始终坚持一个尺度，一份不可以随便推卸的责任。

人们的职责各不相同，没有大小的区分，因为每个人从出生的那一刻起，就注定肩负起了一些责任，有的是可以看见的，有的是无形的。年轻人有孝敬父母的责任，因为生养我们的父母一辈子付出了太多的心血；医生有救死扶伤的责任，因为学有所用，为病患解除疾病是义不容辞；保护环境是每位社会公民的责任，因为这个地球是我们共同的家园。每个人都有自己的使命，正是在完成这些使命的过程中，会更加清晰地体会生活的真正意义。

在面对这些责任的时候，第一时间想到的不是承担，而是逃避，或是一味地推卸责任，将自己置身事外，这不仅是不负责任的表现，还会让内心蒙上一层阴影，心生羞愧。它不被人提倡或赞许，还会遭到不齿与抵制。人是有情感的动物，这也正是人与动物最大的区别，小动物尚且知道反哺，知道团结，更何况是以高智商自居的人类呢？人心向善，一颗善良而真挚的心，教会我们成长，学会担当，慢慢地成为自己想要变成的人。

有这样一个故事：皮特和克里同是一个公司的职员，有一次，他们接到任务，要求负责把一件很贵重的古董送到码头，上司在他们出发前，反复叮嘱他们路上要小心，因为这件古董价值连城，但没想到送货车开到半路却突然坏了。因为如果不按规定时间送到，他们就要被扣掉这个月的奖金。于是，皮特凭着自己的力气大，背起包裹，一路小跑，终于在规定的时间赶到了码头。到了码头后，他满头大汗，气喘吁吁。这时，克里说："换我来背吧，你去叫货主。"其实他心里暗想，如果客户看到我背着古董，一定把这件事告诉老板，他知道我圆满完成任务，一高兴说不定会给我加薪呢。他只顾着想，结果当皮特把古董递给他的时候，手没接住，包裹掉在了地上，"哗啦"一声，古董摔碎了。

克里大喊一声："你怎么搞的，我还没接你就放手。""你明明已经伸手了，我递给你，是你没接住。"皮特解释说。因为他们都知道古董打碎了意味着什么，没了工作不说，因为实在太贵重，可能还要背负沉重的债务来赔偿。果然，回去后老板对他俩进行了严肃的批评。"老板，不是我的错，是皮特不小心弄坏了。"克里趁着皮特不在，偷偷地单独来到老板的办公室对老板说。老板平静地说："谢谢你，克里，我知道了。"老板又把皮特叫到了办公室。皮特把整件事情的来龙去脉告诉了老板。最后他说："这件事是我们的失职，我愿意承担责任。另外，克里的家境不太好，我愿意承担他的那部分责任。我一定会弥补所有的损失。"皮特和克里一直等待着处理的结果。

老板把他们同时叫到了办公室，对他们说："公司一直很器重你们，所以想从你们当中选一个人担任客户部经理，没想到出了这样的事情，不过也好，这会让我们更清楚谁才是最合适的人选。最终结果就是，我们决定请皮特担任公司的客户部经理。因为，一个能勇于承担责任的人是值得信任的。克里，你被炒鱿鱼了。""老板，为什么？"克里问。老板说："其实，古董的主人早就看见了你们递接古董时的动作，他跟我说了事情的真相。还有，我还看见了问题出现后你们两个人各自真实的反应。"皮特以自己的真诚，打动了老板，获得了信任，也得到了提升。

在公司里，其实任何老板都清楚，一个能够勇于承担责任的员工，对于企业有着多么重要的意义。当突然出现问题后，推诿责任或者找借口，都是一个人缺乏责任感的表现。在工作中承担责任，把它当成一种习惯去培养，一旦出现问题，就敢于担当，从自己身上找原因，并尽力去挽救问题的损失。如果是推卸责任并置之度外，会损害公司的利益，同时，也会伤害到自己。绝大多数老板都不愿意让那些习惯推卸责任的人来做自己的助手。因为他不值得自己信任。在老板眼里，习惯推卸责任的职员，不只是工作做不好，也是一个不可信的人。

1835年，摩根先生听到一位朋友讲，一家名叫伊特纳的火灾保险公司为了扩大自己的实力，宣布凡是新加入公司的股东，不需马上注入大量资金，只要在股东名册上签上自己的名字，就能成为该公司的股东，并且很快就会有非常好的收益。摩根先生心想这是一个不可多得的好机会，就毫不犹豫地在名册上签下了他的名字，从此成为伊特纳火灾公司的一名股东。天有不测风云，有些事情永远无法预料，也就在那一年的冬天，纽约突发了一场特大火灾，造成了极其大的损失。伊特纳火灾保险公司的股东们顿时呆住了，纷纷退股来挽回自己的投资。摩根先生不想毁掉自己多年的信誉，经过再三斟酌，他决定即使花掉所有的钱，也要保证自己的信誉。他卖掉了苦心经营多年的旅馆和酒店，低价收购了大家的股份。接着又通过其他融资渠道，以最快的速度将十五万美元的保险赔偿返还了投保人。因为摩根的担当与责任，伊特纳火灾保险公司的声誉很快传遍了整个纽约城。

为了偿还巨额赔偿金，摩根已经濒临破产，他只剩下一个空壳般的保险公司摆在那里，当然，摩根也理所应当地成为这家公司最大的股东。他决定重新开始，一开始从朋友那里借钱，然后刊登广告，上面写着："本公司为偿还保险金已经竭尽所能，从现在开始，再参加本公司投保的人，保险金一律增加一倍。"第二天早晨，摩根先生拎着公文包上班，其实他身上只剩下了两美元。当走到公司所在的街道，发现那条大街被人们挤得水泄不通，许多前来投保的人都挤在公司的大门口。

结果，没用多长时间，摩根先生就买回了原来的旅馆和酒店，还净赚了30万美元。这位摩根先生就是主宰华尔街帝国的摩根先生的祖父，是美国亿万富翁摩根家族的创始人。一场突发的火灾曾使摩根先生走到破产的边缘，同样也是这场火灾成就了一个家族伟大的事业。摩根先生成功的秘诀就是讲诚信、重信誉。如果他像其他股东一样，遇到麻烦，纷纷撤资逃避，也就不会获得最后的成功。摩根先生曾说："信誉是我一生的恪守，因为它具有无穷的复利效果，可以让你从身无分文的小子变成真正的亿万富翁。"

其实摩根并不只是因为那次火灾而成为美国的亿万富翁，他在日后的风云商场中凡事必讲"诚信"才积累了富可敌国的财产。这种诚信，在商场中所坚持的信誉，同样是一种负责任的表现，因为主动承担，其他人才会感受到这种真诚的态度。因为负责，所以得到更多人的信任与支持，这也是获得成功最原始、也是最重要的积累。

主动承担责任不是在做给别人看，是在给自己的内心看。当推卸责任、快速脱离的时候，或许躲避过了一场"灾难"，避免了自己更多的损失，为此暗暗窃喜、飘飘然的时候，其实内心是空虚的，是胆怯的。就像是在激烈的战场上一样，因为害怕死亡，所以选择做了逃兵，这是一种懦弱的行为，是自己在放弃勇敢成长的机会。不需要经过多么激烈的斗争，有些事情是该自己去面对的，就试着学会承担，其中可能会有些暂时的困难，这是责任之行的必经之路。

珍惜每一次责任的行为，这是一次难得认识自己的机会，在自己狭小的生活里，我们都太容易迷失。只有在一次次承担中，才会认清身上的长处和短处，有哪些是擅长的，在哪些方面还存在着欠缺。生活中学会担当，人会变得更加成熟，认识问题的角度也会更加深刻，工作中学会承担，会得到更多人的信任与关注，也是给自己一个成长进步的空间。在迷茫的时候，静下心来，不去试图逃避与挣扎，多提醒自己脚下应该走的路，让责任如一盏明灯，为前行的路上增添光与热。

责任的镜子，可以看清自己，反射的光芒也可以照进内心。

敢于承担需要勇气，善于承担需要智慧

一个人一出生，各种责任就伴随而来。在家中，要对整个家庭负责；在学校，要对所在的班级负责；在社会，要对社会负责。一个人要是缺乏责任心，就会对自己所有的一切不考虑后果，就会过分地放松自己，随波逐流。从自己的角度出发，认为一些事情与自己无关，就躲得远远的，事实上，作为一个社会人，与世界万物有着千丝万缕的联系，生硬抛开这些关系，其实远离的不仅是自己的身体，而且是一颗冷漠的心。

承担是一种责任，也是一种义务，更是一种美德。学会承担需要责任感，敢于承担需要勇气，这是发自内心的力量，源于那份真挚的情感，在面对一些事情的时候，不是马上想到逃避，而是充满足够的勇气去面对。善于承担需要智慧，在承担中增长智慧、增长才干。比如，在自己的学业和工作的选择上，不必为曾经做出的选择而后悔，更不必为一时的不如意而懊恼，因为每一次选择都是慎重考虑的结果，都曾经付诸心血和努力。可以尽快调整自己的心态，勇敢地去承担自己所作出的选择。

责任感在内心油然而生，是一个人良好心态的表现。发生在身上的事情，一定是有原因的，不是随意而强行赋予的。当一个人的心中充满了责任的力量，就不再胆怯，不会再畏畏缩缩。相反，如果一个人的心中极度缺乏责任的观念，做任何事情都将无法专注，注定不会成功，而且没有意义。

在一座城市里，一个小区里，宁静的小区道路两旁，在车位上停满了私家车。突然有一天，谁也没有想到，平时停得好好的小车，瞬间惨遭毒手，它们被利器划得伤痕累累。停在路边的几十辆小车，无一幸免。粗略估计，仅这些划伤的修理费，就需要四五万元。有人立即打电话报了警，愤怒的车主们发誓一定要找出那个恶意划车的人。很快，小区的监控录像被调了出来，从监控录像上可以看出，是两个孩子干的，大一点的像个小学生，脚下还踩着滑板车，小的估计才上幼儿园，他们一路走，一路划。"这是谁家的孩子？胆子也太大了！真是没教养！"大家纷纷抱怨着，但监控有些模糊，看不太清楚，而且没人认识这两个孩子。

警方开始介入调查，网络和当地的报纸都报道了这件事。第二天下午，一位妇女给派出所打电话说，是她的孩子划伤的汽车。她也住在那个小区，她是第二天才从网上才看到小区车子被划伤的帖子，帖子中描述的两个孩子，大的很像她的孩子，而小的是她同学的孩子。当时，两个孩子下楼去玩。时间、地点、两个孩子的特征，都和监控里的录像吻合。她赶紧跑到小区物业处，调看了监控录像。果然不出所料，真的是她的孩子做的坏事。她意识到问题的严重性，冷静下来后，她毫不犹豫地给派出所打电话告诉民警，车是自己的孩子划的，而且将承担全部责任。晚上，儿子放学回家。她问儿子："是不是你干的？"儿子低头沉默。她对儿子说："你是男子汉，是你做的，就要勇于担当。"儿子终于承认是他干的。她又问儿子："如果你的自行车被人损坏了，你心里怎么想？"儿子说自己会很心疼，会伤心。她接着说："你的自行车几百元就可以买到，而人家的汽车，几十万，有的甚至上百万，你说会不会心疼、难过？"儿子向她连鞠了几个躬，说自己错了，以后再也不会做错事了。

母亲打印了一份致歉信，以儿子的名义向所有被划伤的车主表达歉意，并表示承担全部的修理费用，致歉信复印了几十份，她把信张贴在小区所有的出入口和楼梯口。并联系了一家汽车修理厂负责修理所有被孩子划伤的汽车。接下来的时间里，她领着孩子，挨家挨户登门道歉，希望得到大家的原谅。她还要求，让儿子自己去敲门，因为这是让儿子面对错误的第一步。儿子在课余剪了许多剪纸作品，上面都醒目地写着"对不起"三个大字，他要将这些剪纸作为礼物，送给车主们。每到一家，孩子就会说："对不起，我错了，我不知道划车会造成这么严重的后果，请你们原谅我。"所有的车主都表示，孩子认错的态度非常诚恳，都原谅了他。她对儿子说："叔叔阿姨都很宽容，尽管他们原谅了你，但是你要记住，千万不要把别人的包容当成自己再次犯错的借口，你要敢于担当，知道什么叫责任心。"一场危机，被这位母亲成功地化解了。作为犯错孩子的母亲，自始至终，她没有推卸责任，没有逃避，也没有雷霆大怒地训斥孩子。事情最终得到圆满的解决，车主都很满意，更重要的是，孩子认识了错误，学会了担当。也许他这辈子都不会忘记这次教训，而且也不会在心灵上留下一些阴影，毕竟他还只是个不懂事的孩子。

孩子还在成长的阶段，对于许多事情还没有特别成熟的看法，认识问题也会过于简单，他们需要父母作为一位引领人，教会他们如何面对成长的问题。这首要问题就是要学会担当，只有勇敢去承担自己的责任，面对偶尔犯下的错误，逐渐地从这些问题中发现自己所应该容纳的东西，成长便赋予了孩子最宝贵的经验。这种承担的勇气是源于内心对这个世界的认识，而且是正确的认识。勇气不只是依靠别人来指引，最重要的是心中真的将责任放在一个重要的位置。

"昭君出塞"的故事脍炙人口，那时北方的匈奴由于内部相互争斗，越来越衰落，最后分裂为五个单于势力。其中有一个单于，名叫呼韩邪，一直和汉朝交好，同西汉结为友好关系，约定"汉与匈奴为一家，毋得相诈相攻"。并三次进长安入朝，曾亲自带部下来朝见汉宣帝。汉宣帝死后，元帝即位，呼韩邪再次亲自到长安，要求同汉朝和亲。元帝同意了，决定挑选一个宫女作为公主嫁给呼韩邪单于。当时后宫里有很多从民间选来的宫女，整天被关在皇宫里，都想借此机会出宫，但谁都不愿意背井离乡，远嫁到匈奴去。主管这件事情的大臣非常着急。这时，有一个宫女自愿表示去匈奴和亲。她名叫王嫱，又叫昭君，长得十分美丽，又很有胆识。管事的大臣听到王昭君主动申请去和亲，急忙上报元帝。元帝也非常高兴，就吩咐大臣选择良辰吉日，让呼韩邪和昭君在长安成亲了。单于见到自己的妻子如此美丽，心中也非常满意和高兴。

王昭君在汉朝和匈奴官员的护送下，骑着马，离开了自己的家乡长安。她冒着塞外刺骨的寒风，千里迢迢地来到匈奴地域，安心地做了呼韩邪单于的妻子。她到匈奴后，被封为"宁胡阏氏"，封号的意思是象征她将给匈奴带来和平、安宁和兴盛。昭君慢慢地适应了匈奴的生活，和匈奴人相处融洽。她一面劝单于不要再发动战争，一面把中原的文化传给匈奴，使匈奴和汉朝和平、友好了多年。昭君死后葬在匈奴人控制的大青山，匈奴人民为她修了坟墓，并奉为神灵。昭君墓即青冢，后为避司马昭之讳，昭君改称王明君。有诗句写道："千载琵琶作胡语，分明怨恨曲中论。"在诗人的眼中，王昭君可能是悲伤的，她千里迢迢地赶赴匈奴和亲，但是不管怎么样，王昭君是坚强而勇敢的。她为了祖国，嫁给了匈奴人。一路上她翻山越岭，远离自己的家乡，但她无怨无悔，因为她给汉朝和匈奴带来了六十多年的和平。

王昭君无疑是充满智慧的女子，她只是那个时代一个平凡的人，却能勇于担当起国家和平的责任，她用自己的勇敢担当，用自己的智慧，感染了匈奴人，为两地带来和谐的景象。她用自己的聪明才智，让这份担当发挥出更大的作用。有勇气去担当固然是好的，是值得赞扬的，但是贸然行动、不计后果的行为，有时候不一定是好的，也可能会造成相反的作用。承担需要智慧，需要全方面考虑来龙去脉，更需要用心去体会。

相信在每个人的心中都怀有这份责任，也许有的时候没有在适合的地方得以发挥，但是只要不曾磨灭这种期许，就终有让它破茧成蝶的那一天。在恰当的时候，在恰当的场景下，内心对责任的憧憬，会被一点点激发出来。因为它是一种天性，属于每一个有感情的生命。有那么一瞬间，或许曾经恍惚，亦或是不知所措，但是沉寂之后，是那种力量爆发后的悸动。以一种真诚的态度去面对应该承担的责任，并以智慧的方式将其诠释。责任，非常简单，它不需要赘余的解释。

负"重"前行，感知正能量的存在

米兰·昆德拉曾经说过："一切重压与负担，人都可以承受，它会使人坦荡而充实地活着，而最不能承受的恰恰是轻松。"生命的过程不会处处是繁花似锦，如轻歌曼舞般美妙，不是在雅静的环境中品茗，在浪漫的海滩度假放松心情。生命的意义更是在于负重前行，在自己的身上肩负起责任，勇于去承担这份沉甸甸的责任。

负重的人生之路注定不是一路平坦，不会只有鲜花和掌声，在漫漫的征途中会有乌云密布，会有风雨交加，但正是这一道道独特的风景赋予人生更多的意义。这些经历会成为人生在世最宝贵的财富，雕刻上最独家的记忆。它会让负重的人充满韧劲，在永恒的时空中定格精彩。

那些去山区支教的大学生放弃城市的优越条件，将自己的青春奉献给贫困地区的教育事业，承担起那份传播知识的责任；那些一心为老百姓的生活奔波的人，抛弃财富和享乐，将自己一生的力量投注到为民服务的工作中，承担起一心为民的责任；那些最可爱的人，不顾自己的生命安危，始终将保护祖国的安全作为自己最重要的责任。生活中这些人，可能是默默无闻地奋斗在自己的岗位上，可能是在贡献着自己所拥有的一切，尽管他们中的绝大多数不为人知，但是却留下最真实的感动，让负重的生命绽开最灿烂的花。

在一个人有限的生命中，如果身上的担子太轻，就会时常感觉到精神的飘忽，心中会被空虚占据。这样的人会感觉不到生活的目标，也就不会找到生命的价值所在。没有负重的生命，犹如一片在秋风中飘落的树叶，任风吹散，随意不知其归所。而负重的生命会坚实有力，犹如磐石一样坚固，任尔东南西北风，也同样会如泰山般沉稳。

苏武是代郡太守，华夏志士，苏建之子。早年以父荫为郎，稍迁至栘中厩监。在天汉元年被封为中郎将。当时中原地区的汉朝和西北少数民族政权匈奴的关系并不稳定，时好时坏。公元前100年，匈奴政权新单于即位，尊大汉为丈人，汉武帝为了表示友好，派遣苏武率领一百多人，带上大量的财物，作为汉朝的使臣，出使匈奴。不料，就在苏武圆满地完成了出使任务准备返回自己的国家时，匈奴内部发生战乱，苏武因此受到牵连，被匈奴扣押，他们要求苏武背叛汉朝，留下来为匈奴效劳。

最初，单于派卫律作为说客去劝苏武投降，并且答应给他丰厚的俸禄和尊贵的官位，但是苏武拒绝了。匈奴见劝说没有用，就决定施以酷刑，强迫苏武臣服。当时正值严冬，天上飘起鹅毛大雪，更加寒冷无比。单于故意把苏武关进一个露天的地方，不给他提供食品和水，希望这样可以让苏武改变主意，消磨他的意志力。然而一天天过去了，苏武在地窖里受尽了折磨，但是依然没有改变内心坚定的想法。他渴了，就吃一把雪；饿了，就嚼身上穿的羊皮袄；冷了，就缩在墙角里御寒。过了好些天，单于来看苏武，见他已经濒临死亡，但是仍然没有屈服的意思，只好把苏武放了。单于知道软硬皆施都没有用，劝说苏武投降更是不可能，但他非常佩服苏武的气节，不忍心以此杀了苏武，但又不想让他返回自己的国家，因为他会对自己造成威胁。于是决定把苏武流放到今西伯利亚的贝加尔湖一带，让他去那里牧羊。临行前，单于召见苏武说："既然你不投降，那么你就去放羊，什么时候这些羊生了羊羔，就是你回到中原的日期。"

最终，苏武被流放到了人迹罕至的贝加尔湖边。他发现这些羊全是公羊，根本不会生出羊羔。他知道以目前的能力是无法逃离这里的。但他没有绝望，他深信自己终有一天可以回到中原。唯一与苏武作伴的，让他充满希望的，是那根代表汉朝的旌节。苏武每天拿着这根使节放羊，心想总有一天会拿着它回去复命，自己没有变节。他吃地上的雪解渴，挖野菜、逮野兔充饥，冷了的时候，就与羊取暖。这样日复一日，年复一年，旌节上挂着的旄牛尾装饰物都掉光了，苏武也老了，头发和胡须也都变花白了。十几年来，当初下了命令囚禁他的匈奴单于已去世了，就是在苏武的国家，汉武帝也死了，汉武帝的儿子继任皇位，就是汉昭帝。

这时候，新单于执行与汉朝友好的政策，汉昭帝立即派使臣去接苏武回国。汉朝使者到了匈奴地区，一开始匈奴的单于说苏武已经去世，后来从当初一起被扣留的人那里得知苏武还活在世上，使臣于是扬言说，汉朝的天子在上林苑中射到一只大雁，雁的脚上系着帛书，帛书中清楚地写着苏武在北方的沼泽之中。单于没有办法，只好答应把苏武等九人送回汉朝。在昭帝始元六年，即公元前81年，苏武终于回到了长安。苏武在那蛮荒之地极其恶劣的环境下，始终坚持自己的内心，认为自己是汉朝的使臣，身上肩负着祖国交给自己的任务，这使命不会因为任何变故而改变，只有自己坚持完成使命，才是没有辜负朝廷的重任。

负重的人生可能会充满苦难，可能不是满身轻松和愉悦，但是负重却赋予了崇高的精神，轻便的人生可能会有暂时的舒坦，但也注定写满了平庸。负重的确会增加身上承受的负担，甚至让呼吸也变得困难，步履蹒跚，寸步难行，但是这些重量不会因此压垮挺拔的脊梁，因为我们的内心是坚定的，它会让生命因承担而辉煌。

完璧归赵的故事被人们熟知：战国时候，秦国最强，常常进攻别的国家。有一回，赵王得了一件无价之宝，叫和氏璧。秦王知道了，就写一封信给赵王，说愿意拿十五座城换这块璧。赵王接到了信非常着急，立即召集大臣来商议。大家说秦王不过想把和氏璧骗到手罢了，不能上他的当，可是不答应，又怕他派兵来进攻。正在为难的时候，有人说有个人叫蔺相如，他勇敢机智，是个聪明的人，他也许能解决这个难题。赵王把蔺相如找来，问他该如何是好。蔺相如想了一会儿说："我愿意带着和氏璧到秦国去。如果秦王真的拿十五座城来换，我就把璧交给他，如果他不肯交出十五座城，我一定把璧送回来。那时候秦国理屈，就没有动兵的理由。"赵王和大臣们没有其他的办法，只好派蔺相如带着和氏璧到秦国去。

蔺相如到了秦国，进宫见了秦王，献上和氏璧。秦王双手捧住璧，一边看一边称赞，绝口不提十五座城的事。蔺相如看这情形，知道秦王没有拿城换璧的诚意，就上前一步说："这块璧有点儿小毛病，让我指给您看。"秦王听他这么一说，就把和氏璧交给了蔺相如。蔺相如捧着璧，往后退了几步，靠着柱子站定。他理直气壮地说："我看您并不想交付十五座城。现在璧在我手里，您要是强逼我，我的脑袋和璧就一块儿撞碎在这柱子上！"说着，他举起和氏璧就要向柱子上撞，秦王怕他把璧真的撞碎了，连忙说一切都可以商量，就命人拿出地图，把承诺划归赵国的十五座城指给他看。蔺相如说和氏璧是无价之宝，需要举行个隆重的典礼，他才肯把璧交出来，秦王只好跟他约定了举行典礼的日期。蔺相如知道秦王丝毫没有拿城换璧的诚意，一回到住处，就叫手下人乔装打扮，带着和氏璧抄小路先回赵国去了。到了举行典礼那一天，蔺相如进宫见了秦王，大大方方地说："和氏璧已经送回赵国去了。您如果有诚意的话，先把十五座城交给我国，我国马上派人把璧送来，绝对不会失信。不过，您杀了我也没有用，天下的人都知道秦国是从来不讲信用的！"秦王没有办法，只得客客气气地把蔺相如送回赵国。

蔺相如面对强大的秦国，依然不辱使命，圆满地完成自己的任务。他知道维护国家的利益是自己的责任，为此甚至不惜牺牲性命。他的勇气与智慧也流传至今，为人们所称赞。承担责任是现实社会的一种正能量，也是被人们提倡与赞许的美德，将责任担负在身上，负重前行，感知那份力量的存在。

也许，现实中会被生活、学习和工作中的重压而困扰，但不必害怕负重袭来，因为耐心地经营好生活是对家人的责任，顺利地完成学业是对自己的责任，安心地完成手头的工作，认真地对待工作中遇到的一切问题，也是对自己、对同事负责。人生因为负重而变得有分量，使自己拥有前行的动力，在不断的负重中，会有勇气去迎接更多的挑战。

生命承受重担，依然挺立，光芒四射。

天道酬勤：君子以自强不息

　　"天行健，君子以自强不息。"明确自己的人生奋斗目标之后，需要保持一颗积极进取的心，努力到达心中所向往的彼岸，人生的版图会更加地广袤。生活中总是有无限的可能，人永远不知道自己的潜力有多大，趁着自己还年轻，还有拼搏的力量，就去为自己开拓一片崭新的天地。不知疲倦地向前奔跑，身上像是被注入一股神奇的力量，无论有多么累，还是可以一如既往，这种力量来源于内心深处，是自我的心理暗示，也是小宇宙的爆发。在追求奋斗目标的同时，最重要的是对自己有一个清楚的认识，给自己明确的定位，在自己的能力范围内，朝着心中的梦想进发。要保持一个发散性的思维，学会创新，不要让自己的思想僵化。有时候心中的那个定位并不全是对的，在勤奋的同时，让自己的头脑灵活一些，这能使你在陷入困境的时候及时化解危机，走向光明。

保持进取精神，迎接广袤人生

人自呱呱坠地以至衰老，无时无刻不在奋斗的状态，小的时候，努力学习，争取在期末考试中能取得更好的成绩；考上大学，学习的脚步也没有停止，还是在努力，学好专业课知识，尽量学习为人处世的道理；步入社会，在工作中也是积极进取，想要在一片广阔的领域找寻属于自己的天空，尽管目的不同，但是努力的方向从未改变。

保持进取的态度，会赋予人不断前行的动力，心中暗暗树立一个目标，无论是否明确，哪怕只是个模糊的影子，也会给自己增加无限的勇气。没有了进取心，身体中的灵魂就像是被掏空一般，飘飘忽忽，不知所往，生活没有了希望，没有任何乐趣，浑浑噩噩地过日子，甚至有一种度日如年的感觉，时间过得很慢，似乎如停滞一般，无论是工作，还是学习，都感觉没有精神。有了进取心，会感觉自己的时间不够用，努力，还要再努力一点，仿佛在用拼搏和时间赛跑，不愿意浪费每一分钟，而且即使是一秒钟，都让它发挥出应有的意义。

进取精神，是一种不服输的精神，是在面对挫败的时候，仍然满怀奋斗的激情与勇气。感谢这一次次的失败，可以迅速认清自己的不足，斗志昂扬地重新上路。其实，在生活中，无论是那些励志的名人，还是身边最普通的人，他们的生活都是在不断的奋斗中争取来的。没有人可以随随便便成功，成功的机会总是留给那些积极准备的人，他们满怀信心地站在起跑线上，但是不要忘记在起跑前他们流在训练场上的汗水。悲伤的时候，不要忘记自己内心不灭的信念；最开心的时刻，不要忘记曾经历经的坎坷，因为人生之路上不会永远铺满玫瑰花瓣。奋斗不息，勇往直前。

　　书法家柳公权小的时候，有一天，他和几个小伙伴在村旁的老树下摆了一张桌子，举行"书会"，约定每人写一篇大楷，互相观摩比赛。柳公权非常自信，他很快就写了一篇。这时，有一个卖豆腐脑儿的老头放下担子，也来到树下歇凉。他很有兴致地看孩子们练字。柳公权递过自己写的说："老爷爷，你看我写得棒不棒？"老头儿接过去一看，只见写得是"会写飞凤家，敢在人前夸。"老头觉得这孩子小小年纪，虽然书法了得，但却有些骄傲，就皱了皱眉头，想了一会儿才说："我看这字写得并不好，不值得炫耀。这字好像我担子里的豆腐脑儿一样，软塌塌的，没筋没骨，有形无体，没什么值得夸奖的。"其他几个孩子也都停住笔仔细听老人的评价。小公权听老人说自己的字写得不好，不服气地说："别人都说我的字写得好，你偏说不好，是你不识货，有本事你写几个字给我看看！"老头爽朗地笑了笑说："不敢当！我只是一个卖豆腐脑儿的，写不好字。可是，有人用脚都写得比你好得多呢！不信，你到华京城里看看去吧！"柳公权想去那里一探究竟，所以第二天他早早起床，悄悄给家里人留了张纸条，独自往华京城去了。

　　柳公权一进华京城寿门，只见一个黑瘦的畸形老头，他没有双臂，光着双脚坐在地上，左脚压住铺在地上的纸，右脚夹起一支大笔，挥洒自如地写着对联。他运笔如神，笔下的字迹似群马奔腾，龙飞凤舞，引得围观的人们齐声喝彩。小公权心想：和老爷爷比起来，我真是差得太远了。他"扑通"一声跪在老爷爷面前，说："我愿拜你为师，我叫柳公权，请您收下我，愿师傅告诉我写字的秘诀……"见小公权跪在地上不起来，老人只好说："我因为自小失去双臂，只能用脚写字，风风雨雨已经练了五十多个年头了。我家有个能盛八担水的大缸，我磨墨练字用尽了八缸水。我家墙外有个半亩地大的涝池，每天写完字就在池里洗砚，池水都乌黑了。这就是我写字的秘诀。可是，我的字还需要继续练下去。"

　　柳公权把老人的话牢牢地记在心里。自此，柳公权发奋练字，起早贪黑，不停地练习，因为长期握笔，手上都磨起了厚厚的茧子。他学习颜体的清劲丰肥，也学欧体的开朗方润，学习宋体的奔腾豪放，也学宫院体的娟秀妩媚。他还注意观察天上飞过的大雁、水中游的鱼、奔跑在山上的鹿、脱缰的骏马等。他融会贯通，把自然界各种优美的形态都熔铸到书法艺术里。柳公权终于成为中国唐代著名的书法家。他的字结构严谨，刚柔相济，疏朗开阔，为书法界所珍视，素有"颜筋柳骨"美称。可是，柳公权一直到老，对自己的字还很不满意。他晚年隐居在华京城南的鹳鹊谷（现称柳沟），专门研习书法，勤奋练字，一直到他八十八岁去世为止。

柳公权小时候对自己取得的成绩满意，甚至有些骄傲，直到那位老人提醒了自己，他才知道学无止境，人外有人、天外有天，永远不要停止奋斗的脚步。"活到老，学到老"，他的一生都致力于书法艺术，最终学有所成，成为一代著名的书法家。在生活中，永远给自己提出更高的要求，才会促使自己在新的领域取得更大的进步。人要学会知足，这无可厚非，但是要视情况而定，因为有些时候，过分安于现状，认为自己目前所拥有的就是最好的，没有再争取的意义，心中会滋生懒惰的情绪，不愿意再努力，意在享乐，也就体会不到奋斗带给自己的改变。

玛丽·居里从小学习就非常勤奋刻苦，对学习有着强烈的兴趣和特殊的爱好，她从不轻易放过任何学习的机会，处处表现出一种顽强的进取精神。从上小学开始，她每门功课都考第一。十五岁时，就以获得金奖章的优异成绩从中学毕业。她的父亲早先曾在圣彼得堡大学攻读过物理学，父亲对科学知识如饥似渴的精神和强烈的事业心，也深深地熏陶着小玛丽。她从小就十分喜爱父亲实验室中的各种仪器，长大后又读了许多自然科学方面的书籍，更使她充满幻想。但是当时她的家境不太好，去上大学很困难。所以，她开始做家庭教师，给自己赚学费，同时还自修了各门功课，为将来的学业做准备。这样，直到二十四岁时，她终于来到巴黎大学理学院学习。她带着强烈的求知欲望，全神贯注地听每一堂课，她的学习成绩也一直是名列前茅。

后来，玛丽参加了一个科研项目。在完成这个科研项目的过程中，她结识了皮埃尔·居里，他是一位很有成就的青年科学家。因为有着相同的志趣、爱好，他们很快相爱了。玛丽结婚后，人们都尊敬地称呼她居里夫人。接着居里夫人以第一名的成绩，完成了大学毕业生的任职考试。第二年，她又完成了关于各种钢铁的磁性研究。但是，她不满足已取得的成绩，决心考博士，并确定了自己的研究方向。一个放射性元素的发现，给居里夫妇提供了莫大的鼓励，他们希望可以找出更多未知的元素。他们天天泡在实验室里，废寝忘食，夜以继日地研究，经过不懈的努力，他们终于找到一种新元素并命名为钋。在这四年里，不论寒冬还是酷暑，无论是繁重的劳动，还是经受毒烟的熏烤，他们从不感觉到辛苦，对科学事业的执着追求使艰辛的工作同样充满乐趣。

居里夫人对科学有着执着的追求，因为热爱，所以付出。她在不断的探索中不懈努力，终于获得了巨大的成功。如果她满足于自己取得的成绩，可能新的放射性元素就永远不会被发现，科学研究正是在这不断的追问和思考的过程中获得更大的发展，也推动了整个社会的进步。在追求成功的过程中，需要的是足够的信心、不怕吃苦的精神。

不管是在舒适、安逸的环境中，还是在艰苦、困难的条件下，都阻止不了进取的脚步，那颗跃动的心，带给人生全新的航向，那是通往成功、通向彼岸的必经之路。在这个迷宫般的世界里，有时候，人们会习惯看同样的风景，走相同的路线，奔向同一个目的地。这样的习惯成自然，会让人的内心生出一种莫名的"安全感"，在这个惯性的生活状态中，有的人愿意在原地画个圈，把自己固定下来，他们的生活也因此被束缚，永远无法超越。

真正的勇者，敢于去探求更高更完美的人生境界，因为人生是一片广阔的海洋，一眼望不到边，不要因为海上的风浪就停止前行，勇敢奋斗，不断地与之搏击，经历了风雨，才会看到悬挂在天际中那片属于自己的彩虹。

穷且益坚，不坠青云之志

"穷且益坚"语出自《后汉书·马援传》："丈夫为志，穷且益坚，老当益壮。"意思是一个有志向的人，处境越是窘迫，意志力应当越坚定。当一个人的内心充满了积极向上的力量，有为之奋斗的目标，浑身上下就会散发出一种温暖的光环，那是神奇的力量，它属于每一个心怀梦想的人。每个人都有追逐目标的权利，没有人会强迫你放弃，没有任何环境会强制你改变前进的方向，因为最重要的是内心坚守着一道防线，那是勇敢的力量。

人不能选择自己所生存的环境，有的人可能一出生就有优越的条件，似乎是其他人奋斗一辈子也无法企及的高度，他们不需要打拼，不用努力，就可以轻易得到想要的一切。但是他们的生活并不是用来羡慕的，因为在光鲜亮丽的背后，同样有着不为人知的奋斗史，只是很少人知道罢了。有的人生活中似乎总是充满这样或者那样的磨难，老天在不停地和他开玩笑，在他奋斗的路上，没有想象中的鲜花，没有聚光灯的闪烁，有的只是辛酸和角落里的无尽孤独。

要知道一点，你的孤独，虽败犹荣，因为在看似恶劣的环境下，依然还有一颗奋斗不止的心，在这个凄凉的环境下，始终坚信成功终有一天会降临。越是困难的条件，越能激发人潜在的能力，如果不去奋斗，可能永远不会知道自己到底有多强大，这种内在的力量若被释放出来，它的威力会十分惊人。没有任何因素可以干扰强大的内心，心中坚定那份志向，坚定不移地走向前，定会看到属于自己的胜利曙光。

有这样一个故事：在一个寒冷的冬天，风雪交加，整个大地都被严寒中的大雪所覆盖，外面的世界像是有无数发疯的怪兽在呼啸厮打。雪恶狠狠地寻找袭击的对象，风呜咽着四处搜索。在一个教室的课堂上，大家都在喊冷，读书的心思似乎已被冻住了，同学们都在屋里跺脚，似乎想以此驱走冰天雪地的冷。鼻头红红的老师走进教室时，等待了许久的风也跟随着席卷而入，墙壁上的《中学生守则》被吹得一鼓一顿，开玩笑似的卷向空中，又一个跟头栽了下来。老师平日里是一位非常温和的人，但是今天却一反常态，满脸的严肃庄重，甚至显得有些冷酷，就像室外的天气，让人感觉到畏惧。受这种气氛的影响，乱哄哄的教室顿时静了下来，学生们惊异地望着老师。老师开口说的第一句话是："请同学们穿上胶鞋，我们一起到操场上去。"几十双眼睛立即充满疑惑，不知道老师葫芦里卖的什么药。"因为我们要在操场上立正五分钟"。即使老师下了最后的命令"不上这堂课，永远别上我的课"，还是有几个娇小、柔弱的女生和几个很霸道的男生没有出教室。

操场在学校的东北角，北边是空旷的菜园，再北面是一个大池塘。操场、菜园和水塘被雪连成了一个整体。矮了许多的篮球架被雪团打得啪啪作响，卷地而起的雪粒雪团呛得人睁不开眼、张不开口。人走在这样恶劣的环境里，脸上像有无数把细窄的刀在割一样，即使身上穿着厚实的衣服，也像冰块一样寒冷，棉衣完全失去御寒的功能，脚像是踩在带冰碴的水里。大家挤在教室的屋檐下，说什么也不肯迈向操场半步。老师没有说什么，面对着同学们站好，脱下羽绒服，线衣脱到一半，风雪帮他完成了另一半。"马上到操场上去，站好！"老师脸色苍白，一字一顿地对大家说。可能是被老师的举动震惊了，这次谁也没有吭声，学生们都老老实实地到操场排好了三列纵队。这时，瘦削的老师只穿一件白衬衣，衣服紧裹着的他更显得瘦削、单薄。

后来，这群学生规规矩矩地在操场站了五分多钟。在教室的时候，同学们只是感觉到寒冷，都以为自己敌不过那场风雪，事实上，叫他们在雪地里站半个小时，他们顶得住，叫他们只穿一件衬衫，他们也顶得住。这些刺骨的寒冷、漫天的雪花，就像是人生中经历的那些苦难，那些消磨意志的经历，看似可怕，实则不过如此，坚持过去了，就根本算不了什么，就像是横在脚下的一道门槛，虽然迈过去要费一点力气，但是只要高高抬起脚，也真的就跨越过去了。

正如生命中的许多伤痛一样，其实并不如自己想象的那么严重。如果不把它当回事，它是不会感觉到很痛的。你觉得痛，那是因为你自以为伤口在痛，害怕伤口的痛。面对困难，许多人戴了放大镜，但和困难拼搏一番，你会觉得，困难不过如此。在经历这些伤口刺痛的过程中，让自己变得更加坚强，坚定信念，就不会害怕那些所谓的危险与痛苦。

奥地利的罗伯特·巴雷尼是1914年诺贝尔生理学和医学奖获得者。在小的时候他因病成了残疾，他的母亲的心就像刀绞一样，非常心疼他，但她还是强忍住自己的悲痛。她知道孩子现在最需要的是鼓励和帮助，而不是妈妈的眼泪。母亲来到巴雷尼的病床前，拉着他的手说："孩子，妈妈相信你是个志向远大的人，希望你能用自己的双腿，在人生的道路上勇敢地走下去！巴雷尼，你可以答应妈妈吗？"当时母亲的话，像石头一样撞击着巴雷尼的心灵，他"哇"地一声，扑到母亲怀里大哭起来。从那以后，妈妈只要有空闲的时间，就会帮助巴雷尼练习走路、做体操，母子两人都常常累得满头大汗。有一次，妈妈得了重感冒，但是她想，作为母亲不仅要言传，还要身教。尽管发着高烧，身体非常不舒服，但她还是下床按计划帮助巴雷尼练习走路。在练习的过程中，妈妈的脸上淌下黄豆般的汗水，她只是用毛巾擦擦，咬紧牙关，坚持帮着巴雷尼完成了当天的锻炼计划。

年复一年、日复一日的体育锻炼，还是非常有效果的，它弥补了因为残疾给巴雷尼带来的各种不便，巴雷尼终于经受住了命运给他的严酷打击。他刻苦学习，学习成绩一直在班上名列前茅。最后，他以优异的成绩考进了维也纳大学医学院。大学毕业后他开始在维也纳大学耳科工作。在学校，他找到一些方法去应用内耳控制平衡感觉的知识。他用一些方法研究平衡障碍，例如在眼球运动之后，又如用热液体和冷液体分别刺激两侧耳朵的方法。

第一次世界大战开始后，巴雷尼为了研究脑损伤而自愿参加奥地利军队。俄国人俘虏了他。在被俘虏期间，他还是依然坚持自己的医学研究。后来他在乌普萨拉大学任教。他进行试验时发现，许多耳科病人在用水冲洗化脓的耳朵时，常常会发生眩晕、眼球急速转动的现象，医学上叫作"眼球震颤"。但是，眩晕、眼球震颤和耳朵灌水三者究竟有什么联系呢？经过反复实验，做了大量的准备工作之后，巴雷尼终于发现，用高于或低于体温的水来冲洗耳朵都会引起病人或正常人的眩晕和眼球震颤。由此得到启示，巴雷尼发明了一种简便易行的测试前庭机能的"热检验"方法。由于"热检验"的推广，大大促进了前庭疾病的早期诊断，人们把这个热检验称为"巴雷尼检验"。巴雷尼以全部精力致力于耳科神经学的研究，最终登上了诺贝尔生理学和医学奖的领奖台。

尽管巴雷尼是个残疾人，但是他心中有着一个对医学研究的执着信念，并为之付出了非常多的努力，其中的艰难是常人无法想象的，但是无论经历多少磨难，遭遇多少困难，他还是一如既往地研究，始终如一地坚持，终于获得最后的成功。在我们的生活里，有些身体健全的人，还没有懂得好好珍惜自己所拥有的一切，积极利用好自己的优势，去实现心中的抱负和理想，而满足于一时的惬意，这样实在是让人感到有些可惜。

孔子说："三军可夺帅也，匹夫不可夺志也。"人的一生，可以没有富贵荣华，没有物质享乐，但是不可以没有志向。对于人来说，志向的存在就像是一道阳光，没有了阳光的照射与温暖，生命也会变得一团死气沉沉，毫无生机。"有志者事竟成"，在明确了自己的志向之后，不要忘记及时地付诸努力，不让心中的志向变成空中楼阁或昙花一现。树立目标，就如同在黑暗的空间里为自己开一扇窗，让外面的阳光照射进来，带来光明，请去看一看外面旖旎的风景，那就是希望的所在。

适时地放弃，是为了更好地前进

人生不可能什么都完美，也不能拥有一切想拥有的东西，心怀梦想，并为之努力，是一件幸福的事情。人生中的每一次选择，都决定了走不同的道路，尽管有时候会舍弃一些东西，但是这不意味着失败，人生难免会有遗憾，在遗憾的背后，会重新树立新的目标，让人们继续坚持不懈地努力下去，最终得到的更好、更多。

寻寻觅觅中，难免会感觉到迷茫，在人生之路上，已经走出一段距离，却忽然发现，这条路根本不适合自己继续走下去，不是因为路途坎坷，而是每个人都有着自己的定位和目标，在没有完全明确之前，真的是无法确立。这不是徒劳无功，它同样是一次难得的成长机会。在生活中，学会取舍，顺其自然，在符合客观现实的基础上，做出最明智的选择。

人生的机会是有限的，可能有些情况下，在特定的时刻，特定的场景，只能做出这样的选择，不要为之后悔，因为每一次选择都不是轻易可以说出口的，它都经过了内心的深思熟虑。所有的选择都不是完美无瑕的，选择了灿烂的阳光，可能就无法体会到浪漫的细雨；选择去攀登雄伟的山峰，可能就体会不到波澜壮阔的大海；选择像雄鹰一样搏击长空，可能就体会不到花花草草的安然。但也许一个人的性格适合前者，或者只适合后者，无论是怎样的选择，只要是没有停止前行的脚步，没有忘记出发前的目的地，就同样是有意义的，一样会迎接光明的未来。

鲁迅为什么会弃医从文？现在大多数人的理解，当然是为了拿起文学作为武器，唤醒愚昧的国民，疗救他们精神上的创伤，最著名的说法是鲁迅受了幻灯片事件的刺激。但是除了这个原因，其实还有其他的因素在影响他的选择。他被保送到日本仙台留学，此前的他没有接触过医学，至少对西医是一无所知。少年的时候，为了给父亲治病，他虽然和中医打过多年的交道，但是当初鲁迅到日本去学习，更多的是有留学这样一个机会，他还没有下决心学医。

后来鲁迅到了日本，先入弘文书院补学日语，后又转入仙台医学专门学校学习。仙台医专地处偏僻乡下，远离东京，是一所不太好的学校。鲁迅选择这里，可能是他对一些留日学生俗不可耐做派的厌烦，希望可以过一种别样的生活，还可能他看中的是这里没有中国学生。至于选择学医的原因，他自己解释说："我的梦很美满，预备卒业回来，救治像我父亲似的被误的病人的疾苦，战争时候便去当军医……"此时的鲁迅非彼时的鲁迅，他的理想很现实，很普通，那就是学习一门知识，掌握一个技能，将来回到祖国，当一名救死扶伤的医生。所以，在当初确定专业的问题上，鲁迅还处于一个彷徨的阶段，他还不是很清楚自己的选择目的何在，自己到底是不是适合学医，学医对于自己来说，究竟是不是一个最好的出路，他显然还没有想好。

在仙台对鲁迅影响最大的人是藤野先生，他在《藤野先生》中回忆道："我总还时时记起他，在我所认为我师的之中，他是最使我感激，给我鼓励的一个。"学生对老师的印象总会强过老师对学生。藤野在听说鲁迅去世半年后，写过一篇《谨忆周树人君》的文章，其中提到："周君上课时虽然非常认真地记笔记，可是从他入学时还不能充分地听、说日语的情况来看，学习上大概很吃力。在我的记忆中周君不是成绩非常优秀的学生。周君在仙台医学专门学校只学习了一年，以后就再也没有看见他，现在回忆起来当初周君学医好像不是他内心真正的目标。"

鲁迅弃医从文，其中一个重要原因是他的志趣并不完全在学医上，所以尽管他非常努力，但是因为文化的差异等，他的学习仍感比较吃力，成绩也一直不是很好。在一所不太好的学校且成绩还是落后的，这不得不让他重新审视自己的选择——医学是他最感兴趣的吗？是最有出路的吗？他已经二十六岁了，他还能在学业无望的医学专业上再耽误时间吗？再加上一些外在的诱因，他毅然决定弃医从文，因为他终于看清现实，放弃学医而去从事自己感兴趣的文艺，这对于自己来说无疑是最明智的选择，从而，在中国文坛上诞生了一位文学的大家，为我们留下无数名篇。

如果细致地研究鲁迅，可以发现，其实他的性格、知识构成、兴趣爱好更偏重于文艺方面。对于鲁迅来说，及时调整自己的专业，发挥所擅长的东西，舍医学之短，扬文艺之长，弃医从文，实在是再好不过的选择。就像是现在毕业的大学生，在自己的职业选择上，可能会有很多，但是兴趣很重要，结合自己的实际情况，更要明确自己内心真正想要的是什么，想要过怎样的生活，心中想好这一切后，再以此做出最正确的选择。

比尔·盖茨从小就极爱思考，一迷上某事便能全身心投入。在他三四岁时，母亲外出总是把盖茨带在身边，当母亲在学校里向学生讲解历史和博物馆的情况时，盖茨总是坐在全班最前面认真地听讲。他从小酷爱读书，尽管他是个儿童，但他喜爱读大人读的书。在自己家里，他可以随意翻阅父母的藏书。他经常几个小时都不停歇，连续阅读几乎有他体重几倍的大书，一字一句地从头到尾地看。他常常陷入沉思，他发现这小小的文字和巨大的书本里面藏着一个神奇和魔幻般的世界，知道许多新奇的知识。文字的符号真是非常厉害，竟能记录前人和世界各地的人们无数有趣的事情，再传播出去。他又想，人类历史在不停地发展进步……那么以后的百科全书不是越来越大而又笨重了吗？能有什么好办法造出一个魔盒来，能包罗万象地把一大本大百科全书都收进去，那该有多好。这个奇思妙想，后来他竟然真的做到了，因为只要一块小小的电脑芯片就可以。

小学毕业后，父母在征求比尔·盖茨意见后，送他进了湖滨中学。在湖滨中学读书时，他经常依着自己的兴趣爱好来安排学习。比尔·盖茨在自己喜欢的课程下了很多工夫，认真地研究，而且学习成绩也非常好，特别是痴迷上他后来倾注所有精力的计算机。中学毕业后，比尔·盖茨很想到哈佛大学去读书，这也正是父母们最大的心愿。幸好，比尔·盖茨的父母并没有像其他父母那样，必须让孩子们来完成父母喜欢的事，他们没有固执地坚持自己的意见，而是决定尊重他的选择。经过冷静思考后，父母放弃了让儿子当律师的想法，让比尔·盖茨在大学领域里自由发展，做他自己想做的事情。在这个方面帮比尔·盖茨树立了崭新的目标。但一年后，更大的难题摆在了比尔·盖茨的父母面前，他又要离开哈佛，放弃自己的学业，与别人一起去创办计算机公司。比尔与父母多次交谈，平静地叙述着自己的想法。父母深知儿子的秉性和志向，他们知道一味阻挠是没有任何意义的，或许儿子的天赋与计算机事业是最佳的切合点吧！有了父母的支持，比尔·盖茨便毅然离开了令亿万学子向往的哈佛大学，开始在软件领域大展鸿图。1975年比尔·盖茨正式创办微软公司；二十多年后，他取得的成就，为世界所瞩目。

　　比尔·盖茨在不断的学习中认真思考，在自己感兴趣的事上付出不懈的努力，他在摸索中发现自己所擅长的领域，最终做出一番巨大的成绩。他没有顺从父母的安排选择去当律师。在大学的时候，他毅然决定退学，去发展计算机事业。这种勇气不是一般人所具备的，所以，他也成了全球独一无二的人物。现实中不一定是必须要放弃什么东西，而去追逐其他，这不需要效仿，是要顺从自己内心真实的想法，找寻最适合自己的方向。明确自己心中的目标之后，不要因为中途的阻碍随意地放弃，因为放弃同样需要智慧，它不是意味着鲁莽和懦弱。

　　人生需要进取，但也同样需要恰到好处地放弃一些东西，明智地作出选择，是一个人追求进取、求得发展的前提条件，真正富有胆识的放弃，就是让人最大程度地去追求属于自己的理想。对于一个积极进取的人来说，一味往前走，没有认真地思考，并不是一件值得提倡的事情。适时的放弃是一种难得的境界，是饱经沧海桑田后的淡然与从容，是内心自信的流露。放弃，有的时候，恰恰是最好的选择。

奋斗，人生充满正向的力量

　　有一天，古希腊哲学家泰勒斯的弟子问了他一些问题，泰勒斯一一作出回答："老师，人生最难的事情是什么？""人生最难的是认识并了解自己。""那么最简单的事情是什么呢？""人生最简单的事情是给别人提意见。""那么人生最幸福的事情呢？""人生最幸福的就是拥有一个奋斗的目标，并坚定地把它完成。"的确如此，没有奋斗的目标，就像是在大海上航行的船没有了灯塔的指引，会在黑暗中迷失前进的方向，一个人没有了生活的希望，会感到生活处处是无聊的，没有自己感兴趣的事做，每日徒劳无功，生活会越来越枯燥乏味。

都市生活是快节奏的，忙于工作、学习和生活，夜深人静的时候，除去一身的疲惫，似乎没有过多的感觉，这样的生活是孤独而落寞的。人的生活似乎只是为了奖金、升职、成绩，不知道除此之外，生活的真正意义到底是什么。不要忘记了，充实忙碌的生活固然重要，因为它会保障人的基本需求，但是充实之余，还要有意义地度过每一天，快乐地生活。这个时候需要给自己找一个奋斗的目标，完成这一个，还有下一个在等待，在不断的追求中，人生也会慢慢完成华丽蜕变。

人生需要不停奋斗，为目标去打拼，因为人生之路是自己选择的，就需要自己为之负责。在完成自己的奋斗目标时，尽量开发自己潜在的力量，不要去过度依赖别人，或者眷恋过去种种，少一些不切实际的幻想，多一些奋斗的动力。总是抱怨生活中的不公与艰辛，这是一种不自信的表现。要珍视所拥有的一切，安然地笑对人生的悲欢离合。幸福要去积极争取，需要勇敢创造，幸福的生活属于那些勇往直前的奋斗者，因为在奋斗者的眼中，梦想是创造幸福生活的风帆，扬起梦想的风帆，将自信和努力化为双桨，定会奋力前进，不怕千山万水的长途跋涉。

王羲之自幼酷爱书法，几十年来锲而不舍地刻苦练习，从来不曾间断，终于使他的书法艺术达到了炉火纯青的境界，被人们誉为"书圣"，众多作品至今仍然广为流传。在王羲之十三岁那年，他偶然发现父亲藏有一本《说笔》的书法书，上面的内容非常吸引他，便偷来阅读。他的父亲担心他年纪尚小，不能保密家传，但是经不住孩子的苦苦哀求，万般无奈下只好答应待他长大之后再传授。出乎人意料的是，王羲之坚持要现在就阅读，竟然跪下请求父亲允许他现在看，他父亲很受感动，感觉到孩子对这本书的诚意和执着，终于答应了他的要求。

王羲之练习书法很刻苦，甚至连吃饭、走路都在练习，一副完全痴迷书法的样子，真是到了无时无刻都在写的地步。没有纸笔，他就在身上画写，久而久之，衣服都被手划破了。有时候练习书法达到忘乎所以的程度。有一次，他沉浸在练字的世界里，竟然忘记了吃饭，家人只好把饭送到书房，他竟不假思索地用馒头蘸着墨吃起来，没有感觉到苦涩难吃，还觉得津津有味。当家人发现时，他已是满嘴墨黑了，让人哭笑不得。王羲之经常临池书写，就池洗砚，时间长了，池水尽墨，全都变成了黑色的水，人称"墨池"。现在绍兴兰亭、浙江永嘉西谷山、庐山归宗寺等地都有被称为"墨池"的名胜。王羲之书法艺术的精致，还有刻苦、勤劳的精神受到世人的称赞。

更有传说，王羲之的婚事就是由此而定的。王羲之的叔父王导是东晋的宰相，与当朝太傅是好朋友，太傅有一位如花似玉、才貌出众的女儿。一日，太傅对王导说，他想在王导的儿子和侄儿中为女儿选一位满意的女婿。王导当即表示同意，并同意由他挑选。王导回到家中将此事告诉了诸位儿侄，儿侄们久闻郗太傅家小姐德贤貌美，都想得到她。太傅家来人选婿时，诸侄儿都忙着更冠易服，精心打扮，希望可以得到这位千金的青睐。唯王羲之不问此事，就像没有这件事一样，仍然躺在东厢房床上专心琢磨书法艺术。太傅家派人看过王导的诸多儿侄之后，回去向太傅报告说："王家诸位儿郎都不错，只是因为选婿而显得有些拘谨，不那么自然。只有东厢房那位公子躺在床上，毫不在意，只顾用手在席上比画着写东西。"太傅听后，高兴地说："东床那位公子，必定是在书法上有所成就的王羲之。此子内含不露，潜心学业，正是我意中的女婿。"于是，太傅决定把女儿嫁给王羲之。王导的其他儿侄十分羡慕，称他为"东床快婿"，从此"东床"也就成了女婿的美称了。尽管这是个传说，但是却可以看出王羲之的勤奋与努力，而正是这样的品质深得人们的喜欢与青睐。

王羲之奋斗的目标是一定要在酷爱的书法艺术上有所成绩，他达到了忘乎所以的地步，最终成为一代书法家。生命只有一次，在有限的时间内，是选择碌碌无为地度过，还是选择在奋斗不息中充实度过，相信大多数人的选择是后者。人都会有自己的追求，尽管这些愿望不一定最终实现，因为人的能力是因人而异，而且与周遭生活环境也有着密不可分的关系。主观与客观的因素，或许会制约目标的实现，但是在这个过程中享受了奋斗的乐趣，又何乐而不为呢？

一群年轻人在到处寻找幸福的所在，但是却遭遇很多的烦恼与困惑。他们感到生活没有了希望，只好去向老师苏格拉底询问："老师，幸福到底在哪里呢？"苏格拉底没有回答，只是说："你们帮我造一条船吧！"年轻人们接到老师的任务，不敢懈怠，就暂时把寻找幸福的事情放置在一边，他们四处寻找造船的工具，又花费了九九八十一天的时间，砍倒了一棵参天大树，掏空树的中心，日夜不停歇地忙碌，终于造成了一条独木船。独木船终于可以下水了，年轻人们把苏格拉底请来，邀请他上船。师徒们一起划桨，心情感觉到非常舒畅，又情不自禁地唱起歌来。苏格拉底见此情景，就问他们："孩子们，你们现在感觉到快乐吗？"年轻人们齐声回答："我们感觉到快乐无比。"苏格拉底说："快乐就是这样，它往往在你为着一个明确的目标忙得无暇顾及其他的时候，已经在不知不觉中来到你的身边。"

当人的生活充实起来，被一些有意义的事情占据，就会感觉到快乐。充实不是说要消磨时间，比如说去网吧，或者去一些娱乐场所。娱乐是生活必不可缺的一部分，紧张忙碌生活之余，需要一些娱乐活动作为调剂，因为人不是不知疲倦的机器人。但是娱乐不是生活的全部，不是懒惰的理由，因为每个人都有自己的职责，都有应该去奋斗的事情。

诸葛亮少年时代，曾经跟随水镜先生司马徽学习，诸葛亮非常刻苦，勤于用脑，不但得到司马徽赏识与赞许，连司马徽的妻子对他也很器重，她很喜欢这个勤奋好学、善于用脑的少年。那时，还没有钟表，记时用日晷，遇到没有太阳的阴雨天，时间就更难以掌握。司马徽训练公鸡按时鸣叫来计算时间，办法就是定时喂食。为了从老师那里学到更多的知识，诸葛亮想让先生把讲课的时间再长一些，但先生总是以鸡鸣叫为准，于是诸葛亮想：若把公鸡鸣叫的时间延长，先生讲课的时间就会延长了。于是他上学的时候带些粮食，估计鸡快叫的时候，就喂它一点吃的，鸡吃饱了就不叫了。过了好长时间，司马先生感到奇怪，为什么鸡不按时鸣叫了呢？经过一段时间的观察，他发现诸葛亮在鸡快叫时给鸡喂食。先生刚开始的时候很生气，但静下心一想，孩子是为了更多地学习，还是被诸葛亮的勤奋好学的精神所感动，对他更加关心，对他的教育也就更是毫无保留，尽量把自己知道的知识传授给他。而诸葛亮也就更勤奋。通过诸葛亮的努力奋斗，他终于成为历史上一个著名的政治家、军事家。

幸福的果实不会不劳而获，它需要辛勤的播种和细心的护理。给自己设置一个目标，不一定是远大的。每天给自己一个希望，不要浪费时间去叹息，时时感觉悲哀，将无聊的烦恼作为自己生活的全部，那不是我们想要的生活。有了奋斗的目标，心动不如行动，努力起来，奋斗永不停息。快乐与幸福，成功与拼搏，这些都是充满正能量的因素，想要去触及正向的力量，请踮起脚尖，再努力一点。

认清自己才能更好地挖掘潜能

苏格拉底说："发现你自己。"每个人都有着自己独特的地方，有着无限可能的力量，站在镜子的前面，照射出来的不过是一个具体的物象，那不是全部，在其背后，仍然有着不为人知的秘密，那是一种神奇的力量，潜藏在身体内部的强大力量，在寻觅到发现的过程中，逐渐会清楚地发现自己的能力，也可以说是自己所擅长的，或者说是优势。这些方面的内容，是旁人无法理解的，他们无法提供指引，依靠的是自己那双善于发现的眼睛。

我们的眼睛喜欢向外延伸，看得见高耸的山峰，看得见奔流不息的大海，看得见自然界的万物，却独独看不清自己。为心灵打开一扇窗户，审视自己，明辨自己的内心所思所想，理想的泉水可以醍醐灌顶，催生心中的树叶最别具一格的清晰脉络。"认清自己"被公认为是希腊哲人最高智慧的结晶。一个人在经历过一些事情之后，没有想象中的欣喜若狂，没有痛苦中的捶胸顿足，有的是一分从容与淡定。在这些或悲或喜的过程中，还能清楚地认识自己，无疑是最大的收获。认识自己，再到批判自己、改造自己，智慧也会在头脑中逐渐加深它的印记，进而迈上属于自己的成功之路。

认清自己，会更好地挖掘自己内在的潜力，那些潜在的能力像是一个个等待发现的宝藏，藏在深山老林之中，如果不去寻找，永远不会发现它散发出的光芒。当认识自己之后，为自己设置准确的定位，也就是树立一个奋斗的目标，因为胸有成竹，所以信心满满地轻装上路，沿着潜力的脚步出发，向成功的顶峰努力。前进的路上即使会遭遇风雨突变，雷声大作，然而如若认清自己，知道自己真正想要的是什么，就总会找到适合自己前进的方向与道路。认识自己，更加了解自己所具备的特质，人生之路的选择可能会少一些徒劳，多一份明智之选，人生也会开启崭新的另一番天地。

大提琴演奏家马友友的父母都是旅美的华人，他们在华尔街做经济研究员。因为对家庭教育的重视，马友友刚出生，父母就已经为马友友规划好了将来的人生蓝图，他一定要同父母一样，做一位优秀的经济人！马友友还没有学会讲话，他们就开始教他数字知识，有意思的是，马友友最先学会说的话是说数字，并不是叫"爸爸妈妈"。两岁时，他的父母就开始教他简单的数学运算。就这样，马友友在父母的安排下度过了童年。读小学的时候，马友友的数学在学校就出类拔萃，在许多数学竞赛中夺奖。马友友的父母、老师都为他感到骄傲，同学们也羡慕他，但他自己知道，学习数学没有一点儿乐趣。

有一个傍晚，天色不太好，马友友走在放学路上，因为怕被雨淋，就选择从一条偏僻的小路上回家，在一幢老房子的院子外面，他忽然听到了一种极为美妙的音乐，像行云流水般优美，马友友被这旋律吸引住了。他停下脚步往院子走去，看见一位老人正在院里拉大提琴，那位老人的神情专注而陶醉，他的身体随着音乐而轻轻摆动，看到眼前这幅美丽画面，马友友不禁感叹道："如果自己也能奏出这么美妙的音乐就好了。"就这么一个偶然的机会，马友友发现自己真正感兴趣的是音乐，而不是枯燥的数学！那位老人发现了马友友，他请马友友进了院子，在演奏了许多美妙的曲子之后，还给他讲了许多关于音乐的故事。看到、听到的这一切，让马友友立即喜欢上了音乐。那时候的美国比较流行兴趣培训班，马友友的父母让他去上数学培训班，可是马友友的兴趣并不是数学，所以他时常"逃课"，偷偷溜到老人那里去听音乐，学习拉大提琴。很快，这件事就被他的父母发现了，因为他的数学成绩一直在下降，他们对马友友说："以前的事情，我们可以既往不咎，但是以后你一定要用心学好数学！"

马友友反抗说："为什么一定要学数学？我不喜欢数学！""你只有学好数学，才能和我们一样成为一名出色的经济师，甚至可以比我们更优秀，也许可以成为一位伟大的数学家！"马友友的父母告诉他说。可是马友友坚定地说："为什么一定要和你们走相同的路呢？最能让我开心的东西是音乐，而且我认为能把自己喜欢的事情做好。"他知道，自己的人生之路一定要自己来把握方向，绝不能让他人来安排，哪怕是自己的父母。接着，马友友还是坚持去老人那里学习音乐。不久后，父母终于被他的执着所感动，同意他去上音乐培训班。人一旦做起自己真正喜欢的事情，进步都是特别快的，到中学毕业的时候，马友友就在曼哈顿得了全市学生音乐会的一等奖，并前往哈佛大学就读。也就在这个时候，他的音乐名声逐渐大了起来，许多著名的交响乐团以及众多音乐大师都向他发来邀请，与他一起演奏和表演。

因为是从事自己喜欢的事业，马友友在音乐路上不断进步、一路向前，多次受邀到白宫演奏音乐，而且还多次获得各种奖项，成了一位世界级的音乐大师！他还接受了由美国总统奥巴马亲自颁发并戴上的象征着平民最高荣誉的总统自由勋章。当晚，马友友在戴上总统自由勋章后感慨地说："自己的人生只有一个主人，那就是我们自己，行走在自己铺设的人生轨迹上，一定是最开心、最能取得成就的！"

马友友能清楚地认识自己的兴趣爱好，不惜浪费掉自己多年数学知识的积累，进入一个完全陌生的领域，但因为那是他自己所喜欢的，所以才能取得更大的成绩。他在一个偶然的机会下，认清自己内心想要的：不是想成为一个数学家、经济学家，而是成为一个音乐演奏家。每个人也许都有这样的阶段，在不断的摸索中，在走过一些弯路之后，忽然看到自己的追求目标。时间永远不会太晚，从认清自己的那一刻开始努力，也一样会到达自己心中所想的神圣之地。

有这样一个童话故事：啄木鸟迪迪从小就是一个孤儿，它无父无母，非常孤单，在很小的时候就开始四处流浪。小啄木鸟一天天长大了，它自言自语地说："我已经长大了，我要养活自己，该去找些工作了！"就这样，啄木鸟走向森林。走了很远，它看到了一只小兔子在采蘑菇。小兔子看见啄木鸟就问："你叫什么名字？"啄木鸟结结巴巴地说："我……我没名字，如果你非要问，可以叫我迪迪。"小兔子奇怪地问："那么你在干什么，迪迪？""我想找个工作。""好！我跟你一起找！"走在半路上，迪迪突然想起些什么，就回头问小兔子："你叫什么名字？"小兔子笑嘻嘻地说："我叫贝贝！" 走啊走，它们看见了一只小刺猬，迪迪问："唉呀！小刺猬背上怎么插进去那么多苹果呀！"小刺猬回答说："我是搬运工，我把苹果插在背上，运到苹果工厂去加工，你做得到吗？"迪迪知道自己背上没有刺，只好摇摇头害羞地离开了。走啊走，它们又看见了一只小蚯蚓，迪迪又问："小蚯蚓怎么钻进了土里呀？"小蚯蚓听到声音，探出头来回答："迪迪，我是松土专家，我钻进土里，土地就会疏松，花儿才开得更好，你可以吗？"迪迪又一次害羞地离开了。迪迪找不到工作，它感觉到自己没有一项长处，哇哇大哭了起来。贝贝安慰它说："迪迪，别哭了，你一定找得到工作的。"就在这时，从附近传来"救命呀！"的呼救声。贝贝对迪迪说："走啊，我们去看看！"它们向喊救命的地方走去。发现原来是一棵大树在叫呀！它在被许多虫子咬呢！贝贝说："对了，啄木鸟是吃虫子长大的，所以，迪迪你可以去捉虫子！"迪迪决定去试试，它两脚紧贴在树干上，用自己的尖嘴把虫子一个接一个从洞里捉出来，然后吃掉。迪迪非常高兴，因为它找到了自己的特长，原来它也有自己擅长的技能，只是以前没有发现而已，从此啄木鸟成了树林里的医生。

　　《劝学》中说："君子博学而日参省乎己，则知明而行无过也。"也许我们不是古代的君子，没有博学的知识，但是时刻反省自己是可以做到的。认识自己，成为生活的主角，在人生的舞台上演绎出属于自己的精彩瞬间。看清自己，明白自己内心真正需要的是什么，并为之付出不懈的努力，向那个目标进发，就会看到成功闪耀的光芒。

打破思维的禁锢，在开拓中提升自我

　　若一个人的思维陷入固定的模式，内心的想法也就会受到限制，固执地沿着自认为对的、但不一定是最正确的路走，但是却仍浑然不知，一直走到一个坚硬的围墙面前，再也无路可走，才黯然神伤。一个人的想法决定着他成功的程度，许多机会会摆在人们面前，但是很多人却没有发现，而是让机会白白流失。没有抓住成功的机会，是自己在坚守自己的想法，对于任何事情都无动于衷，感觉自己是最正确的，却往往给自己带来无尽的懊悔。

　　打开思维模式，勇于创新，会给自己的人生开启新的世界，如果没有持续的创新发展，社会也不会获得如今的高速发展，可能还停滞在原地。创新像是鸟儿的翅膀，让它在天空自由翱翔；像是黑夜中的星星，给路上的行人指引方向。当一个人的想法具有创新意识，他的精神也像是注入一道神奇的力量，充满勇往直前的气势。不再畏惧一些困难和挫败，会淡然地看清所经历的一切，具有别具一格的气质。

　　创新需要有一个怀疑的眼光，不迷信一些固有的共识，敢于从自己的角度出发，这同样也是自信的表现。别人嘴里说的那个世界，未必如眼中真实看到的一样，亲身经历其中，结合以往的经验，可能会有新的发现。社会的各行各业都需要创新精神，如果缺乏了创新精神，那么它就会停滞不前，反而有倒退的可能。只有坚持创新精神，并勇于付诸实践，再付出坚持不懈的努力，整个社会才会获得长足、稳定的发展。

　　尼古拉·哥白尼出生于波兰托伦市的一个富裕家庭。他十八岁时就读于波兰旧都的克拉科夫大学，学医期间对天文学产生了极大的兴趣。后来，二十三岁的哥白尼来到文艺复兴的发源地意大利，在博洛尼亚大学和帕多瓦大学攻读法律、医学和神学，博洛尼亚大学的天文学家德·诺瓦拉对哥白尼影响极大，在他那里哥白尼学到了天文观测技术以及希腊的天文学理论。他四十岁时提出了"日心说"。哥白尼作为一名医生，因为医术特别高明，所以被当地的人们称为"神医"。哥白尼成年的大部分时间是在费劳恩译格大教堂任职当一名教士。哥白尼并不是一位职业的天文学家，他的成名巨著都是在业余时间完成的。在意大利期间，哥白尼就熟悉了古希腊哲学家阿里斯塔克斯的学说，确信地球和其他行星都围绕太阳运转的。他大约在四十岁时开始在朋友中散发一份简短的手稿，初步阐述了他自己有关日心说的看法。经过哥白尼长达两年的观察和计算，他终于完成了伟大的著作《天体运行论》，这本著作中计算所得数值的精确度非常高。1533年，六十岁的哥白尼在罗马做了一系列的讲演，提出了他的学说的要点，当时并未遭到教皇的反对。但是他害怕教会的反对，所以在他的书完稿后，还是迟迟不敢发表，直到在临近古稀之年才终于决定将它出版。1543年5月24日，生命垂危的哥白尼才在病榻上收到出版商从纽伦堡寄来的《天体运行论》样书，他只摸了摸书的封面，便与世长辞了。

哥白尼的学说是人类对宇宙认识的革命，他不迷信教会的观点，从自己的研究出发，最后产生日心说这样的想法，使人们的整个世界观都发生了重大变化。但是在评价哥白尼的影响时，还应该注意到，天文学的应用范围不如物理学、化学和生物学那样广泛。从理论上来讲，人们即使对哥白尼学说的知识和应用一窍不通，也会造出电视机、汽车和现代化工厂之类的东西；但是不应用法拉第、麦克斯韦、拉瓦锡和牛顿的学说则是不可想象的。

仅仅考虑哥白尼学说对技术的影响就会完全忽略它的真正意义。哥白尼的书对伽利略和开普勒的工作是一个不可缺少的序幕。他们又成了牛顿的主要前辈。是这两者的发现才使牛顿有能力确定运动定律和万有引力定律。从历史的角度来看，《天体运行论》是当代天文学的起点——当然也是现代科学的起点。

尽管哥白尼提出的日心说观点是不完备的，但是就当时统治者的旧有思维来说，还是具有创新精神的。他没有迷信和盲从，从自己细致的研究出发，提出新的观点，给后人进一步的研究提供了非常好的基础。正是在这样一个个观点的提出中，整个社会也在不断地发展，无论它正确与否，这都是一个值得珍惜的思考过程，同样值得尊敬。不可能每一个观点的提出，都会得到人们的支持，可能会遭遇冷嘲热讽，可能会困难重重，但是只要一颗坚定不移的心就足够了，敢于说出内心最想说的话就可以。

铁路工程师詹天佑出生在一个普通茶商家庭。他少年时期就对机器十分感兴趣，经常和邻里孩子一起，用泥土仿做各种机器模型；有时，他还偷偷地把家里的自鸣钟拆开，摆弄和摸索里面的零件，有时候提出的一些问题。连大人也无法解答。后来年仅十二岁的詹天佑报考了清政府筹办的"幼童出洋预习班"。他辞别父母，怀着学习西方"技术"的理想，去美国读书。在美国，出洋预习班的同学们，目睹北美西欧科学技术所取得的巨大成就，赞叹机器、火车、轮船及电讯制造业的迅速发展。有的同学甚至对中国的前途感到悲哀，詹天佑却怀着无比坚定的信念说："将来，中国也要有自己的火车、轮船。"他就是怀着为祖国富强而努力学习的目标认真刻苦学习，最终以突出成绩在毕业考试中名列第一。

回国后，詹天佑满腔热忱地准备把所学本领贡献给祖国的铁路事业。经过几次变动，转入中国铁路公司，担任工程师，这也是他献身中国铁路事业的开始。刚上任不久，詹天佑就遇到了一次考验，当时从天津到山海关的津榆铁路修到滦河，要造一座横跨滦河的铁路桥。滦河河床泥沙很深，又遇到水涨流急。铁桥开始由号称世界第一流的英国工程师担任设计，但失败了；后来请日本工程师施工设计，也没起作用，最后让德国工程师接手，不久也败下阵来。詹天佑要求由自己设计参与，负责工程的英国人也是万般无奈，走投无路，只好答应詹天佑试一试。詹天佑是一个踏实肯干的人，他分析总结了三个外国工程师失败的原因后，身着工作服与工人一起去实地调查、测量。夜晚，借着幽暗的油灯，仔细研究滦河河床的地质构造，反复分析比较，最后才确定桥墩的位置，并且大胆决定采用新方法——"压气沉箱法"来进行桥墩的施工。詹天佑果然成功了，滦河大桥终于在中国人的手中建成了。这件事震惊了世界：一个中国工程师居然解决了三个外国工程师无法完成的大难题。

随着京张铁路正式开工，紧张的勘探、选线工作开始了。詹天佑带着他的测量队，背着沉重的仪器，日夜奔波，马不停蹄地走在崎岖的山路上。遇到难以攻克的问题，他二话不说，背起测量仪器，冒着风沙的击打，奋力地攀到岩壁上，认真地复勘地质，修正每一个可能存在的误差。当他从山上下来时，冷得浑身发抖，嘴唇都冻青了。为了克服陡坡行车的困难，保证火车安全爬上八达岭，詹天佑独具匠心，创造性地运用"折返线"原理，在山多坡陡的青龙桥地段设计了一段"人"字形线路，从而减少了隧道的开挖，降低了坡度。就是在这样不懈的努力下，加上詹天佑一些独到的创新之处，京张铁路顺利提前竣工，令国内外的人们都赞叹不已。

詹天佑在极其艰苦的条件下，凭借着自己所学的知识，认真钻研，创造性地提出一些新的方法，解决了在施工过程中遇到的难题，让所有人刮目相看。无论是科学研究，还是人文方面，创新都在发挥着不可替代的作用，今天的人们享受着之前创新带来的一切便利，而且创新的脚步也永远不会停止，无论世界发展到怎样的程度，它还是有再进一步的空间，等待着人们进一步地开发。

有了创新的思维是远远不够的，还需要为之付出更多的努力，就像是有了一个新的想法，设定了努力的目标，仍然还是要坚持不懈。不让思维陷入一个僵局，不是故步自封，不是轻易满足自己所取得的现有成绩，放开眼光，敞开心扉，那样才不会束缚住思想的腾飞，你会发现，整个身心也在随着思想获得了提升。在不断的开拓中，认识全新的自我，看清崭新的世界，会发现原来还有独特风景存在。

燃起自信：没有比脚更长的路

　　信心，源于内心，是一种精神的动力，在感到疲惫的时候，在感到生活无望的时候，重燃信心，会给自己重新起跑的勇气。心中有了一个梦想，在实现的过程中可能会遭遇各式的挫折，只要心中充满信心，就会在无形中增添巨大的能量，将所有的不快抛之脑后，向着目标的方向进发。对自己要有信心，不要产生自卑的心理，当然更不要自负，是在有充足的准备之后，再扬起信心的风帆，助力航行。相信自己的能力，别人才会相信你，自然也会给自己增加更多的机会。无所畏惧，不是贸然前行。不再害怕痛苦与失败，因为那是人生一份独家的记忆，是难得的经历，它教会我们坚强，让我们学会成长和面对。面对不可知的未来，让自信作为那盏黑夜中的明灯，指引自己前行，不再孤单。

信心释放出的动力，载你驶向心之所在

人生，就像是一场无声无息的战斗，尽管看不到硝烟弥漫，却也不是永远平稳顺利，也会面对残酷的现实。在这场战争没有开始之前，谁也无法预知会面对怎样的结果，但是该来的终究还是会来，能坚持到底不过是怀着一颗必胜的信心。想要成功，想要达到自己的人生目标，必须具备的就是自信，人有了这种攻无不克的信心，会相信自己的梦想必将实现。参透了自信的真谛，心中的梦想会越来越清晰，脚步也在逐渐地靠近目的地。

人生又像是一座险峻的山峰，满怀信心地向上攀爬，才能欣赏到山顶无限美好的风光。如果在路途中，因为一点点小的坎坷，就瞻前顾后、畏首畏尾，则止步在恐惧的原地，或者是原路返回，就永远不会知道那"一览众山小"的壮阔。自信是打开成功大门的钥匙，这是一种潜在的、强大的、不可战胜的力量，有了它，就有勇气去实现自己的理想抱负，理想并非遥不可及，满怀信心地坚持下去，为之付出不懈的努力，理想也会变成现实。

一个人做任何事情都不可能是一帆风顺的，可能会遭遇失败，可能会经历坎坷的痛苦，但是不管遇到怎样的困难，都应勇敢面对，逃避解决不了任何问题。就像那无所畏惧的苍松一样，在风雪之中，依然挺拔并傲视前方。信心是一种拥有，是一种缔造无限可能的力量，一股战无不胜的勇气，凭借着这样的信心，满怀这样的激情，接下来就去尽全力开拓属于自己的五彩人生，描绘自己的人生蓝图。

公元前1500年左右，在埃及就已经有这样的画作流传下来：有人用杠杆抬起特别重的东西。不过因为知识水平的有限，人们并不知道其中的道理是什么。阿基米德开始着手研究这个现象，经过反复地试验，他发现了著名的杠杆原理。在他发现这个原理之前，没有人能够解释这个现象，所以，当一些哲学家谈到这个问题的时候，就斩钉截铁地说其中的原因是"魔性"。身为科学家的阿基米德当然不相信这个荒谬的说法，他不认同"魔性"的解释，所以在他推断出杠杆原理之后，就得出一个结论：只要能够取得适当的杠杆长度，无论多么沉的重物都能用很小的力量举起来。

他说出这样的豪言壮语："给我一个支点，我就能撬动地球。"当时的国王听说后，感到非常不信任他，就对阿基米德说："你敢对着神灵起誓，你所说的是正确的！我感觉到你说得很奇怪，真是让人难以相信。"阿基米德耐心地给国王解释清楚其中的原理之后，国王说："你到哪里去找一个支点，把地球撬起来呢？"阿基米德回答说："这样的支点是不存在的。"国王说："那么，要叫人相信力学的神力就是完全不可能的。"阿基米德说："不是，国王，你误会了，我能够给你举出别的例子来。"国王说："你这完全是在吹牛，如果可能，你现在替我举起一样东西，让我看看怎么样。"因为国王当时正遇到一个问题，就是他造了一艘非常大的船，船已经造好了，但是没有人可以把它推下水。阿基米德说自己可以试试，他来推这条船下水。

阿基米德离开国王后，就利用杠杆原理和滑轮，经过一段时间的设计，做出一套精巧的机械。等一切准备好之后，阿基米德请国王来观看他如何把船推下水。他把一根绳子交到国王手里，让他轻轻拉下去。顿时，那艘大船慢慢移动起来，非常轻松地滑入水里，国王和周围的人看到眼前的情景，都不敢相信自己的眼睛，感觉就像是在看变魔术一样，惊叹不已。经过了这件事情，国王彻底地信服了阿基米德，并且向全国发出公告，让大家也相信阿基米德，阿基米德用科学的实际行动征服了所有人。

阿基米德是一位科学家，在当时的环境下，人们对科学还处于懵懂的阶段，他却可以用自己的信心以及能力征服所有人，也为以后的科学发展奠定了良好的基础。信心是一个人最强悍的力量，只要自己坚信一个目标，坚定不移地努力，即使不被人看好，也会勇敢前行。自信的人会走在人生之路的前沿，他们的眼光会看得更高更远，不会因为一时的得失而计较，所以成功也会随之降临。

刘邦出生于沛丰邑中阳里，他的额头长得很高，鬓角和胡须很漂亮，左边大腿有七十二颗黑痣。随着年龄渐长，他不喜欢下地劳动，所以经常被父亲训斥，说他不如他哥哥会经营，日后在统一天下之后，刘邦还拿此事和刘太公开玩笑："您看我和刘仲到底谁创下的基业大？"人们都认为刘邦没有志向，不能经商，也不会干活，没有收入，连自己都养活不起，但刘邦依然我行我素，因为他有自己的想法，这是别人不能理解的。后来刘邦投入到张耳门下，两人结成知己。魏国灭亡，张耳成为秦廷通缉犯，门客都离散，刘邦也回到家乡沛县。后来，刘邦做了沛县泗水的亭长，时间长了，和沛县的官吏们混得很熟，在当地也小有名气。刘邦其实心中有自己的志向，在一次送服役的人去咸阳的路上，碰到秦始皇的大队人马出巡，远远望去，秦始皇坐在装饰精美华丽的车上，威风八面，刘邦满怀信心地说："大丈夫就应该像这样啊！"

刘邦的妻子是吕公的女儿吕氏，名叫吕雉。吕公和家乡的人结下冤仇后来到了沛县定居。在刚刚到沛时，很多人便听说了他和县令的关系，于是，人们便来上门拜访，拉拉关系，套套近乎。刘邦听说了也去凑热闹，当时主持接待客人的是在沛县担任主簿的萧何，他宣布了一条规定：凡是贺礼钱不到一千钱的人，一律到堂下就坐。刘邦根本不管这些，虽然他没有带一个钱去，他却对负责传信的人说："我出钱一万！"吕公听说了，赶忙出来亲自迎接他。一见刘邦器宇轩昂，与众不同，就非常喜欢，请入上席就坐。吕公这个人，喜欢给人相面，看见高祖的相貌，就非常敬重他。吕公说："我从年轻的时候就喜欢给人相面，经我给相面的人多了，没有谁能比得上你刘邦的面相，希望你好自珍爱。我有一个亲生女儿，愿意许给你做妻子。"酒宴散了，女儿对吕公大为恼火，认为刘邦不是一个能成大器的人。吕公说："这不是女人家所懂得的。"还是把女儿嫁给刘邦了，吕公的女儿就是历史上有名的吕后。

刘邦以亭长的身份为泗水郡押送徒役去骊山，他半路上私自放了徒役，趁机起兵，很快发展成一支声势浩大的队伍。当时由于秦军军势壮大，楚国上下皆不看好西征，都不愿意领军西征。而项羽则因为叔父之死，积极要求随沛公西征。最终刘邦军队没有像当年周文那样一败涂地，而是大破秦军，这样秦朝失去了所有的抵抗力量。汉元年（前206年）十月，秦王子婴素车白马，向刘邦献上了传国玉玺。秦朝至此灭亡，刘邦在山东定陶汜水之阳举行登基大典，定国号为汉。刘邦即皇帝位后，初都洛阳，不久正式定都长安，开基肇始，史称西汉。

刘邦的出身非常普通，只是寻常百姓人家，但是他却有信心，相信自己终有一日可以干一番大事业，尽管一直以来都不被人看好，包括自己的家人，但是他还是相信自己，认为只要自己坚持努力，就一定可以成就霸业。每一个人的出身不可能都是荣华富贵，都是想要什么就可以得到什么。我们只是一个普通人，没有什么伟大的志向，但是还是应有自己的理想抱负，尽管在实现的过程中，会因为各种外在的条件而寸步难行，但只要艰难地移动出小小的一步，也是巨大的胜利。只要心里曾经想过梦，就要勇敢地付诸实践，只要它不是不切实际的幻想，一切皆有可能，它一定会有变为现实的可能。

生活对于每个人来说都是公平的，机会摆在眼前的时候，需要积极地把握，而这份信心，就显得弥足珍贵。如果想实现自己的梦想，就要树立起强大的信心，任它风吹雨打，也不能摧垮心中的坚持。因为自信，能力会变得无穷无尽；因为自信，挫败才会隐藏起它的身影；因为自信，生命才可以焕发更多的活力。追梦的路上，就像是孤身航行在无边无际的海上，有了信心作为航向的指南，会清晰地知道自己想要到达的地方，会充满无限强大的动力，才不会迷失前进的方向。拥有自信的陪伴，昂首挺胸向前进发，生活会变得更加从容不迫！

无所畏，拥有自信的能量

有一位女歌手，她在第一次登台演出的时候，心里十分紧张。一想到自己马上就要走上舞台、面对成千上万的观众，她的手心里全是汗，她害怕在舞台上会紧张，害怕会忘记歌词，观众们可能会嘲笑自己，越想越紧张，心跳逐渐加快，甚至到不能呼吸，以致产生了打退堂鼓的念头。就在这时，有一位歌唱前辈笑着走过来，随手将一个字条塞到她的手里，并轻声说道："这里面写着你要唱的歌词，如果在台上不小心忘了词，就打开来看，它可以提示你，没有人会发现的。"她手里握着这张字条，就像是拿着一根救命稻草一样，接着匆匆上了台。可能因为有手里的字条，她的心里踏实了许多，也感觉不到紧张了。她在台上发挥得相当好，没有一点失常，赢得了观众的掌声和欢呼。

她兴高采烈地走下舞台，去后台找那位前辈，她想要向那位前辈表达心中的满满的感谢。前辈却笑着说："其实是你战胜的是你自己，你原本就具备这个实力，只是因为这个契机，而找回了属于自己的信心。其实，我给你的，是一张白纸，上面什么都没写！"她赶紧展开握在手心里的字条看，上面果然没有期待中的歌词。她感到十分惊讶，自己竟然只是握住一张白纸，就顺利完成了演唱，获得了最后的成功。前辈语重心长地说："你握在手中的这张白纸，并不是一张普通的白纸，而是你的自信啊！"在以后的人生路上，她就是凭着握住自信，战胜了一个又一个困难，取得了一次又一次成功。

这位女歌手心中充满了自信，就不再害怕失败，不再想着因发挥失常而被嘲笑，没有了顾虑，会变得更勇敢，任何困难都会迎刃而解，成功也会随之到来。一个人如果害怕失败，其根本原因还是缺乏自信，因为总是认为自己的能力还不够。比如，在学生时期，害怕学习成绩不好，其实并不一定是说他学得有多不好，可能基础知识已经很扎实，却还是遇到考试就特别恐慌。一个人没有了对自己的信心，即使面对原本胜券在握的事情，却还是会遭遇一次次的失败。比如，在求职的过程中，明明已经提前做了大量的准备，却在面试阶段仍然紧张，影响了正常发挥，给面试的人员留下不好的印象。不是说面试官有多严肃、多可怕，他们没有什么让人恐惧的特质，产生恐惧的还是那颗缺乏自信的心。

有时候自信来源于别人的鼓励，可能是一句话，或是讲述一个故事，会让人有一种茅塞顿开的感觉，失去的信心重新涌上心头，努力去做好自己应该做的事。更多的情况，自信来源于内心，甚至无论是怎样一位伟大的哲学家讲述道理，没有领悟，没有用心去体会，到最后仍然不会起到作用。自信是对自己发自内心的肯定，不管目前所具备的能力达到怎样的程度，距离最好还有多远的差距，给自己一个认可，"我能行"，"我一定可以"，这是一个心理暗示，会让人鼓起勇气，继续前行。

自信不是盲目自大，过分的自信当然也是不可取的，那是狂妄自大，变得目中无人，所看中的也不再是能力本身，而是转移到过度自信上，结果注定会失败。任何事情都有一个适合的程度，肯定自己，是在充分熟悉自己的情况下得出的结论。比如自己的工作能力特别差，却还是非常乐观地认为自己无所不能，不把别人放在眼里，结果工作完成得非常不好，遭到领导的批评，还心生怨恨。认识自己是拾起自信的前提条件，可能仍然有许多欠缺的地方，还有需要努力的地方，但是也同样有信心会进一步地查缺补漏，尽快让自己提高。当一个人以自信满满的姿态站在众人面前时，他的身上会散发出一种独特的光芒，这种热量会同样感染身边的人，让那些缺乏自信心的人，一样具备这样的力量。

在美国颇具传奇色彩的赛车手——吉米·哈里波斯很小的时候，他就有一个梦想，那就是成为一名出色的赛车手。他曾经在军队服役，在那里曾经开过卡车，正是这样难得的经历，让他掌握了娴熟的技能，为他今后走上赛车手的道路做好了充分的准备。从军队退役之后，他去一个农场应聘当司机，在忙碌的工作之余，他坚持去一个业余的赛车队进行训练，只要有机会参加赛车比赛，他都会想尽办法报名参加。因为他不是专业赛车手，所以每次取得的成绩并不理想，拿不到比赛的奖金，他在赛车上的收入几乎是零，甚至因此欠下不少债务。

有一次，他参加一个比赛，在比赛进行到一半的时候，他的名次还非常靠前，他感觉自己这次很有希望，可能会拿到一个很好的名次。但是出乎意料的是，行驶在前面的两辆车突然撞在了一起，他见此情景，赶快扭转方向躲避，却因为车速实在是太快了，还是没有躲开。结果他撞到了赛道边的墙壁上，赛车立即燃起了大火，当他被从大火中救出来的时候，身体大面积地被烧伤，连五官都模糊了，鼻子也不见了，让人惨不忍睹。他被立即送到医院进行抢救，用了整整八个小时，他才脱离生命危险。经过这次惨烈的事故，尽管他的性命保住了，但是手却弯屈在一起，医生告诉他以后再也不能开车了。

他清楚自己的梦想是什么，所以他并没有因此丧失信心。为了实现自己的梦想，付出再多也是值得的，所以他毅然决定去进行一项项的植皮手术。为了让弯屈的手指重新灵活起来，他不放弃每一分钟去练习。刚开始的时候，因为手指僵硬，他不得不用还能动的手指练习抓木条，每一次都是撕心裂肺的疼痛，练习之后经常是大汗淋漓，但是他依然还在坚持。在做完最后一次手术之后，他基本可以恢复了，他重新回到农场，从开拖拉机练起，希望可以尽快回到赛车的跑道。

功夫不负有心人，用了整整一年的时间，他真的重新返回心爱的赛场，这是一次公益性的比赛，因为中途车熄火了，所以这次他没有取得名次。不过在第二次比赛中，他还是获得了亚军。又过了几个月，他竟然又一次来到出事故的那个赛场，他克服了心中的阴影，稳定了情绪，满怀信心地开始了比赛，结果是让人欣喜的，他终于获得了冠军——这个姗姗来迟又梦寐以求的第一名。当吉米登上领奖台，面对着为他欢呼的观众，看着手中金灿灿的奖杯，这个坚强的人，流下了激动的泪水。走出赛场，一些记者不约而同地提问了同一个问题，那就是他是如何从那次惨烈的事故中走出来的？吉米没有说话，而是微笑着在一张迎着朝阳的图片背面写下了这样的文字：把失败写在背面，相信自己一定可以成功。

吉米面对着残酷的现实，他没有过度地悲伤，没有留下一生的恐惧，而是凭借着不服输的精神，勇敢地在自己跌倒的地方爬了起来，给自己和世界一个灿烂的微笑。执着不等于执拗，多听听别人的意见是必须的，但是自己的内心也要有坚定的信念，不能因为别人的一句话就轻易改变自己的人生方向，因为他人的意见，不一定是适合自己的，需要有一个甄别的能力，选择最适合自己的目标去努力，否则会既费时又费力。关键是听从自己内心的真实想法，顺从心的发展，只要是自己想要争取的，即使耗尽一生的力量，也要尽全力去争取，不管结果怎样，尝试过就已经是一件让人感到幸福的事情。

"天生我才必有用"，哪怕命运之神一次次把我们捉弄，拥有自信，拥有一颗自强不息、积极向上的心，成功迟早会属于我们。自信是一种力量，是一种能量，一个人无论身处顺境，还是逆境，都应该微笑地、平静地面对人生，有了自信，生活便有了希望。在做一件事情之前，思前想后，考虑种种后果，心中甚至暗示自己一定会遭遇一些未知的情况令自己措手不及，甚至为了想这些根本可能不发生的事情整夜都难以入睡，这实在是在折磨自己。为一件并不存在的结果，费力伤神，就是太不值得。

著名的心理学大师卡耐基有这样一句箴言："我想赢，我一定能赢，结果我又赢了。"面对失败，无所畏惧，不是自怨自艾地待在原地黯然神伤，起身擦干眼泪，把心中的悲伤释放掉，让它随风而去。即使在内心深处可能还残留着一道未愈合的伤疤，请选择忘记，让那份疼痛成为督促自己更向上的动力。对着镜子给自己一个灿烂的微笑，重新点燃梦想的火炬，带着不服输的精神勇敢向前奔跑。

相信自己，才能赢得别人的信任

在黑暗中行走的人，看不到前进的方向，却仍然满怀信心，认为希望的出口就在下一个转角处出现。不管曾经在黑暗中的摸索有过怎样的艰辛，或许曾经无数次碰壁，辛酸的泪水就要流下来，但即使是这样，心中所想的仍然是光明无限的未来。选择相信自己，不去依赖别人，在许多关键的时刻，拯救自己的钥匙还是握在自己手中。相信自己，是对自己选择的人生之路的一种肯定，无论是一马平川，还是崎岖坎坷，总归会咬牙坚持走下去，并且坚信胜利的曙光就在离自己不远的地方。

茫茫人海，每个人都有自己独特的个性，又有着别具一格的魅力打动别人，这种魅力的来源就是由内而外散发出的自信光芒。想让自己与众不同，在人群中脱颖而出，需要的就是这股自信的力量。比如，在求职的时候，竞争者成千上万，如何第一时间吸引住面试官的眼光，如何让那份向往的工作成为自己的生活，需要用自信去打动别人。只有相信自己的人，才值得其他人信任，别人才可能把一份重要的工作内容交给你，因为他们知道，一个对自己的工作一丝不苟、胸有成竹的人，做任何事情都同样可以成功。

一个自信的人，可以在危急的关头力挽狂澜，甚至可以扭转本来急转而下的局势，这样的能力不得不让人心生敬佩，更会使人毫无保留地信任有加。即使自己仍然有些地方存在着不足，可能在胜任某项工作上会有一点小小的问题，但这也是微不足道的，水滴可以石穿，自信的人即使如一滴水那样渺小，他也相信终有一日，自己可以以坚持不懈的精神将坚硬的石头击穿。就是这样的自信，肯定自己的能力，在适合的时间、恰当的场合定会发挥出应有的作用。相信自己，是成功之前必要的准备，这是一种情绪的酝酿，可以转化为快乐与喜悦，自信的人脸上随时挂着微笑，因为这种自信的笑容是在传递一个能力的信号，不仅是看在别人眼里，更是印在自己心里。

泰勒出生在美国一个农民家庭，自幼家庭贫寒，他不得不中途辍学回家，帮助家里干农活，支撑家里的经济负担。他替别人赶马车运货，给农场收割农作物，一直到他因为一次偶然进城，他发现经商是一个不错的赚钱方法，收入会非常多，所以他开始经营洗浴产品，从正式接触这个行业开始，一干就是十多年。突然有一天，他得知一个消息，给自己提供货物的那个公司即将要对外出售，标价是十五万美元，这对于一个白手起家的人来说，简直是一笔天文数字。这十多年来，他每日辛辛苦苦，赚的钱除了补贴家用，也没有多少积蓄。但是这个机会太难得了，他决定不管有多少困难，也要坚持把这个公司买下来，所以他四处筹钱。最后他先交付了两万元的定金，和公司签下的协议是，剩下的那部分在十天内补上，如果到时候还是交不上的话，连定金也不会返回。

这样巨大的数额要在短短的十天凑齐，对于已经倾尽所有的泰勒来说，无疑是不可能完成的任务，但是他坚信自己一定可以做到，也必须要做到。他绞尽脑汁，把能想到的办法都想到了。直到最后一天的晚上，他发现自己还是差一万元，自己实在是已经无能为力了，眼见交款的时间就要到了，他焦急万分，目标马上就要实现了，却要面临半途而废的可能。夜色渐渐深了，他还是没有想到什么办法可以找到一万美元，他一个人孤独地在街上走着，一边默默地祈祷："万能的上帝，您就可怜可怜我，请赐予我一万美元吧！"

在不知不觉中，泰勒来到一个写字楼下面，楼上还有一缕灯光，还有人在深夜里忙碌着。他想干脆放手一搏，也许这就是可以找到钱的地方，这就是他人生的转折点。他终于鼓足勇气敲开那扇门，这里也是一家公司，借着灯光，他看到一个人坐在办公桌的后面，那个人因为在加班而略显得有些疲惫。泰勒知道这是自己最后的机会，如果就此放弃了，就再也没有成功的可能了，他鼓起勇气对那个人说："先生，您想赚一千美元吗？"半夜突然有人这样和自己说话，那个人显然吓了一跳。但是他很快冷静下来，说："我想，每个人都会想发财。"泰勒接着说："那么现在有一个机会，请你给我一张一万美元的支票，一个月后奉还本金的时候，还会附带着一千美元的利息。"那个人看泰勒一脸自信而坚定的表情，他选择信任他，真的把支票交给了泰勒。泰勒终于凑够了所有的钱，清晨的阳光升起来了，他成功地收购了那家公司。

泰勒凭借着自己强大的自信，对梦想的执着追求，赢得了那位借给他钱的人的信任，解了燃眉之急；那个人选择相信一个素不相识的陌生人，把一笔钱交到他手中，这种勇气就是来源于信任，一种对自信的信任。假如泰勒唯唯诺诺，表现出特别紧张的样子，也许那个人非但不会把钱借给他，而且还有可能把他当成骗子。一个人的自信，是很容易被发现的，透过说话的语气和表情，或者是不经意的动作，他所表现出的不是畏缩，就像是有什么束缚住手脚一样，而是自然而然的张扬，这种气场不但不会让人感到厌烦，反而是欣赏，是不假思索的信任。

人们熟知毛遂自荐的故事：战国时期，秦国军队包围了赵国的都城邯郸，赵王派遣平原君去楚国，让他说服楚王与赵国结成盟国，共同出兵，前去解救赵国的危机。平原君决定在手下的三千门客中，挑出二十人作为自己出行的随从，但是经过反复的挑选，只有十九个人符合要求，还差一个人。正在着急的时候，一个名叫毛遂的门客，前来自我推荐。他说："让我去吧，我是最合适的人选。"平原君笑着说："有本事的人，随便走到哪里，都像是一个锥子放在口袋里，一定会露出尖锐、锋利的一面，可是你已经在这里待了三年，从来没有听任何人说起过你的名字，可想而知，你也并没有什么过人之处，不然怎么会被埋没呢？"毛遂说："我如果早一点被放在袋子里，早就会在众人之间脱颖而出，何止是会露出一点锋芒啊，是我一直没有这样的机会罢了！"平原君听他说得有道理，就同意了他的请求，带着毛遂等人来到了楚国。

到达楚国，平原君请求与楚王结盟，一起出兵，从早上谈到晚上，仍然没有任何结果，十九个门客也非常着急，但是绞尽脑汁，也没有什么好办法。正在僵持的时候，毛遂上前说："订立盟约的事情，非利即害，非害即利，说来说去，无非利害二字，这样明显的道理为什么到现在还不作决定？"楚王大怒斥责道："我在与你的主人说话，哪里轮得到你，你是什么地位，还不赶快退下！"面对楚王的震怒，毛遂不但没有畏惧退下，反而上前几步说："现在大王的性命掌握在我手中，你的十万兵马都没有什么用了！"楚王自知理亏，又怕毛遂真的会动武，对自己造成威胁，一时无言以对。毛遂趁热打铁继续说："其实，楚国有五千里辽阔的土地，几十万雄厚的军队，这么强大的国家，为什么要害怕秦国呢？大王不同意楚赵联盟，难道要等着秦国强大起来之后，各个击破，吞并所有的小国，不积极反抗，坐以待毙吗？"楚王听了之后，感觉非常有道理，连连表示赞同，最终答应和赵国结盟，出兵解赵国之围。

　　毛遂是一位非常自信的，也是充满智慧的人，他知道自己想要达成的目标，知道被说服者看重的是哪些方面，就在这上面着手，说到对方的心里去，最终达成了心中所想。正是因为他的自信，平原君才信任他，带着他一起去完成任务。他果然不负众望，用自信又征服了楚王，圆满地完成了此次出行的目的。自信的力量就是如此的不可低估，甚至会出现惊人的效果，不要随意看轻自信的人，他的能力会远远超出你的想象，会给带你来意想不到的结果。就像是在推销产品的过程中，推销者首先要表现出的就是自信，对自己所推销产品的自信。如果你对手中的产品都不信任，别人又怎么会相信你，来买你推销的产品呢！

　　相信自己才能赢得别人的信任，让自信的笑容洋溢在脸上，会给人如沐春风般的温暖，这种温暖也会随之传递到更多人的手心，让越来越多的人享受热的爱意；会增加别人对你的好感，与这种好感相伴随的是亲近，是更深层次的信任。选择去相信那些自信的人，他们带来的不会是失望，而是成功后的无尽喜悦。

拒绝与自卑同行，做内心强大的自己

　　自信来源于成功的暗示，自卑来源于失败的暗示，一个拥有自信的人，会在无形中释放出巨大的能量，进而逐渐地走向成功的道路，如果一个人非常自卑或者充满恐惧，它会释放出大量消极的能量，最终导致失败。成功的人体会到的是喜悦，是自信带来的欣喜，而失败的人体会到的是痛苦，是自卑带来的无尽苦恼。自信与自卑的距离非常微妙，就那么短短的一瞬间，因为一念之间，随着内心的想法，整个世界也会随着变化。

　　站在地上，仰望天空，会感觉什么都比自己高，心里会感觉到自卑；站在云端，俯视大地，会感觉什么都比自己低，心里会产生自负的情绪。只有保持良好的心态，无论处于什么样的高度，心中所坚持的是一份对自己的肯定，视野就会变得十分开阔，辽阔的天空与苍茫的大地会尽收眼底，在苍穹泛土间找到属于自己的位置。无须自卑，任何人都是平等的，谁也不会比谁差；不要自负，天外有天，人外有人，坚持自信，自己所做的就是最好的！

　　当处于人生的低谷，遇到许多难以克服的困难，感觉自己处处不如人的时候，不要自卑，请时刻记住，自己不过是一个凡人，没有神奇的超能力，不是不食人间烟火的仙人，有感情，有情绪波动，有喜怒哀乐，这是本性。当被别人忽视，感觉自己不那么重要，并没有很多人关注自己时，请不要伤心难过，每个人都在过自己的生活，没有人可以一直陪你走到最后，没有人有义务必须围着你转，包括我们的父母。当看到别人脸上都是开心的笑容，感觉自己却是在痛苦中度日时，请不要认为世界上的伤心人只有你自己，你得到别人表面的微笑，也许没有看到他们背后的辛酸，那只是没有表露出来罢了。

　　有一个武士，他曾经战胜过许多人，所以他非常高傲。一天，他前去拜访一位禅宗大师，他本来是自我感觉良好，有能力且声名远扬。但是当他看到大师俊朗的外形，不凡的谈吐，举手投足间流露出的优雅，不禁有些自惭形秽，竟然自卑起来。他对自己的感触有些不解，就问大师："为什么见到您我会突然感觉到自卑，就在一分钟之前，我还是好好的，但当我的脚踏进您的院子，便突然感觉到了自卑，这是一种前所未有的感觉。我曾经无数次在战场上面对死亡，从未感觉到恐惧，但是为什么现在我的心中生出一种恐惧的情绪呢？"

　　大师并没有急于给出答案，而是笑着对他说："你耐心在这里等一会儿，等这里所有的人都离开以后，我再告诉你原因。"这一整天，前来拜访大师的人络绎不绝，人来人往，武士等得心里很着急，他太想知晓答案了。直到傍晚，人终于走光了，房间变得静悄悄，武士赶紧找到禅师说："现在没有人了，您可以告诉我了吧！"大师说："你和我一起到外面来。"当天的夜晚是皓月当空，刚刚升起的月亮给宁静的大地增添了一分空寂，大师指着院子里的树说："你看，这里有一棵参天大树，高耸入云，而在它旁边这棵，相当矮小，还不及那棵树的一半高，它们生长在这个院子里已经多年，从来没有发生任何问题，小树也从来没有对大树说过为什么自己在它面前会感到自卑这样的话，一棵高树，一棵矮树，我没有听过任何关于抱怨的话，这又是为什么呢？"武士说："它们自己没有互相比较过。"大师笑着说："那你就不需要问我原因了，这就是答案。"

自卑产生的原因，就是因为主动去和别人比较，特别是和那些比自己成功的人比，他们的成功也不是在一朝一夕间得来的，也曾付出了无数的艰辛，经历了各种失败的教训。不需要单单去关注光鲜亮丽的表面，还要看到不堪回首的过往。可以攀比的是努力的程度，而不是一味地死死揪住结果不放手，那会给自己在无形中增加负担，暗暗增长自卑的情绪。

现在很多女孩感觉自己不够漂亮，特别是看到电视、杂志上美丽的明星，更是心生向往，在生活中总是感觉自己低人一等、没有人喜欢，认为自己还不够美丽，做什么事情也提不起精神，总感觉自己说话的底气都不那么足。甚至有的人不惜花掉大量的金钱，去整容改变自己，结果还损害了身体健康。人的外表不能决定一切，所有的人也不可能都长得一个样子，自信的女人最美丽，这种魅力，是昂贵的化妆品和名牌衣服所不能给予的美丽。相信自己是最好的，身上总有着独特的美丽之处，不必在意一点点小的瑕疵，不必在意别人的评价，那些评价没有那么重要，自己认为最好就足够了。

俄国著名戏剧家斯坦尼斯拉夫斯基有一次在排演话剧的时候，女主角突然出现变故，所以不能及时参加演出了，因为所有的演员都有自己所扮演的角色，斯坦尼斯拉夫斯基实在是找不到人来代替，只好临时叫他的姐姐担任这个角色。他的姐姐以前只是一个服装道具管理员，现在突然被要求出演主角，她感觉自己像是一下子从地上升到天上，做美丽的女主角是自己想都不敢想的梦，她便产生了自卑胆怯的心理，不敢放开手脚去演，结果演得极差。斯坦尼斯拉夫斯基非常烦躁，也相当不满意自己姐姐的表现。在一次排练的时候，他突然停下说："这场戏是全剧最关键的地方，如果女主角仍然演得这样差劲儿，整个戏就根本进行不下去了！"这时全场满是寂静，他的姐姐陷入了沉思，久久没有说话。突然，她抬起头来说："马上开始排练，我一定可以演好这个角色。"她一扫以往的自卑、羞怯和拘谨，演得非常自信，非常真实。斯坦尼斯拉夫斯基高兴地说： "我们又拥有了一位新的表演艺术家。"

这是一个发人深思的故事，为什么同一个人前后表现得天壤之别呢？这就是自卑与自信的差异。在感觉自卑的时候，自己本身的实力非但不会发挥出来，而且还会越来越落后，这样连锁的反应，带来的就是最终的失败。在感觉自信的时候，不仅会表现出所具备的能力，而且还有超常发挥的可能性，这样越来越好的状态，自然会取得更大的成功。

二十年前，她在北京的一所大学里上学。在大部分的时间里，她也都在疑心、自卑中度过，因为她感觉自己长得并不漂亮，还有些胖胖的。她经常疑心同学们会在暗地里嘲笑她，嫌她肥胖的样子太难看。她甚至不敢像其他女孩一样，在夏天穿上美丽的裙子，因为自己并不灵活的动作，她也不敢上体育课。大学时期结束的时候，她差点儿毕不了业，不是因为功课太差，而是因为她不敢参加体育长跑测试！老师对她说： "只要你去勇敢参加，你努力跑了，不管多慢，都算你及格。" 无论老师怎么劝说，可她就是坚持不跑。她想跟老师解释，她不是在抗拒，而是因为恐慌，害怕自己肥胖的身体跑起步来显得更加的愚笨，那一定会遭到同学们的嘲笑。可是，她连给老师解释的勇气也没有，茫然不知所措，只好傻乎乎地跟着老师走。老师回家做饭去了，她也跟着。最后老师实在是烦了，才勉强算她及格。不过，这已经是过去的事情了，在后来的学习生活中，她还是努力地克服了自卑的心理，逐渐地找回了属于自己的信心，她的能力也开始表现出来。她，现在是中央电视台著名节目主持人，而且是第一个完全依靠才气而丝毫没有凭借外貌走上中央电视台主持人岗位的，她的名字叫张越。

张越用自己的才华与能力逐渐克服了以前的自卑，走出了这样的阴影，就迎来了属于自己的成功。她也用自己的行动告诉我们，自信是如此重要，如果一直沉浸在自卑中，不肯走出来，就会失去许多可以带来成功的机会。当一个机会摆在面前，自卑会让一个人把手放在身后，不敢主动伸出手去争取，而自信会让一个人积极努力地为之争取，哪怕只有一点儿希望，都不会放弃对梦想的追逐。

别人不会因为你的自卑而同情、怜悯你，因为不会有人看到如此卑微的你，何不努力地吸收阳光雨露，像树一样自信地成长，成长为地平线上一道美丽的风景线。即使现在什么也没有，什么也不是，但不代表这是既定的事实，这不是你未来生活的场景。人生路漫漫，一路相随的东西可以自己去选择，抛弃那些负面的情绪和因素，让自己积极、勇敢而又乐观。与自卑同行，会延缓前进的速度，改变行进的方向，携带着满满的信心，无所畏惧，会一直勇往直前。

缺乏自信会羁绊前行的脚步

爱默生曾经说过："自信就是成功的第一秘诀。"在追求梦想的道路上，注定会有不平坦，自信会为追梦人增添无限可能的力量，不再惧怕失败，不再踟蹰不定，一路有信心的陪伴，就不会感觉到孤单。信心来源于对自己心理的一种暗示，是积极进取的状态，即使是再险峻的山峰，同样会攀登到胜利的顶端，那高耸入云的一端，云烟缭绕，万物都隐匿去了身形，眼前看到的、心中所想的，是梦里曾经出现过的地方。

缺乏自信，源于未知和不确定，对所做事情的不确定，对自己能力的不确定，人生会出现许多第一次，这些第一次都需要不可逃避地去面对。第一次参加考试，第一次在众人面前讲话，第一次走上工作岗位，第一次面对情感，等等，这些都是人生的必经过程。世界上没有那么一个地方，什么都不用想，就会拥有自己想要的一切，这是不切实际的幻想，恐怕只会在白日梦里出现。当你面对人生的第一次时，不要想太多的结果，成绩考不好，说话的时候会结巴，工作完成不好挨批评，给别人留下不好的印象，这些情况也许真的会出现，但是在这之前，谁也无法预知事情的最终结果，所以不要妄自菲薄，肆意地揣度厄运的降临。

在畏惧的时候，深呼吸，平静自己的心态，专注于做好应该做的事情，也就是做好手头的本职工作。"怕"字的结构是一个"心"加上一个"白"，连在一起的意思是白白浪费心思，这就是恐惧的结果，非但本职工作没有完成，相反还让自己的心情糟糕，白白浪费时间和精力。浪费掉这一次的机会，还会在心中留下失败的阴影，这是难以抹去的，就会不由自主地联想到之前的失败，会增加紧张和不安的程度。从容一些，自信一点，让自己感受快乐、遗忘烦恼。

童第周在念私塾的时候，只学了一些文史方面的知识，这远远不能满足童第周对知识的渴望。因为家庭条件不好，他没有钱继续读书，所以，尽管童第周非常盼望有一天能走进校门、与同学们一起学习，但是条件不允许。直到他十七岁那年，在哥哥的帮助下，才进入了宁波师范预科班。这里不用交学费，还免去食宿的费用。童第周十分高兴，他抓住这个来之不易的机会刻苦学习。但是因为以前只是学过一点文史知识，理数方面的知识完全没有接触过，所以童第周学习起来非常吃力，但他并不气馁，而是充满信心，他相信通过自己的努力一定可以达成目标。

在他内心深处，还为自己确立了更高的目标——考效实中学。该校是当时宁波第一流的学校，毕业生一般都能进大学。当地的达官贵人都以自己的孩子在效实中学读书为骄傲！效实中学对英语要求很高，还十分重视数理基础，而这几门课恰恰是童第周最薄弱的环节，他完全听不懂。因为他从来没有学过英语，听英语就像是在听天书一样。自从确立了要考效实中学的目标后，童第周更加用功。他开始自学英语，常常学到深夜。哥哥被童第周的信心和勇气所感动，答应供他上学，还请在宁波的朋友为弟弟打听效实中学的招生情况。但是哥哥却给童第周带来了不好的消息：效实中学今年不招新生，只招到三年级插班的优等生。哥哥当时想："以童第周的学习基础来说，考一年级都很费劲，何况是考三年级插班生，这根本是不可能的。"哥哥犹豫不决，心想不如劝说童第周放弃考试，就去与童第周商量。听到这个消息后，童第周没有动摇自己的志愿，他坚持要进效实中学，是插班生也可以，就是一定要进去。

凭借着水滴石穿的精神、坚持不懈的努力、信心十足的斗志，童第周真的考取了效实中学三年级，只不过成绩是倒数第一。他的学习比以前更加努力了，每天在路灯下学习到深夜。他对自己的老师坚定地说："老师，我要抓紧时间把功课赶上去，我不要做最后一名，我一定可以追上来。"一年以后，童第周从倒数第一变为真正的第一，几何成绩从入学时的不及格变为一年后的满分！后来，童第周以优异的成绩考入了复旦大学，成为复旦的高才生。从此，他开始了追求科学、献身事业的漫漫求索之路……

　　尽管在开始的时候，童第周的基础不是很好，但是他有信心和决心，相信自己一定会取得好的成绩，再加上他不懈的努力，终于达成自己的目标，最后成为一个科学家。如果他因为进入一个好的学校太难而中途放弃，认为自己真的不适合继续读书，那么一定不会取得最后的成就。生活中，我们也会给自己树立无数个目标，由小到大，在这些目标的实现过程中，需要强大的自信心说服自己去坚持努力，如果一个人对自己成功没有抱有充足的信心，那么实现成功的过程也会困难重重。

　　小泽征尔是世界著名的音乐指挥家，有一次他去欧洲参加指挥大赛，在进行决赛的时候，他被安排在最后出场。他在后台准备的时候，大赛评委交给他一张乐谱；在做好准备登台后，小泽征尔便全神贯注地开始指挥。突然，他发现乐曲中出现了一点问题，而且这种怪异的曲调听起来非常明显。一开始他以为是演奏出了问题，就指挥乐队停止演奏、重新开始。但是他仍然感觉哪里不对劲，因为曲子听起来特别地不自然，这次他可以确定真的是乐谱有问题。可是，这张曲谱是评委会交给自己的，而且在场的作曲家和评委会权威人士都说乐谱没有问题，是他的错觉，可能他神经太紧张了。面对这些国际音乐界的评审，在一瞬间他也动摇了，可能真的是自己听错了。但是，考虑再三，他还是坚信自己的判断是正确的，相信多年来指挥的经验一定不会听错的，他决定表达出自己的想法。于是，他大声说："不！我相信一定是乐谱出错了！"话音刚落，评判席上那些评委们立即起身给他鼓掌，祝贺他夺得本次大赛的冠军。原来，这是评委们精心设计的一个环节，试探指挥家们在发现错误情况下的表现，在不被权威人士认可的情况下，是否还能坚持自己的判断。因为，只有具备这种素质的人，才称得上是世界一流的指挥家。在这次参赛的三名选手中，只有小泽征尔相信自己，没有随声附和评委们的意见，而其他的两位选手因为不相信自己的判断，而导致了失败，所以最终获得这次世界音乐指挥家大赛冠军的就是小泽征尔。

　　尼克松是我们极为熟悉的美国总统，但就是这样一个伟大的传奇人物，却因为犯下一个缺乏自信的错误，最终毁掉了自己的政治前程。在1972年，尼克松竞选连任，想继续担任总统的职务，而且由于他在前面的任期内政绩斐然，所以大多数人都预测尼克松一定会以绝对的优势获得连任。然而，现实情况并非如此，尼克松本人非常不自信，他走不出去前面几次失败的心理阴影，总是担心再次出现失败。在这种心理的暗示下，他鬼使神差地做出了令他终身后悔的事情。他竟然指派手下的人，偷偷地潜入竞选对手总部所在的饭店，在对手的办公室里安装了窃听器。结果不幸被人家发现，事发之后，他又连连阻止调查，推卸责任，最终他失去民意，在选举胜利后不久便被迫辞职。本来应该稳操胜券的尼克松，却因为极度缺乏自信而导致了失败。

小泽征尔坚信自己对音乐的熟悉，他确定是乐谱出现了问题，因为自信，他赢得了最后的胜利，而其他两个一同参加比赛的人，却没有通过这次特殊的考验，在权威面前，他们选择了妥协，最终也只会是以失败告终。尼克松本来在竞选中有非常大的优势，他的能力也被人们看好，本是胜券在握的事情，却在最后出了问题，而这个问题的关键还是因为他本人的不自信，等到他意识到严重性的时候，却已经晚了，失去了连任的机会。他太害怕失败，他对连任的渴望实在是太强烈了，在无限的恐慌之中，他迫不得已采取了一个不正确的方法，真的是得不偿失。

缺乏自信的人要经常给自己暗示——一定会成功的暗示，不需要患得患失，对成功要有强烈的欲望。保持一颗平常的心，淡然地对待以往出现的失败，那些痛苦的经历，是一次成长的机会，给自己走向成功奠定基础。

一个人如果缺少信心，可能本来成功概率非常大的事情，最终也会变得一团糟，机会也许在自己手中溜走。不要让信心的丧失变成前进路上的障碍，让行走变得步履维艰，给自己一个信心满满的微笑，大步向前进发！

贸然前行与不思进取同样危险

因为取得一点成绩就沾沾自喜，认为从此可以高枕无忧，这是一种不思进取的表现。它会导致因为现有的结果而就此止步，不再有进一步提升的可能，总是会满意于自己所拥有的一切。这个时候的自信不是很恰当，它会演变为骄纵的行为，总是认为已经高人一等，却不想在安于享乐的同时，已经被别人远远地甩在了后面。依赖于懒惰，把满足当成是人生的信条，这个不能等同于知足，因为它会让人停滞不前，甚至已经具备的能力也会逐渐地消减。

与不思进取相对的是贸然行动、不计后果，在做任何事情之前，没有深思熟虑之后的谨慎，脑海中想到的是急功近利，一心想快速达成自己的目的。在这个无形的过程中，丧失了应有的理智与机警，浑然不知可能会面对的风险，所以当那些不可预知的困难降临时，会表现出极度的不成熟，感到恐慌和手足无措。提高做事效率固然重要，但是兼顾效率的时候，不要忘记做事情的质量，就像是开车一样，一心想体验速度带来的激情与快感，却忽略掉最重要的环节，那就是人身安全，而且还错过了欣赏路边美丽风景的机会。

在人生旅途中，有些风景只有一次，就如昙花一现，在茫然前行的过程中，只顾去看前方目的地的景色，却忘记了身边也有最美的风景，错过了，就是错过了，不会再有重现的机会。许多机会对于一个人来说，也许只有一次，所以应该好好地珍惜，在把握机会的过程中认真对待，不能置之不理，也不能抓住不放，累得自己满头大汗。做事需要把握好一个尺度，这个度的掌握并不困难，它需要一颗明辨是非的心灵，知道什么是自己该做的，哪些又是自己万万不能触及的底线。在对待问题的看法上，过度的自信不会带来一个让人满意的结果，因为自负，所以莽撞，所以也许会失败。

诸葛亮平定南中之后，又经过两年准备，公元227年冬天，他带领大军驻守汉中。蜀军随后又发动突然袭击，魏军抵挡不住，纷纷败退，魏国的多位守将派人向诸葛亮求降。诸葛亮到达祁山，决定派出一支人马去占领街亭（今甘肃庄浪东南），作为战略据点。但是由谁来带领这支人马呢？尽管他身边当时有几个身经百战的老将，可是他都没有用，单单任命参军马谡作为此次战役的领军。马谡这个人确是读过不少兵书，平时也很喜欢谈论军事。诸葛亮命他前来商量打仗的事，他就说个没完没了，好像什么都懂一样，当然也出过一些比较好的主意，因此诸葛亮还是很信任他。但是刘备在世的时候，却看出马谡不太踏实。他在生前特地叮嘱过诸葛亮说："马谡这个人言过其实，过于自信，不能让他担当重任，还需要仔细地观察。"但是诸葛亮没有把这番话放在心上，这一次，他派马谡当先锋，王平担任副将。

　　马谡和王平带领人马到了街亭，张郃的魏军也正从东面开过来。马谡观察了地形之后，对王平说："这一带地势险要，街亭旁边有座山，可以在山上安营扎寨，提前布置好埋伏。"王平提醒他说："丞相临走的时候嘱咐，要坚守城池，稳扎营垒，在山上扎营太过显眼，这是冒险的行为。"马谡没有打仗的经验，但他自以为熟读兵书，根本不听王平的劝告，他认为自己是对的，坚持在山上扎营。王平见无论如何劝说都没有用，只好央求马谡拨给他一千人马，让他在山下临近的地方驻扎，以便随时接应他。张郃率领魏军赶到街亭，看到马谡放弃现成的城池不守，却把人马驻扎在山上，暗自高兴，马上吩咐手下将士，在山下筑好营垒，把马谡所在的那座山围困起来。

　　眼见被包围，马谡命令兵士冲下山去，但是由于张郃坚守住营垒，蜀军没法攻破，反而被魏军乱箭射死了不少人。紧接着，魏军切断了山上的水源，蜀军在山上断了水，吃不上饭，时间一长，就产生了内乱。张郃看准时机，发起总攻，蜀军兵士纷纷逃散，马谡根本阻止不了，最后，只好自己杀出重围，往西逃跑。王平带领一千人马，稳守营盘。他得知马谡失败，就叫兵士拼命打鼓，装作进攻的样子。张郃怀疑蜀军有埋伏，不敢靠近。王平休整队伍，不慌不忙地向后撤退，不但没有损失一兵一卒，还收容了不少马谡手下的散兵。

　　街亭失守。蜀军失去了重要的据点，又丧失了不少人马。诸葛亮为了避免遭受更大损失，决定把人马全部撤退到汉中。诸葛亮回到汉中，经过详细查问，知道街亭失守完全是由于马谡违反了他的作战部署。马谡也承认了他的过错。诸葛亮按照军法，把马谡下了监狱，定了死罪，接着就有了"诸葛亮挥泪斩马谡"的故事。马谡这个人，并不是一无是处，他也有些才能，却因为太自负，听不得别人的劝告，到头来害了自己。一个人在做事情之前，需要考虑许多事情，包括前因后果，以及其中可能会遇到的问题，而面对突如其来的问题，又有哪些应对之策，也应在考虑范围之内。不是头脑一热，就去拼尽全力地努力，这种积极进取的想法是不错，但是做这个决定也是太过仓促。

　　符坚统一北方后，一次在太极殿召见群臣说："自从我继承大业以来，已经三十年了。四方大致平定，只有东南一角，还没有蒙受君王的教化。我粗略估算了一下目前的兵力，能有九十七万。我准备亲率大军东伐，你们以为如何？"面对苻坚的主张与发问，秘书监朱彤表示支持，其他的大臣皆予以反对，群臣意见未能达成共识。苻坚见此状况，就说："比如在道旁建房子，如果去征求意见，就因听太多不同的议论而没有主意，最终一事无成。我心中自有决断。"群臣退下后，苻坚留下其弟苻融继续和他讨论，然而苻融亦以天象不利、晋室上下和睦以及兵疲将倦三点为由反对。苻坚因而大怒，苻融哭着劝谏也未能说动苻坚。后又有多人屡次上书表示反对，苻坚仍然不肯放弃出兵东晋的计划，因为他心中坚信自己一定可以成功。

苻坚命苻融率张蚝、梁成和慕容垂等以二十五万步骑兵作为前锋，自己则随后自长安发兵，率领六十余万戎卒及二十七万骑兵的主力，大张旗鼓地进发。在淝水一战中，苻坚和苻融从寿阳城观察晋军，见其军容整齐，连八公山上的草木都被当成了晋军，于是说："这也是劲敌，怎么能说他们软弱呀！"他们对自己此前低估了对手而感觉到后悔，对于对面军队也心生畏惧。苻坚答允晋军要他们稍微后撤、让晋军渡过淝水作战的要求，并认为能待晋军半渡淝水之时进攻晋军，获得胜利。但最终还是溃败，军队伤亡惨重，连苻坚也中箭受伤，单骑逃到淮北。

苻坚没有听从群臣的意见，没有做好充分的准备，以几次胜利为前提，就认为自己已经天下无敌；在战争开始之前，并没有做好部署，导致最终的失败，他也是太过相信自己的实力，而低估了对手的力量，不把别人放在眼里，心里被征服的欲望占据，就不计后果地行动，这是行不通的。无论是在古代的战争中，还是在现在的社会生活中，都需要谨慎的行动，许多事情内在的风险是看不到、摸不着的，很容易被人忽视，这时，就需要一双敏锐的眼睛和慎重的心思。不是说一定要草木皆兵，随时保持着警觉，现在毕竟不是决定生死的年代，没有必要一定要让神经紧绷，不给自己放松的机会。就实质而言，是应对自己有个正确的评价，知道自己是否到了该行动的时刻，是否已经准备好了迎接各种挑战的到来。

一个不思进取的人，会让人无可奈何，懒惰人的生活是无聊而枯燥的，他的生活目标，就是没有目标，因为他所需要的就是自己已经具备的东西，他想象不到未来的意义何在，不得不整日抱着沉寂生活，这样的日子用不了多久，就会让人感觉到厌倦。而整日想着自己心中的"宏伟大业"的人，眼前看到的一直是成功后的喜悦场景，立即采取行动，不在乎别人的中肯意见，不愿意考虑失败的可能，盲目乐观地奔波于自己想要做的事情。

　　同样，自信是一个人成功所必需的条件，但是过于自信导致的自负，进而采取冒失的行动，会极大地降低成功的可能性。贸然行动是一件危险的事情，因为它会让人迷失前行的方向。在左右徘徊之间，应擦亮双眼，让最真实的自信占据自己的内心！

有容乃大：静观花开花落，云卷云舒

　　海纳百川，应以一颗包容的心去对待生活种种。在一些偶尔的情况下，可能也会受到一些误解或者伤害，在面对这些突如其来的状况时，要保持淡定的心态，宽容他人，多给别人一次机会，也让彼此冷静下来，而不是把任何事情都变复杂，要回归简约、放松身心。暴跳如雷，非但不能解决任何问题，只会让矛盾激化，愤怒的行为不是理智，而是在惩罚自己。退一步海阔天空，所有的怨恨在豁达的态度面前，会消失得无影无踪。心中有愤恨，生活会变得很累，就如同是戴上枷锁负重前行。适时地选择遗忘生活中的不快，让自己的人生视野变得更加开阔，有容乃大；试着学会原谅生活带给自己的磨难，不管曾经的痛楚如何侵入骨髓，宽容无疑是医治伤害的一剂良药。

宽容别人，回归简约

相传古代有位德高望重的老禅师，一日晚在禅院内散步，突然看见墙角有一张椅子，他一看便知有人违犯寺规越墙出去游玩了。老禅师也不声张，走到墙边，移开椅子，就地而蹲。不一会儿，果然有一个小和尚翻墙而入，黑暗中他没有看清椅子已经被挪走了，就直接踩着老禅师的背跳进了院子，他就是感觉这把"椅子"有点软软的。当他双脚着地时，才发觉刚才踏的不是椅子，而是自己的师父。小和尚惊慌失措，张口结舌，不知道怎么向师父解释。但出乎小和尚意料的是，师父并没有严厉地责备他，而是平静地说："夜深天凉，快回去多穿一件衣服，千万别冻着。"可以想象小和尚在听到老禅师此话后，心情如何，在这种宽容的无声的教育中，徒弟不是被他的错误惩罚了，而是被教育了。小和尚从长老的宽容中获得启示，他收住了心再也没有去翻墙，通过刻苦的修炼，成了寺院里的佼佼者；若干年后，成为寺院的长老。

广阔的大海之所以能容纳百川，就是因为它从来不会拒绝四面八方奔流而来的各种水源，这些水源来自不同的地方，可能是排水口，可能是沟渠，有的浑浊，有的清澈见底，但无论怎样，大海都将它们吸纳进来，因为包容，所以博大。在生活中，说过的每一句话，做过的每一件事，不可能被所有人都接纳和认同，在被否定的过程中，也可能出现各种误解和纠纷，尽管自己问心无愧，但是不被理解的滋味依然是苦涩的。在这个艰涩的过程中，不要一味地指责别人，认为所有人都应该服从自己，多想一想自己身上的问题，在身上找自己的不足。当遇到一些难以理解的问题时，选择多沟通，而不是以武力的手段，或者是其他极端的方式来解决。

佛说："修道的人，如果不能忍受诽谤、谩骂、讥讽如饮甘露者，就不能算得上修道之人。"我们或许永远达到不了佛的境界，但是在生活中多一些包容，在出现矛盾的时候，宽恕别人的错误，心存善念，生活也会多一些美好。人之初，性本善，没有人生下来就是邪恶的，可能在一些特殊的情况下，有些人无意冒犯了我们，相信他是无心的，多给别人一个机会，也是给自己一次成长的机遇。人与人之间的相处是一种缘分，相处久了，难免会出现一些小的摩擦，这些问题不是武林中的血雨腥风，也就没必要掀起惊涛骇浪。遇到心情难以平复的情况，深呼吸，让自己的心情回归平静，多多站在别人的位置上考虑，体谅一下对方的处境。

公元前279年，赵国的蔺相如因为"完璧归赵"的事件立了大功，拜为上卿，位在大将军廉颇之上。廉颇自恃功高，十分不服气，认为蔺相如只是靠嘴皮子而已，没有真才实学，而自己是靠一刀一枪的真本领，蔺相如根本就不应该在自己之上，所以到处扬言，如果有机会遇到他，一定要当众羞辱他。蔺相如听到廉颇的话，常常称自己身体不适不上朝，不跟廉颇争位。有时蔺相如坐车外出，碰见廉颇就赶紧避开。手底下的门客以为他胆小怕事，还窃窃私语说蔺相如怕廉颇。蔺相如对他们说："秦王那么厉害，我都不怕，我能将生死置之度外，难道还怕廉颇不成？我仔细考虑过，强大的秦国之所以没有入侵赵国，只是因为有我们两人在，一文一武保卫国家的安全。如今二虎相斗，必有一伤，势必削弱抵御外敌的力量。秦国知道后一定会趁虚而入，我之所以躲避廉将军，是先国家之急而后私仇啊！"这话传到廉颇耳中，廉颇觉得很惭愧，认为自己的眼光狭隘，险些误了国家大事，便袒衣露体，负荆登门请罪，并说："我粗野低贱，志量浅狭，开罪于相国，相国能如此宽容，我死不足以赎罪。"蔺相如根本没有放在心上，当然原谅了他的言行，于是将相重归于好，成了生死之交。

蔺相如面对廉颇的侮辱，选择了退让，忍受着冷嘲热讽，最终以自己的宽容赢得廉颇的尊重，两个人联合起来，让赵国的力量更加强大。生活中可能会出现一些矛盾，没有什么是不能调解的，任何问题都是可以协商解决的。两个人平心静气地坐下来，一切就都迎刃而解。在两人相持不下的时候，其中一个人选择退让，可能要忍受一点委屈，但这对于和谐相处来说根本不算什么，若有人率先向后退一步，人与人之间的位置就会开阔一些。

清朝康熙年间，桐城人张英官至文华殿大学士兼礼部尚书。邻居是桐城另一大户叶府，宅子的主人是与张英同朝供职的叶侍郎。两家人因院墙的大小发生了纠纷，张老夫人为此特地修书给张英。张英见信深感忧虑，思考过后，提笔回复老夫人："千里家书只为墙，让人三尺又何妨？万里长城今犹在，不见当年秦始皇。"张老夫人理解了其中的用意，于是，她命令家丁后退三尺筑墙；叶府也深受感动，命家人同样把院墙后移三尺。从此，张、叶两府之间的隔阂完全消除，成为当地美谈。

　　让一分是高，宽一分是福，张英愿意让出三尺的地方，给对方的通行提供方便；同样，叶府也为争土地感到惭愧，意识到这样僵持不下，根本解决不了任何问题，感动之余，也让出三尺，两家人最终达成和解。懂得宽容和谦让，不仅能赢得别人的尊重，也为自己开拓出一条通往幸福的宽广大路。如果一直斤斤计较，为一点的得失而耿耿于怀，会让自己每天沉浸在痛苦之中，少了快乐的感觉，每日的生活也会少很多乐趣。

　　1860年林肯当选为美国总统，当时有一个参议员叫萨蒙，他这个人性格非常狂妄，目中无人，看不起别人，总认为自己是最厉害的，而且还有很强的嫉妒心。他对领导权力有着狂热的追求，本来一心想入主白宫，却在选举中败给林肯，但他仍然想要在白宫有一席之地，就接着竞争当国务卿，因为名声不太好，很多人反对他当国务卿。但是林肯却有自己的想法，他认为萨蒙还是有一定才能的，特别是在财政预算和宏观调控方面有自己独特的想法，他很欣赏萨蒙的管理才能，没有计较萨蒙的无理取闹和言语中伤，还任命他担任财政部长。他在日常的工作中很重视萨蒙，交给他很多重要的工作，并且尽量通过各种手段减少与萨蒙的正面接触，避免了一些矛盾的产生。

　　但是萨蒙却丝毫没有领情，他野心不死，依然四处活动，为自己竞选总统做准备。当时有人得知这个消息就告诉了林肯，林肯不但没有生气，还给这个人讲了一个故事：有一天，林肯和他的兄弟在老家的农场上干活儿，但是干活的那匹马非常懒惰，总是磨磨蹭蹭的，不愿意干农活儿。可是，突然有一天，它却莫名地在地里跑了起来，速度像是飞一样，以至于林肯兄弟两个都追不上了。一直跟到地头，兄弟俩才发现，原来是有一只很大的马蜂叮在马背上了，林肯看到马被咬得很痛苦的样子，于心不忍，就伸手把马蜂打落到了地上。可他的哥哥却说："别打呀，正是因为这只马蜂的叮咬，马才变得跑得很快。"讲完这个故事，林肯对眼前这个人说："现在正好有一匹这样的马，他有成为总统的欲望，这个欲望就像是叮在马背上的马蜂一样，只有它促使萨蒙那个部门不停地奔跑，工作的开展才会变得越来越好。"

　　林肯有着宽广的胸襟，他没有在意萨蒙的野心勃勃和骄傲的性格，而是看重他在管理工作上的才能，知人善任，使林肯成为美国历史上最伟大的总统之一。胸怀开阔，不在意旁人的冷嘲热讽，心里想的是自己应该完成的职责，每个人都有自己应尽的责任，为一点得失斤斤计较，不但会加深人与人之间的隔阂，还不利于自己手边工作的完成。应该时刻保持一个清醒的头脑，分得清孰轻孰重，有担当，拿得起放得下，坦坦荡荡地生活。

　　宽容是一种修养，是良好心理的外在表现，无论面对怎样不堪的情况，多么来势汹汹的质问，依然可以保持一个灿烂的微笑，阳光的味道在空气中逐渐弥漫开来，足以化解这世间的矛盾与冲突。因为在冲突中受伤害的是双方，争吵得不可开交之时，双方都会陷入一种痛苦的境地，正所谓"气大伤身"，与其痛苦不堪，还不如以一种圆满的姿态解决。化干戈为玉帛，相互尊重，相互体谅，生活中会少很多烦恼，多一点欢声笑语。

愤怒是一种惩罚自己的行为

　　生气是用别人的过错来惩罚自己的行为，皓月当空，沧海桑田，日出日落，人生的幸福美景随处可见，享受快乐的机会随时出现，为什么占用大量空闲的时间去愤怒呢？倒不如坐下来，和友人闲聊几句，沏上一杯热茶，静静读上几本书，生活惬意自在。或者是忙碌于自己的工作、学习，为了心中的梦想而努力，享受着充实的生活。不管怎样，生活还要继续，娱乐身心的方式也非常多，只要愿意，举手投足间都可以尽享安逸。

　　人为什么会产生愤怒呢？可能是因为一个不经意的行为被人误解，因为无意冒犯的一句话引来喋喋不休的指责，也可能是因为努力了好长时间，却仍然没有看到想要的结果，而对自己愤怒不已。引起人生气的原因很多，甚至在许多莫名的情况下，只是因为心情不好而已。愤怒的时候，整个人的状态会变得很低落，不愿意与人说话交流，想摔东西发泄心中的苦闷，或者只是想一个人静静待在角落里，把自己封闭起来，不希望被人打扰。有时候确实是真的出现了一些误会，或是出了问题，但现实情况已然如此，发生了就是发生了，时间不能倒流，任何事情都不能重新来过，既然发生了，还是要以一颗平淡的心去面对，尽量让自己从愤怒不安中快速抽离。

愤怒不会解决任何问题，只会火上浇油，让事情变得越来越糟糕。比如，两个人发生激烈的争执，在僵持不下的情况下，气喘吁吁，异常愤怒。在这个时候，愤怒不但不会让两个人重归于好，心态平和，或者让其中一人败下阵来，只会让双方的心情越变越坏，都不肯退让，直到让矛盾彻底变成不可调和。愤怒不是一种理智的行为，是一个不被提倡的解决方式，它除了能加速事情发生坏的质变，没有什么良好的作用。放宽心态，不为生活中鸡毛蒜皮的小事生气，因为它根本就不值得，没有任何的价值。不眠不休地叹息，为琐事烦恼不已，其实归根结底，一直在暗自神伤的是自己，而伤害的一直是自己的身心。

有一个妇人，她的情绪十分急躁，经常因为生活中的琐事和邻里之间发生争执，她和别人的关系相处得不是很融洽，为此她也很苦恼。有一天，她去山上拜见一位得道高僧，请求他开导自己，帮自己改掉这个爱生气的毛病。她絮絮叨叨地把近日之内发生的事情和高僧一一叙述。高僧听完之后，没有说话，而是把她引入到另一间禅房内，锁上门，拂袖离去。妇人感觉自己像是被骗了一样，所以她气得破口大骂，骂了很长时间，也没有人理她。她口干舌燥，又开始哀求高僧，希望他能给自己打开门。高僧其实一直就站在门外，但是他还是像什么都没有听到一样。妇人终于是没了办法，她不再说话，静静地坐在那里。

这时候，高僧站在门口问："你现在还生气吗？"妇人气呼呼地说："当然，我是在气自己，我为什么要来这里听你讲话，结果还把自己困在这鬼地方，简直是在煎熬。"高僧说："你在和自己生气，连自己都不肯原谅，还怎么做到平复心情。"说完转身离去。又过了一会儿，高僧又回到门口说："你还在生气吗？""不生气了。""为什么？""生气也解决不了问题。"高僧接着说："你还是没有消除掉心中的愤怒，只是一时压在心底罢了，早晚会爆发出来。"高僧说完又离开了。高僧第三次来到妇人的门前，妇人这次主动告诉他自己已经完全不生气了，因为根本不值得。高僧笑着说：“你还在计较值不值得，可见心里还在暗自的衡量，这是气愤的根源所在。”妇人问高僧：“大师，那么什么是气？”高僧将一杯水泼在地上，妇人看了之后，若有所思，良久没有言语，顿悟，叩谢离开。

在生活中许多愤怒就是来源于内心，是一种不安的情绪在推动着气愤的形成，而气愤其实什么也不是，就像是泼在地上的水一样，来无影去无踪，你的心里根本不看重这一点，它就会如空气一般蒸发掉。有时候，气愤更多的是在和自己较劲。比如，嫉妒也是气愤的来源，当发现自己不如别人的时候，不是想着如何通过自己的努力赶上别人，而是在不停地抱怨其他人的能力，愤怒也就接着从抱怨中滋生。愤怒不是可以在内心占据一席之地的东西，不是三言两语可以说清楚，不是可以当作它根本不存在一样。生气的时候，它会严重影响人的身体健康，所谓“气大伤身”说的就是这个道理。“笑一笑，十年少”，多给自己微笑，多向别人微笑，就是战胜愤怒的最大法宝。

有一天，佛陀在竹林清修的时候，一个婆罗门突然破门而入，大声地倾诉着自己心中的不满，因为同族的人出家之后，都选择到佛陀这里来，令他很苦恼，也非常生气。佛陀静静地听完他的诉说，等他平静之后才说：“婆罗门啊，偶尔你的家里也会有一些访客吧！”“当然有，这个还用问吗？”“婆罗门，他们来访的时候，你也会热情款待他们吧！”“来的都是客，那是当然的了！”“婆罗门，假如在那个时候，访客不接受你的款待，那么，你所准备的菜肴应该归谁所有呢？”“如果他们不吃，那么就归我所有！”佛陀看着他说：“婆罗门，你今天在我面前说了很多的坏话，但是我并不准备接受它，所以你的那些谩骂的话语，就都自然而然地归你了！如果我被谩骂，而同时以恶语相向，立即反击，就如同主客在一起用餐一样，因此我决定不接受这个菜肴。”接着佛陀向他说了以下的话：“对愤怒的人，以愤怒以牙还牙，是一件不应该做的事情，对愤怒的人，不以愤怒以牙还牙的人，就可以收获到两样东西：知晓了他人的愤怒，而以正念镇静自己。这样的人，不但能战胜自己，还能战胜别人。”婆罗门听过佛陀的教诲，从此出家，成为阿罗汉。

身处不好的境遇下，仍然做到不愤怒，安然处之，实在是人生难得的智慧，是真正的大彻大悟。学会苦中作乐，在不顺心的情况下，也能发自内心地微笑，这是一个艰难的过程。人有七情六欲，不可能面对悲欢离合完全坦然面对，但这是人生的经历，也是一种历练。在不断的磨炼中，逐渐适应各种变故，学会让自己平静一些，不是轻言欢笑，而是真的学会了放下，放下愤怒，忘掉不开心的事情。

　　有一个人，他每次与别人发生不愉快的事情，让自己很生气的时候，他一定克制住自己的情绪，不与人家争执，而是迅速跑回家，围着自己的房子跑两圈。他的工作非常努力，所取得的成就也越来越大，拥有的土地面积逐渐扩大，居住的房子也变得非常大了，但他还是坚持这样一个习惯，当和别人生气的时候，还是跑回家，围着房子跑两圈。他年纪逐渐大了，因为房子的面积太大，他每次跑完都会气喘吁吁，歇上好一阵子。一天，他的儿子看他又开始跑圈，就跟在他后面问："爸爸，你现在什么都有了，房子也是特别大了，你还是一生气就跑圈，但你年纪也大了，这么远的距离一直跑，实在是太累了，你现在能告诉我生气就跑圈的原因吗？"停下之后，他对儿子说出了多年以来藏在心中的秘密，他说："年轻的时候，一旦和别人生气，自己感觉到愤怒无处发泄的时候，就会绕着房子跑圈，一边跑一边想自己的房子面积这么小，自己不去努力工作换成大房子，哪里有空闲的时间生气呢？一想到这些，气就慢慢地消了，然后把所有的精力和时间用来努力工作。"

　　生气没有任何的作用，相反还白白地浪费掉时间，一寸光阴一寸金，宝贵的时间是用来珍惜的。我们不如在有限的时间内做一些有意义的事情，何必跟自己过意不去呢？人要学会心疼自己，不仅为了自己，还有父母，还有那么多真正关心、爱护自己的人。无缘由坐在那里生气，会让爱你的人担心，他们不知道发生了什么，而且还无能无力，所以快乐起来，不是把愤怒积压在心底，而是让它尽情地释放出去。

　　德国古典哲学家、德国古典唯心主义的创始人康德说过："发怒，是在用别人的错误惩罚自己。"在与别人发生争执的时候，适时地选择退让，选择宽容，这不是懦弱，而是一种智慧。心生感恩，多去体会别人身上的优点，不要因为一点点的过错便迁怒于人，让双方尴尬。愤怒的时候，多去和别人沟通交流，或者以其他的方式转移自己的注意力，而不那么专注于愤怒本身，生活就会变得轻松许多。

唯宽可以容人，唯厚可以载物

宽容是一种修养，是一种处变不惊的人生态度，生活中的事情不可能永远让人顺心顺意，在发生一些不愉快的经历时，第一反应不是暴跳如雷，不是责骂他人，而是心平气和地想一想出现这个经历的原因，多在自己身上找问题的症结，或者根本不把这件事情放在心上，因为它远不及快乐的心情更让人值得珍惜。把心态放宽，即使真的是信任的人背叛了你，让你心里十分痛苦，这个情况下，不要痛心疾首的呼号自己眼光太差，错信他人，而要庆幸你可以及时发现他的为人，让自己早一些看清现实的残酷。不要试图报复别人，那非但不会减轻痛苦，反而会让旧有的伤疤被再次揭开，加剧几倍的痛苦。

《易经》上说："地势坤，君子以厚德载物。"意思是说，我们应当效仿大地，以宽厚的德行负载万物。看一看周遭的世界，不管是纯洁的，还是肮脏的，是美丽无瑕的，还是龌龊的，无一不被大地所包容着，它不会有选择性地抛弃一些东西，而是以海纳百川的心态接受着所有的一切。这是一种广阔的胸怀，具有了大地一般的胸怀，心情就会平静，没有浮躁与不安、气愤与痛苦。平心静气的时候，甚至感觉不到任何的声音，只能感到风在耳边轻轻地吹过，拂动的青丝，纯净的气息，达到的是一种上善若水的境界。

人与人之间的关系远没有想象中的复杂，时刻以包容的心去对待所有的人和物，什么时候学会了包容，学会了正确的包容，会多多感知这个世界的美好，人与人关系的逐渐融洽。暴躁的脾气，会像一个定时炸弹一样，一旦爆发，会产生相当大的杀伤力，狂躁不安的情绪来源于内心的不淡定、不平和。当感觉到不好的情绪即将一触即发，试着想一想生活中美好的事情：珍贵的友情，温馨的亲情，甜蜜的爱情，所有值得珍视的感情，可以化作一丝丝清凉的风，驱散夏日的狂躁烦闷。宽容如春天里的鸟语花香，让人可以静静地聆听，细细地品味。宽容也如冬日里正午的阳光，融化别人心田的冰天雪地。

一位禅师，独自居住在山上的茅屋里修行，这天，夜色茫茫，他到山林中去散步，在皎洁的月光下，思考着人生的哲理，也是让自己逐渐地在领悟禅意。冥思些许，他转身返回住处，却发现自己的茅屋正在被一个小偷光顾。这个小偷发现禅师这里没有什么值钱的地方，垂头丧气地正要离开，却不想在门口正好遇到了禅师。其实，禅师已经发现了他，怕惊动小偷，他一直在门口等着，他知道自己的茅屋里没有让小偷可以拿走的东西，所以他把自己的外衣脱下来拿在手里。小偷突然发现禅师，立即十分惊恐，想逃又不知道往哪里跑。正在他惊慌失措的时候，禅师缓缓地说："你大老远的来山上探望我，实在难得可贵，怎么能让你空手而归呢？夜深了，山上露水重，你披上这件衣服再走吧！"说完就把衣服披在了小偷身上。小偷也没敢说话，只是呆在那里，愣了一会后，他迅速溜走了。

禅师看见小偷离去的背影穿过明亮的月光，慢慢消失在山林深处，不禁感慨道："真是一个可怜的人，但愿我可以送一轮明月给他。"目送小偷走后，禅师就赤身打坐在茅屋里，目视窗外的明月，进入沉思的空灵境界。第二天，禅师在温暖的阳光中醒来。他睁开眼睛，看到那件他披在小偷身上的衣服，已经叠得整整齐齐放在了门口。禅师非常高兴，他喃喃自语道："我终于送了他一轮明月。"禅师面对行窃的小偷，没有与他扭打起来，没有言语的侮辱和责骂，只是用默默的行动原谅了他，给他一个重新改过的机会；小偷从中也领悟到了禅师的用意，被送回来的衣服代表着小偷洗心革面的决心，世界上因此也少了一个堕落、失足的人。

在别人侵害自己的切身利益时，以一颗宽容的心原谅他，多给别人一个机会，也是给自己一个快乐的机会。心生怨恨，为此时的利益而与人纠缠不清，是是非非，又有谁能说得清呢？难得糊涂是做人的崇高境界，以真诚的心多站在他人的角度思考问题，会发现没有什么是不可以原谅的。背叛也好，伤害也罢，不过是心里有一个魔鬼，驱使自己走向不可挽回的深渊。过一段时间，清空自己的大脑，把那些不愉快的回忆都忘却，尽快开启下一段美妙的人生。

　　唐代的名相狄仁杰胸襟宽广，为人讲义气。有一次，朝廷下令派他的同僚郑崇质去一个蛮荒之地出使。郑崇质的家境不是很好，而且母亲年纪又大了，身体也有病，让他离开自己的生病的母亲，他心情非常不好。但是因为朝廷已经下令，又不得不听命。临行前，郑崇质不免向同僚们诉苦，自己很担心年迈的母亲。狄仁杰听说了这件事，非常同情他的遭遇，立即对主管此事的蔺仁基说："郑崇质的母亲体弱多病，我们怎么能忍心看着他独自远走他乡呢？我无牵无挂，还是让我去吧！"

　　蔺仁基听完他的话，特别地感动。当时，他正在和另一位官员李孝廉闹矛盾，两人互相排挤，不愿意与对方说话，平时遇见也像陌生人一样。再看看狄仁杰能如此对自己，相比之下，自己显得太狭隘了。他感觉到很惭愧，就主动找到李孝廉，把狄仁杰的事情描述了一遍，并且真诚地对他说："我们还是改变以往的想法，消除那些芥蒂，其实与狄仁杰相比，我真是自愧不如啊！"李孝廉也深受感动，两人不再有隔阂，而是关系愈加好了。

　　即使是曾经诋毁过自己的人，狄仁杰也不会心存怨恨，依然能够宽容待人，为了国家大义考虑，与每个人友好相处。他被任命为宰相之后，有一次，武则天问他："爱卿做刺史的时候，真是一个非常好的地方官，那里政治清明，百姓也生活安乐，可是在朝廷中一直有人弹劾你，不断向我说你的坏话，现在我把这些弹劾你的人的名字告诉你，在以后的生活里，你要小心这些人。"但是狄仁杰说："不用了，您不需要告诉我他们的名字，我也不想知道，如果陛下也认为我有做错的地方，我一定会改正。如果陛下认为我没有什么过错，那是因为陛下圣明。至于别人说过什么，我并不想知道，人生最害怕的就是狭隘，一旦心生怨恨，好人也会被别人当作坏人看待。如果我知道了是谁在背后弹劾我，我知道后，心里难免会难过，也会去怨恨别人，因此大家的关系就会不融洽，也不利于国家的利益，那么岂不辜负了陛下的期望？如果不知道这件事，大家见面之后还像朋友一样，这些事情就如同没发生过一样，互相不会感觉到尴尬，大家共同为朝廷效力，所以陛下还是不要告诉我了。"武则天听后更加佩服狄仁杰的为人，对他更加器重。

　　狄仁杰心中不记恨别人对自己的不好，就当这件事没发生一样，心胸开阔，以国家为重任，不在乎个人的利益。如果在生活中，经常把别人想象成自己的敌人，认为别人说话、做事都是针对自己，那么每天感受到的不是乐趣，而是不断在猜疑和痛苦中度过。对别人的过错、优点、缺点都持有包容的态度，心胸开阔了，会发现天地之间的视野也会变得不一样。

一个不懂得宽容的人，因为心情总是郁结，不喜欢微笑，就会苍老得很快；一个不懂得对自己宽容的人，会少一些生活的乐趣，每天把自己绷得紧紧的，经常是伤痕累累。所有的人同在一片蓝天下生活，呼吸着同样的空气，试着学会宽待他人，而不是轻易去指责别人。心里想的、眼前看到的都是别人的不好，会让自己的生活变得越来越不堪。人非圣贤，谁都会有出错的时候，就是圣贤之人也有犯过错的时候，所以多多体谅他人，宽以待人。

卡耐基说："如果一般来说你不喜欢某人，有个简单的方法可以改变这种特性：寻找别人的优点，你一定会找到一些的。"事实的确如此，每个人身上都有闪光点，经常和别人交流，学会换位思考，逐渐就会在这种理解中体会到不一样的乐趣。有些人的身上或许有一些让人感觉不舒服的特质，但是每个人不可能按照你心中的标准来诠释，把心态放宽一些，放大别人的优点，缩小他人的缺点，生活也许会从此变得完美。

原谅生活所带来的不幸

有个年轻人总觉得自己烦恼太多，总是感觉生活不如意，做什么事情都不顺利，为了解脱，也是让自己的心情放松，他去山上请教一位高僧。来到山上，他问高僧："请问大师，为什么上天对我如此不公平？我看到别人总是每天特别开心，而我总是在被烦恼困扰，整天烦躁不安，感觉非常难受，您能告诉我如何舒缓压抑的心情吗？"高僧听完他的叙述，没有急于回答，而是让人取来一杯水和一些盐，让他把盐放进水里，过了一会儿，请他一口喝下去，然后问他感觉味道如何。这个人说："太难喝了。"高僧又让他带着相同分量的盐，和他一起来到后山的湖边，让他把手里的盐倾倒在湖水中，然后让他品尝一些湖水的味道。高僧问他："这回感觉怎么样？"

年轻人说："凉丝丝的，没有那么难喝了。"高僧又问："还有苦涩的味道吗？"这个人笑着说："这次真的一点苦味都没有了。"高僧欣慰地点点头，接着说："其实上天对于每一个人都是公平的，就像是刚才先后倒进杯子里和湖里的水一样，水是一样的水，没有任何区别，为什么你品尝的味道却是完全不同呢？原因就是在于你的心胸还不够开阔，面对生活，我们需要有湖一样宽广的胸怀，而不是一杯水。"

拥有湖海一样开阔的胸怀，在面对生活中的苦难时，我们的心也会如水面一样平静。生活没有一帆风顺的日子，总会时不时地出现一些小的状况，刺激着我们脆弱的神经，即使心急如焚、不知所措，或者伤心难过、痛苦不堪，所经历的事情也不会因为你的楚楚可怜而同情你。让已经发生的事情再重新来过，这是不现实的，唯有坦然面对，以宽广的心去面对。

生活中的磨难和不堪，是在修炼承受苦难的能力，而这种能力则来源于一颗博大的胸怀，当心胸变得越来越开阔，那些苦恼也就会逐渐地消失，最后和空气融合在一起。我们掌控不了事情的发展规律，但是可以控制自己面对一切的情绪，因为心情是完全依靠自己决定的。同样是看到暴风骤雨，有的人感觉的是烦闷和抑郁，认为它遮住了自己享受阳光的权利；而有的人则想到的是雨过天晴后的美景，也许还会看到天边美丽的彩虹。

在自己心烦的时候，总是羡慕别人，为什么他们的脸上总是挂着微笑，而自己却一直被痛苦包围，其实仔细想一想，人生下来都是平等的，上帝对每个人都是公平的，有时候为你关上一扇门，他还会再为你打开一扇窗。生活就是如此，别人快乐地生活而你不能，是你不具备他们良好的心态。也许每个人都有着不为人知的辛酸，但是每个人对待这些苦难的态度是不同的，有的人的视野很开阔，以包容一切的心，去包容生活中的各种不幸与不安，也许有那么一瞬间也会感觉眼泪就要流下来，但是当自己良好的心态占据上风，眼泪也会被耳边吹来的清风吹干，擦干眼泪，继续在生活的路上行走。

杨光，原名杨晓光，哈尔滨人，父母都是普通的工人，在他八岁的时候，视网膜出现了问题，眼睛彻底失明。在他的脑海中，甚至没有关于这个世界的任何影像，他也不知道任何颜色的观念，但是他有着与生俱来的天赋，对音乐的特殊天赋。在他很小的时候，对音乐的感知能力就逐渐表现出来了，他曾经三次进京闯荡，但是祸不单行的他，在这几次进京的过程中，相继失去了自己的三位亲人，从此和他相依为命的就只剩下了母亲。

母亲在生活中鼓励杨光快乐地生活，帮他树立起生活的信心。在母亲的悉心教导下，他养成了积极乐观的性格。有一次，他出去玩的时候，小朋友们追着喊他是小瞎子，大人们都训斥孩子，可是杨光却不以为然地说："他们说的没有错，我本来就是盲人，怕什么呢！"母亲也一直以正常的孩子来训练他，让他自己穿衣、吃饭等，培养他的自理能力。当发现儿子喜欢音乐的时候，母亲对孩子说："如果你喜欢音乐，就要坚持到底，如果你不坚持，怕吃苦，那做别的事情也会这样，这样一直下去，你将会一事无成。"杨光记住了母亲的话，更加努力地学习和生活，从来没有因为苦而放弃。

多少年来，他一直以乐观的心态坚持着，他没有抱怨上天的不公，没有因为这些苦难去寻死觅活，而是以坚强、乐观的态度去生活。他用音符描绘自己心目中的美好世界，终于成为一位才华横溢的歌手，作词、作曲、模仿、演唱和主持也样样精通，被称为演艺界的奇才。而且加上他的身世，让人心中会生出更多的感触，听了他的歌曲人们不禁潸然泪下。他在《星光大道》中脱颖而出，幸运的同时，他也比其他的选手付出了更多的艰辛与努力。因为舞台的结构比较特殊，在录制的过程中，他要通过反复练习，以此准确地辨别观众所在的方向。因为表现出色，他还参加了中央电视台的春节晚会，惟妙惟肖地模仿一些名人。他快乐的神态、逼真的表演仿佛可以给人们带来一阵温暖的阳光一样。

尽管杨光没有享受过光明的感觉，但是在他的内心住着一个太阳，温暖自己的同时，也照亮别人。自他出生之后，体会到的是不幸和苦难，但是他没有把这些当成自己生活的羁绊，而是勇敢跨过去，以包容的心面对一切生活的变故，体会到生活的真谛。幸福的人生，即使经历过一些不堪的过往，那些经历只会让自己学会成长，增强自己面对苦难的信心；专注于苦难本身，会把自己的全部精力投注在上面，再也无暇去顾及快乐的时光，最后彻底失去了享受快乐的机会。

阿文是一个画家，而且是一位出色的画家，他的画作充满了艺术的气息，他喜欢画快乐的世界，因为他感觉自己是一个快乐的人，他的快乐也通过画笔传递到纸上，让看过画的人也会感觉心情好起来。但是他的画在市场上并不受欢迎，买他画的人很少，有时候几个月都没人买。他的生计也因此没了着落，想到这些，他就很伤心。

他的朋友知道他没什么收入，就给他出主意，让他去买彩票碰碰运气，因为只需要两元钱就可以买一张，没准就能中大奖。于是在空闲的时候，阿文真的去买了一张彩票，而且幸运真的降临，他中了二百万的大奖。他的朋友知道后，对他说："你看，这不就解决问题了，你真是幸运啊，以后你就不用画画了。"阿文也很高兴，他说："是啊，我以后只需要画彩票上的数字就够了。"

阿文用这笔巨款买了一栋大房子，并开始对它进行装修，因为是艺术家，所以他的品位还是相当不错的，他买了很多东西，豪华的地毯、富丽堂皇的壁灯、精美的瓷器等，每一样都是他精心选择的。等安排好这一切，他很满意地坐下来，点燃一根香烟，静静享受着此刻的幸福，因为他不用再为生计担忧了。然而，他感觉自己很空虚，很无聊，他决定去找自己的朋友聊一聊。他把手里的烟顺手扔在地上，因为他在以前居住的石头屋里，也一直是这样的习惯。那根没有抽完的烟，在精美的地毯上燃烧起来，一个小时以后，房子消失在了熊熊大火里，它彻底被毁灭了。

朋友们得知这个不幸的消息，都赶来安慰阿文，叫他不要伤心难过，他们说："哎，你真是太不幸了。"他说："我没有感觉到不幸啊！""阿文，你失去了一切，什么都没有了，损失了这么多钱啊！""这没什么，不过是损失了两元钱啊！"阿文平静地说。生活就是这样爱开玩笑，也许你前一分钟还在体会着富足的生活，接着一秒钟，也可能变成落魄的人，生命中的变数没有谁能说得清，没有人可以预知未来，我们所能做的，就是在富足的时候，不去过多地安乐与享受，没有欣喜若狂而导致的得意忘形；在落魄的时候，依然能平静对待，就像是什么都没有发生过一样，没有过多的悲伤，淡定地面对所有的一切，因为无论怎样，生活还是要继续，只要在这一秒，你还活着，就该好好生活。

宽容不仅是对待他人，对自己也是以一颗宽容的心应对。在我们的身上会发生许许多多的事情，有的令人欣喜，有的让人悲伤，让自己的心胸开阔一些，境界提升一些。生活中的不幸不会是故意在针对谁，因为所有的人都生活在同一片蓝天下，宽容一些，用博大的心胸原谅生活中的一切不幸，因为那不是我们生活的唯一。看淡这人生的起起伏伏，没有愁苦满面，而是笑口常开。

退一步海阔天空

"忍一时风平浪静，退一步海阔天空"。大地上的小草面对狂风暴雨，选择了退让，它弯下腰，随风摆动，却在风平浪静之后，坚强地挺起本是娇弱的身躯。它可以从容地躲过风雨的肆虐，就是因为懂得退让的智慧。迎难而上不得不承认也是一种进取的勇气，但是做任何事情都要视情况而定，没有绝对的真理来遵循。在更多的时候，当可以做出选择的时候，率先考虑的不光是个人利益，更要权衡他人的切身利益，有时可以退后一步。学会忍让与宽容，为更多的人腾出呼吸的空间，何尝不是一件皆大欢喜的乐事。

记得法国作家雨果说过："世界上最宽阔的是海洋，比海洋宽阔的是天空，比天空宽阔的是人的胸怀。"面对别人对你犯下的错误，相信他是无心之失，没有愤怒的争吵，而是心平气和的沟通，寻找可以和解的契机。如果两个人都是针尖对麦芒，那么就会陷入一个尴尬的境地，就像是同时站在一个独木桥上，都想通过，却又狭路相逢，互相不肯退让，结果就是两个人谁都无法通过。而解决的最好办法就是，其中一个人退后，走到原点，让另一个人顺利地通过，然后自己再接着通过，这样两个人都会顺利地达到想要去的对面。只是需要一个退后的姿态，这不是懦弱，不是畏惧，而是站在平等的位置，以宽容的胸怀对待彼此，因为晚一点通过这座桥，并不会让人损失什么，只是需要一个简单的动作，仅此而已。

率先退步，是一个谦和的表现，在夫妻之间尤为重要，生活中难免会有磕磕碰碰，在发生摩擦的时候，不管是男人还是女人，首先妥协的那个，就是最有智慧的一位，因为他或她懂得维护一个家庭的幸福，最需要的就是彼此的信任与宽容。忍让和退步也是有限度的，它不是去纵容不好的习惯的养成，使之逐渐扩大，最后到了一发不可收拾的地步，所以它需要一个理性的判断，知道哪些事情是可以妥协的，哪些问题应有着绝对的原则，是万万不能让步的，归根结底，还是要有理智而清醒的思考能力。

有这样一个故事：一个少女未婚先孕，被父母发现之后，就一直逼问她孩子的父亲到底是谁。少女当然不敢说出那个少年的名字，无奈之下，就随口说是附近教堂的一个牧师。这个牧师在当地的名声非常好，他忠厚老实，为人真诚，因此她的父母并没有相信。而少女却一口咬定就是那个牧师，父母没有办法，只好认命，同意她把孩子生下来。等这个孩子出生以后，这家人抱着孩子找到那个牧师，让他认领这个孩子，牧师没有表现出惊异的表情，没有极力为自己辩解，而是轻轻地接过孩子，并且说："噢，就是这样的吗？"

时间过了很久，一切真相大白，孩子的父亲根本就不是那个牧师，而是与少女同村的一个青年。于是，一家人感觉非常对不起那个牧师，也很不安，就全家去教堂接孩子。这一次，对于前来接孩子的人们，牧师依然是没有过多的言语，只是说："噢，就是这样的吗？"接着默默把孩子交还给了少女一家。牧师原本只是一位传道者，还是一个名誉极好的人，在一夜之间，就被莫名地安上这样的罪名，他没有争辩，在明知被冤枉的情况下，依然能以宽阔的胸襟承载着一切。他这种极致的忍让，最终让流言蜚语不攻自破，还给自己一个清白。假如他一开始就极力为自己辩解，相信不但不会得到原谅，反而是越描越黑，有理倒也说不清了。

有时候沉默是金，不失为一种力量，在面对误解的时候，可能会遭到别人的冷眼相待，有无尽的嘲讽和谩骂袭来。此时此景，大声地为自己争辩，不但解除不了自己的委屈，还会加重痛苦的程度。沉默也是一种宽容的心态，忍受住所有的不堪，因为那是强加在人身上的东西，它根本就不属于你，又何必为之伤心流泪呢？以博大的胸襟去面对委屈，不去抱怨，没有报复，久而久之，相信公道自在人心，一定可以让最初的真相还原。

三国时期的蜀国，在诸葛亮去世后任用蒋琬主持朝政。他的属下有个人叫杨戏，性格孤僻，讷于言语，少与人交流，大家也都不喜欢他。蒋琬与他说话，他也是只应不答，不愿意多说一句话。这时候有人就看不惯他的所作所为，就在蒋琬面前嘀咕说："杨戏这人只是一个无名小卒，他对您如此怠慢，简直是太不像话了，您应该教训他一下，帮他改正改正。"蒋琬坦然一笑，说："人嘛，都有各自的脾气秉性。让杨戏当面说赞扬我的话，那可不是他的本性，强迫他做也做不出来；让他当着众人的面说我的不是，他会觉得我下不来台。所以，他只好不做声了，实际上是我身上确实也有一些问题。其实，这正是他为人的可贵之处。"后来，有人赞赏蒋琬"宰相肚里能撑船"。

蒋琬的官位在杨戏之上，没有以自己的权力来压制杨戏，在面对他沉默的时候，依然是以一颗宽容的心面对，相信这是他的本性，而没有什么恶意。他没有因为杨戏的怠慢而迁怒于他，而是平静地看待这个问题，实在是难得可贵的姿态。生活中，不要总是认为自己高人一等，不把别人看在眼里，每个人身上都有自己要学习的地方，面对不好沟通的人，不要以不好的方式来解决问题，宽容一些，才能达到双赢的结果。

在一个春节的晚上，本来是阖家团圆、欢度春节的日子，有个富人家里却突然漆黑一片，找人检查之后发现，原来是电源被人切断了。这时，富人突然听到外面有一阵阵的喧闹声，出去一看，是一个小伙子在和检查电线的人拉扯在一起。那些人说：这个人醉醺醺的，穿得破破烂烂，没人认识他。他说电线就是他故意弄断的，还要让我们给他钱，好酒好菜地伺候他，不然他就赖在门口不走了，真是个无赖，简直就是不讲理。"

那个小伙子仍然在破口大骂，就是不肯离开，而且一屁股坐在门口，扬言如果富人不满足他的要求，他就躺在这里了。富人见此情景，想了一会儿，心平气和地对着小伙子说："大过年的，你是不是还没吃年夜饭呢？不如你进屋，我给你准备饭菜，过年本来是个愉快的节日，何必要这样呢？"说完把小伙子请进屋里，还叫人给他准备可口的饭菜和好酒。等小伙子酒足饭饱之后，富人又把一些饭菜放在盒子里，送给他说："过年了，这些就算是我的一点心意，送给你的家人，还想吃什么尽管来拿，这里有一百块钱，就当给孩子的红包吧！"

小伙子接过盒子和钱，他感觉很惭愧，就连忙去把电线接好了。原来，这个小伙子在生意上遇到一点麻烦，损失了很多钱，失望之余，痛苦万分，看富人的生活那么幸福，就感觉心理很不平衡，于是跑到这里来找事，发泄一下心中的情绪，却不想被富人轻而易举地给化解了，只好羞愧离开了。后来有人问富人为什么不把闹事的人送到警察局，或者找人教训他一顿，却忍下这口气，还好心好意对待他，富人这样回答："吃亏人常在，能忍者自安。"

假如这个富人真是如别人建议的一样，把事情闹大，这个小伙子也许会更加肆无忌惮，甚至可能会做出更严重的事情。富人没有责怪他的不好行为，而是采取忍让的态度，宽容了小伙子做出的事情，化解了这场闹剧，也可能因此躲过了一场灾祸，这位富人无疑是有智慧的。生活中很多的矛盾都是因为一点烦琐的小事引起的，本来不是什么不可调和的矛盾，却被激化到不可收拾的地步，让人不禁惋惜。学会忍让，面对一些纠缠不清的事情才能迅速从中抽身，避免发生更大的悲剧。

"吃亏是福"，能忍让也是一种人生的处世哲学，领悟了其中的真谛，方能成就大业。韩信曾经忍受胯下之辱，最后被拜为将侯，勾践也是卧薪尝胆，受尽侮辱，仍然能淡然处之，最后树立丰功伟业。选择退让，不仅要具备强大的忍耐力，还要具有海一样的胸襟，包罗万象。这是具有一种非凡的气度，真诚地宽容别人犯下的过错，放下一切的不愉快，心中记住的永远是快乐的经历。忍让也是一种尊敬别人的表现，是一种宽容的胸襟，是有城府的人的生活艺术。退让的宽容就像是天上的细雨滋润着大地，它会给宽容的人赐福，也赐福于被宽容的人。

怨恨，在豁达面前隐遁其形

海纳百川，有容乃大，这是一种豁达的心态。豁达的人生活会很快乐，他的心胸开阔，宽宏大量，不会为一点鸡毛蒜皮的小事儿斤斤计较，即使是面对别人的误会，也会一笑了之。生活中，有的人因为荣辱得失而心生烦恼，有的人因为意外收获而欣喜万分，有的人因为遇到挫折而痛苦抑郁。豁达的人会以超然的态度面对一切，洗尽铅华后的宠辱不惊，历经沧海桑田后的云淡风轻，都是一种宁静致远的修养。

豁达是人生达到的一种境界，是一种积极向上的人生态度，不以物喜、不以己悲，过好自己的生活。年少轻狂的时候，做事的时候会不经思索、冲动肆意，这时充满年轻人的活力，却也少了一些智慧的思考；经过时间的沉淀，生活逐渐走上成熟的轨道，即使再有风雨袭来，也能坦然面对，而沉着冷静；等步入老年，生活中少了拼搏的激情，没有了大喜大悲，剩下的是对人生的思考和享受，这个时候到达的境界才是真的羡煞旁人了。滚滚红尘，也如逝去的流水一般，慢慢地消失在生活中，纷纷扰扰，也都各自淡去了身影，是是非非，再也无人评说，忘我的境界也不过恬淡如此了。

有的人可能因为一些原因伤害过你，在你心中留下了难以抹去的痕迹，时不时地会隐隐作痛，好像在提醒你不要忘记这个伤疤。人生苦短，一生中经历的人和事有限，真心地相处，记住那些美好的瞬间，心生怨恨，对别人曾经对你造成的伤害刻骨铭心，这种痛苦会伴随一生，也许在梦中偶尔也会被愤怒的心惊醒吧！现如今的社会不是古代血雨腥风的武林时代，需要用刀光剑影去解决矛盾和纠纷，在一个人际关系日益紧密的时代，和谐的氛围才是我们生活的主旋律。何必抓住别人一点点小的过错紧紧不放，扪心自问，怨恨和报复的心态会让你感觉到快乐吗？答案是否定的。每个人都有那么一刻，呈现出冲动的一面，所以要学会控制自己的情绪，不要像火山一样随时爆发。试想一点即着的火爆脾气，又有谁愿意接近你，和你成为朋友呢？

有这样一个故事：这是一场惨烈的战斗，几乎所有的士兵都丧命于敌人的刀剑之下。然而命运将两个地位悬殊的人推到一起：一个是年轻的指挥官，一个是年老的炊事员。他们在奔跑逃命的途中相遇，因为两个人不约而同地选择了相同的路径，那就是荒无人烟的沙漠。后面的追兵在沙漠的边缘停止了追击，因为他们知道不会有人从那里活着出去。老人哀求地说道："请带上我一起走吧，我有着丰富的阅历，我知道如何在沙漠中辨认方向，相信我，我一定会对你有用的。"指挥官麻木地下了马，他已经不再抱有生的希望，他知道自己也许要命丧沙漠了。他望着老人花白的双鬓，心中不禁一颤："由于我的无能，指挥不利，造成了不可挽回的损失，几万个鲜活的生命就此从这个世界消失了，我是指挥官，我有责任保护这最后一个士兵。"他扶老人上了战马，沙漠里又干又热，没有一丝生气，在这茫茫的沙漠中，没有一个标志性的东西，人行走在里面是很难辨认方向的。"跟我走吧。"老人果敢地说。

于是指挥官默默地跟在了他的身后，灼热的太阳光将沙子烤得如炙热的煤炭一样，人的喉咙干得几乎要冒烟。他们没有水，也没有食物。老人说："把这匹马杀了吧！"年轻人怔了怔，心想也没有其他办法了。他取下腰间的军刀……"现在，骑行的马没有了，我年迈体衰，就请你背我走吧！"年轻人又一怔，心想："你有手有脚，为什么要人背着走，在沙漠里一个人走都困难，何况加上一个人呢！这提出的要求着实有点过分。"但他因为战斗的失败而感到深深的自责，老人此时要在沙漠中逃生，也完全是因为他的不称职。他此时此刻唯一的目标，就是让老人活下去，以弥补自己犯下的过错。他们就这样一步一步地往前走，在大漠上留下了一串深陷且绵延的脚印。 一天，两天……十天。茫茫的沙漠好像无边无际，怎么走也走不到边，到处是烫脚的沙砾，满眼是连绵起伏的沙丘。白天，年轻人是一匹任劳任怨的骆驼，晚上，他又成了最体贴周到的仆人。然而，老人的要求却越来越多，越来越过分。他吃掉了两人每天定量的食物的一大半，多喝了很多口每天定量的马血。

年轻人并没有因此抱怨，对老人的行为没有一点愤怒，他只是希望老人能活着走出沙漠。他俩越来越虚弱，直到有一天，老人奄奄一息。"你走吧，别管我了。"老人有气无力地说，"我不行了，你还是自己逃生吧。""不，我已经没有了活着的勇气，即使我活下来，也不会有人宽恕我了。"一丝苦笑浮上了老人的面庞，他说："说实话，这些天来我故意刁难你，难道你就没有觉察吗？我真没想到，你的心可以包容得下这些不公平的待遇。""我想让你活着，因为看到你，我就想起了我的父亲。"年轻人痛苦地说。老人艰难地解下身上的一个布包说："拿去吧，这里面有充足的水，也有食物，还有指南针，你朝东再走上一天，就可以走出沙漠了，我们已经在这里待了太长的时间……"说完这些话，老人闭上了眼睛。

"你醒醒，我不会丢下你不管的，我就是背也要带你出沙漠。"老人勉强睁开眼睛说："唉，这么长的时间，难道你真的以为沙漠是漫无边际吗？其实，只要走三天，就可以出去了，我是带你故意绕了一个圈而已。因为我亲眼看着我的两个儿子死在敌人的刀下，他们的血染红了我眼前的世界，这全是因为你，因为你的失误。我曾想与你同归于尽，一起死在这荒无人烟的沙漠里，然而你却用宽阔的胸怀融化了我内心的仇恨，我已经被你的大度所征服。只有能宽容别人的人才可以受到他人的宽容。"老人咽下了最后一口气。指挥官站立在那儿，心里非常地震惊，仿佛又经历了一场战争，这是一场人生的战争。他因为自己真诚的行为，得到了一位父亲的宽容。此时他终于明白，武力征服的永远只是人的躯体，而真正能赢得人心的是爱与宽容。安置好老人的遗体，年轻人怀着宽容之心，向前方的希望走去。

因为年轻人的指挥失误，造成了巨大的损失，老人失去了自己心爱的儿子，但是在两个人相处的过程中，年轻人用自己善意而诚恳的态度感动了老人，而老人也以一颗宽容的心原谅了他。宽容是相互的，如果这两人之间有一个人的心胸是狭隘的，那么结果一定是以悲剧告终。生活中每天也会有不同的剧目在上演，身在其中的人们始终以一种乐观的、豁达的心态处理所有的问题，也许就会少发生一些惨痛的教训，而多一些大团圆式的结尾。宽容他人，为别人留下一条重新开始的道路，如果时光可以倒流，所有的事情都会如想象中那样美好，为了避免发生让人后悔的事情，不如在一开始就让自己的心回到最初的豁达。

阿拉伯的著名作家阿里，有一次和波拉、马吉两个朋友一起去旅行，三个人经过一个狭小的山谷时，波拉一不小心从马背上掉了下来，幸好在一旁的马吉眼疾手快，一把抓住了坠马的波拉，这才避免了一场灾祸。波拉立即在河边找到一块大石头，在上面刻着："某年某月某日，马吉救了波拉一命。"三个人继续往前走，在一棵树下休息的时候，波拉和马吉因为决定向哪边走而发生了争执，马吉非常生气，伸出手就打了波拉一耳光。波拉又跑到河滩边，在沙子上写道："某年某月某日，马吉打了波拉一耳光。"等他们旅行回来，阿里对波拉的行为感到不解，他好奇地问：为什么要把救人的事情刻在石头上，而把打人的事情写在沙子上？波拉回答说："我永远都会记住马吉曾经救我一命，至于他打我的那一耳光，我的记忆也会随着沙子上的字一样，逐渐消失得无影无踪，永远不会再提起。"

我们身边的人，可能会曾经有一些误会，但是不要忘记他也曾经帮助过你，记住别人的好，忘记那些发生过的纠纷，因为出现在我们生命里的人，都是前世五百次的回眸才换来今生与你擦肩而过的人，珍惜这些人，以宽容的心去面对那些不好的记忆，以豁达的心去包容、理解他人。

豁达是一种成熟的表现，更是人生境界的升华，有这样一首诗：春有百花秋有月，夏有凉风冬有雪，若无闲事挂心头，便是人间好时节。有些事，有些人，他们曾经在我们的生活中出现过，又匆匆离去，记住该记住的，忘记该忘记的，人生洒脱度过，心中了无牵挂，就会蓦然顿悟生活的真谛。

适当遗忘，创造更多奇迹

记忆是一件很奇怪的东西，明明想要记住的，却偏偏会忘记，而根本就不想记起的事情，却会根深蒂固地藏在脑海里。世界上没有一种神奇的药水，喝下后就可以有选择性地记忆一些东西，所以生活在纷扰世间的男男女女平添了一些烦恼。一个人的大脑内存空间，就像是一台电脑一样，过一段时间，就需要及时清理一些缓存文件，不然怎么会腾出一些空间去接受新的事物，特别是那些会令自己感到快乐的事情。

生活中会有些经历让人难以忘记，有愉快的事情，比如和朋友一起打打闹闹，和家人在一起享受温馨的生活，取得好的成绩等，这些事情都是难得的珍贵记忆，它深深记在心中，就连在梦中醒来都会是带着浅浅的微笑吧！还有令人不快的事情，比如努力过后并没有得到一定的认可，本是真心付出却得到别人的误解，原本问心无愧的生活却被人伤害等。这些事情也是会让人记忆深刻的，因为它会让人感到痛苦，隐隐作痛的伤痕会一直刻在心底，尽管形成的伤痕可能会难以愈合，但是应以一颗海纳百川的心去包容这一切，原谅生活所带来的不幸，开启幸福的人生模式。

如果不具备一颗宽容的心，可能只是一点小事就会牢牢地记在心里，甚至因为别人的一句话、一个动作，就开始思前想后，坐卧不安，茶饭不思，总是在想这件事，这句话是不是在针对自己，他们这样的行为目的是什么？想得太多，也是让自己更加疲惫。其实有可能这些事情根本就和自己无关，却还在一味计较，到头来是在和自己过不去。何不选择忘掉这些不快，忽视掉本来与自己无关的事情，以博大的胸怀包容一切，甚至可以宽容曾经伤害过自己的人，人生多了快意的洒脱，也就多了开心、快乐的理由。

《宋名臣言行录》里记载了两位宰相的故事，其中有一位大家熟悉的吕蒙正。他中进士不久，就被委以重任，当上了参知政事，相当于副宰相的职务。有一天例行早朝的时候，他在门后偶然听到有人在议论他，说他资历浅薄，根本没有能力胜任参政的职务，肯定是通过不好的手段才上位的。他却装作没听到一样转身离开了。他的同僚知道这件事情以后，要去彻查这个人，并要追究他的责任，而吕蒙正却说："事情都过去了，就当它没发生过一样，如果我知道了是谁说的，对我来说又有什么好处呢？相反，不去追查这件事情，我也没有损失什么，又何必去怪罪别人呢！"正是因为有这样的气度和宽阔的胸怀，吕蒙正辅佐皇帝完成了巩固宋初统一的大业，成为令人尊敬的宰相。

吕蒙正没有因为别人的闲言碎语，就随意地迁怒于人，而是宽宏大量地当这件事情从未发生过。他没有记住这些不好的话，从而让自己心里满是怨恨，激化群臣之间的矛盾。我们不可能得到所有人的喜欢，可能因为一些做法和言语，并不被人认可，也会有些不中听的话传到耳中，如果去刨根问底地计较，就太不值得了。原本可以让时间冲淡的事情，就把它放在记忆的海里，让海浪将它冲走，不留一丝痕迹。

韩信是淮阴人，出身平民家庭，生活很贫穷。他经常会没有饭吃，有时候只能靠到别人家里蹭饭吃充饥。淮阴当地有很多大户，家里的孩子也是相当霸道，仰仗着自己家里有钱，就时常欺负一些穷孩子，韩信就经常被欺负。有一次，他们把韩信围堵在墙角，恶狠狠地对他说："你虽然长得个子大，出门还总喜欢带着剑，装得像是个大人物一样，实际上根本没有本领，就是个胆小鬼。"他们甚至挑衅说："韩信，如果你真的不怕死，就拿着剑来杀我们，如果你不敢，只是装装样子的话，就低头认输，从我们的胯下钻过去。"韩信心里非常愤怒，面对羞辱，实际上以他的本事足以将这帮恶霸击倒在地。但是他不能这样做，因为自己身份低微，如果只是为了争一时之气就和别人打架，一定会被送进大牢的，自己还有志向没有实现，如果计较这些，就太不值得了。他想了一会儿，趴在地上，从那个人的胯下爬了过去。这件事情很快被传开了，整个城里都在传韩信是个胆小鬼，胆小怕事，见到他都指指点点地取笑他。

韩信自己只是把这件事当成了自己奋斗的动力，并没有因此怀恨在心、伺机报复。后来，他投奔了刘邦，开始的时候并没有得到重用，只是让他管理粮草。但是萧何非常赏识他的才能，一直在刘邦面前强烈推荐他说："韩信这个人，在我们全军上下，都找不到一个能和他相提并论的人，他的才能，谁也比不上，如果大王想夺取天下，非重用此人不可，因为除了韩信，没有人能和你一起商量国家大事。"于是刘邦就拜韩信为大将军，统帅三军，韩信带领着军队南征北战，立下汗马功劳，成为一代名将。

如果韩信对于当年的"胯下之辱"耿耿于怀，铭刻于心，就会一心想着如何报复当年欺辱自己的人，也就没有了多余的精力去上进，去努力学习；而且是被仇恨占据了头脑，也会因此失去理智，就不会有后来大的成就。他是一个心胸阔达的人，知道哪些事情才可以是自己生活的全部，又有哪些事情是可以放置一边、不再理会的，经受过的这些侮辱，变成了前行的动力，成就了一生的丰功伟绩。生活中，试着控制自己的情绪，不要因为一点小事就与别人发生冲突，矛盾一旦产生，想要消除就不是那么轻松的了。何不在最开始的时候，就把这问题的火苗扼杀，不让它有死灰复燃的机会。而具备这个能力的人，就需要有一颗强大的心、一颗宽容的心。

说到宽容，我们一下子会想到弥勒菩萨。我们现在看到的弥勒菩萨是宋朝布袋和尚的造像，他整天笑嘻嘻地坐在寺庙门口迎接所有的人。他是教导我们要学着笑脸迎人，不可以整天愁眉苦脸，为了一些生活琐事而烦闷不已，大大的肚皮代表包容，要清清楚楚这世间的善恶美丑，而在明明很清楚的状态下又能够做到包容，用平等的心态、欢喜的仪容面对生活中的一切。

扬州八怪之一的郑板桥是著名的文学家、书画家。因当潍县县令时擅自开仓赈济灾民而被罢官，但他身心释然，一肩明月，两袖清风，随身只带黄狗一只、书卷几箱、兰花一盆，来到扬州定居。一天晚上，天色阴沉，下起了毛毛细雨。劳作一天的人们早已进入了梦乡，郑板桥却辗转难眠，忽听房门响动，只见一小偷闪进屋内，板桥心神不安，想要呼救，又怕惹恼了小偷，自讨苦吃。转念一想，便喃喃低吟："细雨濛濛夜沉沉，梁上君子进我门。"忙着搜寻物件的小偷一听，心想这下坏了，被人发现了。刚要转身离开，又听他吟道："腹内诗书存千卷，床头金银无半分。"小偷听明白了，这是个只会读书的穷光蛋，还是赶快逃走吧！转身出门，又听道："出门休惹黄尾犬。"小偷心想，院门不能走了，还是跳墙跑吧！此时又听房内警告："越墙莫损兰花盆。"小偷抬头一看，果然发现墙头上放着一盆兰花。于是避开兰花盆纵身跃上墙头，刚要缩身跳下，又听屋内高声吟道："天寒不及披衣送，趁着月亮赶豪门。"郑板桥面对进屋行窃的贼人，没有把他抓去见官，而且还善意地提醒他。他心中没有生出愤怒，而是以风趣、幽默的话来告诫小偷，这也是以一种宽容的心态来对待所有人，哪怕是对自己不利的人。

佛陀告诉我们："如果一个人的快乐，是希望从别人身上去获得，那会比一个乞丐沿门乞讨还痛苦。"唯有懂得宽恕别人，才能得到真正的快乐。快乐不是依靠别人给我们，而是要由我们自己去争取，而这个争取的机会就是来自于自己对自己的超越，能够超越自己的人，才是世间最快乐的人。太过于敏感的人，总是对周围的一切都太在意，记得所有的不堪，牢记那些对自己不利的事情、曾经伤害过自己的人，那就好像自己拿了好多条绳子把自己绑住一样，等于是自找麻烦。应该知晓什么是该争取的，什么是该放弃的，在受到伤害的时候也能做到宽恕别人。

选择记住那些让自己快乐的事情，留存这份快乐，忘掉那些不愉快的经历，开启自己崭新的人生。总之，每个人都有自己的方式去处理一些问题，不过归根结底，最重要的是让自己快乐一些，不要被那些烦心事所困扰。

聆听心声：携无限幸福奔向远方

　　每个人对幸福都有自己独到的理解，仁者见仁，因为幸福根植于内心。活在当下是一种幸福，因为享受现有生活，活出其中的乐趣，就是莫大的满足感。多与人交流，把自己内心的想法与人分享，让幸福感可以在空气中传播，独乐不如众乐，将快乐传递给每一个人。珍惜自己所拥有的一切，无论富贵贫贱与否，都值得自己尊重。幸福如一杯美酒，只有细细品味，醇香的气味才会逐渐扩散。生活不一定是要斤斤计较，有些特定的情况下，难得糊涂不失为一种智慧，心中的快乐是无与伦比的重要，又何必让一些不相干的事情扰乱我们的生活呢？幸福存在于各个角落，去寻找，去发现，去感悟。幸福是一种正能量，整个社会都需要洋溢幸福。静静地聆听内心深处的声音，它会告诉你幸福的所在。

幸福就在当下

　　一个年轻人为了让人们永远生活在幸福之中，也为了让自己的家庭生活美满，决定出发去寻找幸福鸟。因为有一位法师曾经告诉过他："在遥远的地方有一只青色的鸟，它能唱出世界上最美妙的歌声，这就是幸福之鸟，谁能找到它，把它关进笼子里，就可以享受永久的幸福。"于是年轻人带上笼子，开始去寻找幸福鸟。不知不觉已经过去了几年，他苦苦寻觅，还是没有发现幸福鸟的踪迹。有一天晚上，他在一家投宿，看到这家的主人是一对年迈的老人，看到他们相亲相爱的样子，他突然想起了远在家乡的父母。

　　他十分思念父母：他们的年纪也大了，身体不知道是否还硬朗。想到这些，他决定踏上回家的征程。等他风尘仆仆地赶到家时，他的父母已经在半年前生病过世，故乡也已经是物是人非，因为那里自然条件恶劣，人们都已经离开了那里。看着眼前陌生的故乡，想起自己的父母在临走前都没有见上儿子一面，他伤心欲绝，痛哭流涕。哭过之后，他毅然决定留在家乡，哪里都不去了，他要发愤图强，重建自己的家乡。故乡在恢复山清水秀的那一天，他非常开心，感觉生活又重新充满了希望。突然他惊奇地发现，那只被遗忘在角落里的笼子里，飞来了一只青色的鸟。"快点抓住它，那就是你一直寻找的幸福鸟。"年轻人循声望去，原来是那位法师在大声叫喊。年轻人不解地问："我历经千难万险，都没有找到幸福鸟，为什么它现在却悄然而至？"没想到青鸟却开口说话了，它说："你现在应该知道，幸福不用刻意地去寻找，只要把握好现在的每一分钟，不就已经感觉到幸福了吗？"

　　每个人都想知道幸福在哪里。我们寻寻觅觅，却总是了无痕迹，在围着原地兜了一个大圈子之后，会忽然发现幸福一直就在身边，只是身在其中的人们没有察觉罢了。幸福是和父母围坐在饭桌前开心地说话，是和朋友在一起畅谈心事，是从事着自己喜欢的一份工作，是在一天的疲惫工作后能美美地睡上一觉。幸福的事情，就是最简单的事情，久而久之，当一个人把这些幸福的琐碎事情，当成了自己生活的习惯，就逐渐失去了感知幸福的能力。

幸福不是可以用时间和金钱换取的，它不需要价值来衡量，却又是无价之宝。幸福没在遥不可及的远方，不需要马不停蹄地去为之奔波，就像是现代人每天忙于工作、加薪、升职，为了可以赚更多的钱，以为这样就是幸福的生活。幸福不是摆在商场里的一件商品，不可以随意用金钱购买。在忙碌的生活中，失去了更多的和爱你的人在一起的时间，这些逝去的时光是无论如何也弥补不回来的。其实幸福就在咫尺天涯，只要向前一步，就可以轻轻地触及幸福的影子，因为它一直在你身边，如影随形，未曾离开过。

有一个人，他生前善良而且乐于助人，所以在他死后，便升上天堂，成了天使。他当了天使后，仍然经常到凡间游荡，帮助那些需要帮助的人，希望他们可以感受到幸福的味道。一天，他遇到一个农夫，农夫的样子非常困扰，他对天使说："我耕地的犁坏了了，没有办法继续犁田，这样下去我就错过春耕的最好时机了。"于是天使送给他耕地的犁，农夫很高兴，开心地笑了，天使在他身上感受到幸福的味道。又有一天，他在人间游走的时候，遇见一个男人，男人的表情十分的沮丧，他对天使说："我一直在外乡做工，但是钱却在路上被坏人骗光了，现在没有钱回家了。"于是天使给他一些钱作为回家的路费，男人也很高兴，他终于可以回去和家人团聚了。天使在他身上感受到幸福的味道。又一日，他遇见一个诗人，年轻的诗人很英俊，有才华而且收入不菲，妻子也温柔贤淑，但他却过得一点也不快乐，一副愁眉苦脸的样子。天使问他："你为什么不快乐？我可以帮你做些什么吗？"诗人对天使说："我已经拥有想要的一切，只是欠缺一样东西，你能够给我吗？"天使回答说："当然可以，任何东西我都可以给你。"诗人呆呆地望着天使说："我想要幸福。"这下子天使为难了，他也不知道幸福是个什么东西。天使想了想说："我知道了。"然后他把诗人所有的一切都拿走了，这些东西包括诗人的才华、英俊的容貌、全部的财产、以及他妻子的性命。天使做完这些之后，便飘然离去了。一个月后，天使再次来到人间，来到诗人的身边，这个时候，他正饿得快要死了，衣衫褴褛地躺在地上。于是，天使把他曾经的一切又都还给他。然后，又悄悄离去了。半个月后，天使再去看诗人。这次他发现，诗人和妻子在一起。诗人不停地向天使道谢，因为，他得到幸福了。

幸福一直就在诗人的身边，他所有的一切都足以作为幸福的理由，他感到生活不幸福，是因为他没有真正地注意到幸福的内涵。水牛是农民的幸福，路费是归家人的幸福，而家人的陪伴就是诗人最大的幸福，他们体会到这些，就不再感到生活无聊，不再烦闷不堪，而是快乐地享受着这一切。有句话叫"身在福中不知福"，说的就是这个道理。人总是想要更好的生活，认为那是人生的奋斗目标，那么等达到了这个目的，生活变得更富有了，除了享受到金钱带来的物质享受，还能收获到什么呢？很多人都在抱怨自己不幸福，缺少非常多的东西，羡慕别人的生活，认为自己的都是最差的。有了这种盲目攀比的心理，让自己本来轻松的生活愈加疲惫，幸福也就在不知不觉中渐行渐远。

佛家常劝世人要"活在当下"。到底什么叫作"当下"？简单地说，"当下"指的就是：你现在正在做的事、居住的地方、周围一起工作和生活的人；"活在当下"就是要你把关注的焦点集中在这些人、事、物上面，全心全意认真去接纳、品尝、投入和体验这拥有的一切。活在当下是一种全身心地投入人生的生活方式。当活在当下，而没有过去拖在你后面，也没有未来拉着你往前时，全部的能量都集中在这一时刻，生命因此具有一种强烈的张力。这就是使生活丰富的唯一方式，当感觉生活无聊时，要想办法让自己充实起来，试着学会发现幸福。

有个小和尚，他负责每天早上清扫寺院里的落叶。清晨起床扫落叶实在不是一件让人快乐的事情，特别是在秋冬之际，每当起风的时候，树叶总随风漫天飞舞。每天早上，他都需要花上很长的时间才能清扫完地上的树叶，这让小和尚感到很头痛。他一直都在想一个好办法，能让自己轻松些，不用每天都去清扫。后来有个和尚跟他说："你在第二天打扫之前先用力地摇树，把落叶全都摇下来，这样明天就可以不用扫落叶了。"小和尚觉得这是个好办法，于是次日他起得很早，站在院子里使劲地摇树，这样他就可以把今天和明天的落叶一次性扫干净了。做完这一切后，这一整天小和尚都显得非常开心，他为自己聪明的行为扬扬得意。但是第三天早上，小和尚到院子里一看，他不禁呆住了。院子里如往日一样，依旧是满地的落叶。这时候老和尚走了过来，对小和尚说："傻孩子，无论你今天怎么用力，明天的落叶还是依然会飘下来，这是自然规律啊，你永远不能终止树叶的降落。"小和尚终于明白了，世上有很多事情是根本无法提前完成的，唯有认真地活在当下，才是最真实的人生态度。库里希坡斯曾说："过去与未来并不是'存在'的东西，而是'存在过'和'可能存在'的东西。唯一'存在'的是现在。"

小和尚想要让这些树叶提前落下来，想要一劳永逸，这是不现实的，生活每天都在发生着新的变化，是无法阻止的。他明白了活在当下的道理后，每天认真地完成自己的扫除任务，尽管会有些累，但却是心安的，会感受到完成任务的幸福感。有时候我们会为自己树立一个又一个人生目标，不停地去追逐，在实现梦想的过程中，不要忘记体会其中的乐趣，如果只是为了得到而得到，人生也会少些快乐，人生的价值就是让自己以及身边的人幸福，这才是生活的终结目标。

有位作家说过："当你存心去找幸福的时候，往往找不到，唯有让自己活在现在，全神贯注于周围的事物，幸福便会不请自来。"或许人生的乐事，是闻一闻身旁每一朵含苞待放的鲜花，享受一路走来的点点滴滴。毕竟，昨日已成历史，明日尚不可知，"现在"所拥有的一切是上天赐予的最好礼物。懂得好好把握现在的生活，幸福会无处不在。

与人分享是一种幸福

一个人快乐，不如和其他人分享，大家一起快乐，快乐的程度会被放大许多倍，这就是分享的意义所在。在生活中，我们会结识很多朋友，无论是在悲伤的时候，还是在开心的时候，大家会一起开怀大笑或是一同流泪，所以我们不再一个人孤独，这种分享之后的心情就是一种幸福。分享没有一个明确的定义，其实它很简单，可以是一句鼓励的话、一个抚慰的动作，甚至只是两个人分吃一个苹果，共同品尝香甜的滋味。

不懂得分享的生活是枯燥乏味的，有了令人高兴的事情，也是无处诉说，快乐的感觉在一瞬间也就消失了；发生了让人难过的事情，依然是和自己对话，没有一起分担这份痛苦的人，则会久久沉浸于伤痛中，难以自拔。不能分享的人是孤独的，没有朋友的陪伴，没有亲人的关心，坚强的外表也是给自己披上了厚厚的铠甲，再也没有人可以深入到内心。时间久了，割断了这种爱与被爱的能力，幸福又怎么会无端降临呢？

在生活中，有的人在抱怨，为什么没有人为自己真心付出，又到哪里去寻找真爱？答案其实很简单，就是自身要懂得如何去爱别人，真诚地愿意为他人付出，把自己内心深处最真实的样子表露出来，总是把自己封闭在一个角落里，害怕受到伤害，也是在把那些温暖与爱拒之于千里之外。在有限的生命里，多关心爱护身边的人，学会设身处地地为他人着想，心中幸福的感觉也会一点一点增加。因为周围的人都幸福了，脸上都满是开心的微笑，这种幸福的感觉也会逐渐蔓延到我们自身。

在一个漆黑的夜晚，有一个远行寻佛的苦行僧在路上走着，他来到了一个大山深处的村落，这里的夜晚没有灯光，路上漆黑一片，村民们来来回回走着，并没有感觉到异样。苦行僧感觉到有些奇怪。正在这时，他看见一点昏黄的灯从转角处静静地亮了过来。身边路过的一个村民说是瞎子过来了。瞎子？苦行僧呆住了，他拉住那个村民说："那真的是一个盲人在点着灯笼走吗？"他得到的答案是肯定的。苦行僧感到很迷惑，一个双目失明的人，他看不到任何东西，光明在他的脑海中是完全没有概念的，他的世界没有白天黑夜，他看不到姹紫嫣红，看不到崇山峻岭，他甚至根本不知道灯笼长得是什么样子，因为他根本就不需要照明的东西，那么他为什么还要拿着一个灯笼呢？

那个光亮越来越近，最后照到苦行僧的身上，他忍不住问来人："敢问施主真的是一位盲人吗？"那个人静静地说："是的，从我出生就患上了眼疾，从来没有看见过这个世界。"僧人接着问："既然你什么都看不见，又为何拿着一盏灯笼呢？"盲人说："现在是晚上吗？我听说在夜晚的时候，这里没有灯光，一片黑暗，那么行走在路上的人不就和我一样都变成盲人了吗？我已经适应了黑暗的生活，但是其他人不习惯在黑暗里行走，所以我就点上一盏灯笼为行人照明。"苦行僧听了之后，恍然大悟，他仰天长叹道："我走遍天涯海角，苦苦寻找佛的踪迹，却不想佛一直就在我的身边，原来佛性就是一盏灯，只是需要我把它点燃！"

那个盲人本来是看不见的，他也无须费上一番功夫点着灯笼四处走，但是他选择了这样的生活，因为他想把心中向往的那份光明带给别人，为他人点燃自己的生命之灯，盲人没有了黑暗的寂寞，有的是和大家一同行走的夜晚的快乐，那是分享的快乐。生活就是这样，苦苦寻找的幸福也是十分简单的，只是需要一个习惯，习惯把自己的生活与别人分享，关爱别人，在这种分享灯光的快乐中体会幸福。学会关爱与感激，怀着一颗感恩的心，不去患得患失，不去斤斤计较，包容生活带给自己的痛苦或不幸，以真诚的态度去和别人交流、沟通，享受一种相互信任的幸福。

曾经有一个父亲问三个儿子说："如果这里有两筐桃子，它们即将要腐烂掉，该怎样吃，才能使容易腐烂的桃子不浪费一个呢？大儿子说："先挑出那些已经熟透的桃子，因为它们是最容易腐烂的。"父亲立即反驳说："可是等你吃完这些，其余的那些桃子也已经不能吃了。二儿子思考了一会儿说："应当先吃刚好熟的桃子，先挑剩下的吃。"父亲又说："如果那样的话，熟透的桃子也会烂掉了。"父亲把目光转移到一直沉默的小儿子身上，问道："你有什么更好的办法吗？"小儿子思考片刻说："我会把邻居们叫到一起，请他们一起吃这些桃子，让他们帮着我吃，这样不就很快吃完了吗？而且还没有浪费一个桃子，大家还一起品尝了美味的水果。"父亲对他的回答满意，赞许地笑了。

这个小男孩是我们熟知的潘基文，他想出的这个办法，是和别人一起分享。在与别人分享的过程中，也会得到来自不同人的回馈，只有那些被用于分享的桃子才会永久地保鲜。小时候在吃一块糖果的时候，如果没有和小伙伴们分享这种甜蜜，只是一个人偷吃，甜美的滋味在口中停留那么一瞬，很快就会忘掉它的滋味。相反和朋友们一起分享甜美的味道，友谊也在分享中慢慢地建立，收获的友谊，是更加让人难以忘记的，甜甜的滋味也就永远地停留在了记忆深处。

有位犹太教的长老，他非常喜欢打高尔夫球，但是依照犹太教的规定，在休息日的那一天，每个人都必须待在家里休息，不能进行任何的户外活动。长老实在是太喜欢打球了，一天不打，他都感觉浑身不舒服，所以他无法控制自己的内心，就决定趁人不注意的时候，偷偷溜出去打球，并暗暗告诉自己只要打九个洞就好。

　　当他来到高尔夫球场地，发现这里一个人也没有，因为是休息日，大家都在家里待着。他十分庆幸地安慰自己："虽然自己的做法是违反规定的，但是因为没有人出来，就一定不会有人发现自己。"但是他不知道的是，其实天使已经发现了他的踪迹，天使立即跑去告诉上帝，并向上帝建议采取一定的措施，惩罚一下这个不遵守规定的长老，上帝点头答应了。

　　因为没有人打扰，所以今天长老的状态非常好，他打出了几近完美的成绩，前三个球几乎是一杆进洞，长老特别高兴，当他接着打进第七个球的时候，在一旁看着的天使更生气了，他跑去找上帝说他为什么不惩罚他，还让他接二连三地进球，上帝只是笑着说："他已经在接受惩罚了。"等他打进第九个球的时候，依然是一次性成功，长老感觉自己的表现简直是无法挑剔，堪称完美，他兴奋地跳了起来。这次天使实在是看不下去了，他又去找上帝报告："让他一杆进洞，表现得越来越好，就是您所说的惩罚吗？"天使已经忍无可忍，上帝却还是保持着一如既往的微笑。

　　当长老打完十八个球后，他对自己的表现太满意了，忍不住夸奖自己说："我的球技真是无与伦比啊！"天使都快被气哭了，他问上帝究竟什么是对他的惩罚，上帝说："你想啊，他取得这样好的成绩，他感到十分的兴奋和激动，但是这种快乐没有人和他分享，这难道还不是最大的惩罚吗？"这的确是对那位长老的惩罚，他心中满怀喜悦，却只能自己在那里大笑，没有人知道他取得的好成绩，没有赞许的声音，没有在一起欢呼雀跃的人，这又何尝不是一件令人悲哀的事情？无论是多么大的荣耀，只能坐在那里孤芳自赏，取得多么伟大的成就都是对自己的一种嘲讽。如果在幸福快乐的时候，有人与自己一起分享那份快乐，幸福就会很快地传递出去，甚至扩大几倍的力量。

　　有人说过这样一句话："真正的幸福是不能描写的，它只能去慢慢地体会，随着体会的加深，想要描写也就变得更加困难，真正的幸福是不孤单的，它因为被分享而被无限蔓延。"分享的过程会带给人无限的乐趣，因为看到别人脸上露出的灿烂笑容，即使是前一秒钟心里还在被抑郁所覆盖，也会瞬间被这种神奇的力量驱散。还有人说过："不会分享的人注定是一个孤独者，一个失败者。"分享是给自己疲惫的身心放一个假，去找寻那潜藏的快乐，去重拾可能失去的幸福感。

　　通往幸福彼岸最近的路，就是与他人分享自己的幸福。

品味幸福，且行且珍惜

人要学着珍惜，珍惜身边所拥有的一切，珍惜幸福。幸福是无形的东西，它像是自由游走的空气，想去握住是不现实的，但是它却是触手可及的，因为它一直就在身边，只是没有被发现而已，是要用心去领悟的。当你满怀委屈地向别人诉说心中的不悦时，你也许不会感到幸福，但这对于聋哑人来说却是无法实现的幸福；当你心情低落地走在大街上时，也许感到自己不幸福，但这对于身患残疾的人来说，却是人生追求的幸福；当以失意的眼光审视这个五彩斑斓的世界时，你也许不会感到自己的幸福，但这对于盲人来说却是梦寐以求的最大幸福……

当一个人实际上被幸福包围的时候，却往往感觉不到，有时候还会认为是一种负担，比如可以每天下班后和家人待在一起，却对妈妈的唠叨感到不耐烦；可以进入大学读书，却没有好好珍惜上学的机会，任意地挥霍时间；可以每天快乐地去上班，却还不努力工作。这些事情看似平常，几乎每天都在上演，但是演绎这些幸福的人却身在其中，而浑然不知。往往等到失去了，才追悔莫及，此时想要不惜一切代价地去换取曾经的幸福，时间无法倒流，却再也回不去了。

有时候我们感慨："时间都去哪了？"是那些逝去的时光让我们流连，还是在时间沙漏里出现的人和事？所经历过的一切都值得珍惜，可能曾经失败过，体会过那种绝望的痛苦，但同样感谢这些不堪的经历，她让我们的承受能力变得更强，教我们学会成长，当下次再遇到此类的事情，就不再会流泪伤心，因为所有痛苦的过往都是在给身上增加一层坚硬的外壳。可能我们也取得过一点成功，那是让人欣喜若狂的经历，足以让人兴奋不已，难以忘怀。这样的喜悦同样值得珍惜，因为那是让人开心的记忆，是这一点一滴的成功积累，帮助我们走向更大的成功。

举案齐眉的故事是这样的：东汉人梁鸿，字伯鸾，住在平陵（今陕西咸阳市西北），年轻的时候家里很贫穷，但是他刻苦好学，不断积累自己的知识，后来变得很有学问，在当地很有名气。但他不愿意入仕做官，只是和妻子过着平淡的生活，他们依靠自己辛勤的劳动，过着俭朴而愉快的生活。

梁鸿的妻子，是和他同县孟家的女儿，名叫孟光。她自小生得皮肤黝黑，体态粗壮，喜爱劳动，没有沾染一点小姐的习气。据说，孟家当初为这个女儿选夫婿，颇费了一些周折，所以三十岁了还没出嫁。主要原因不在于大户人家的少爷嫌她模样儿不够俊俏，而是她根本瞧不起那些少爷的游手好闲的模样。她自己提出要嫁个像梁鸿那样的男子，她父母没有办法，只得托人去向梁鸿说亲；梁鸿也听说过孟光的性格，符合自己挑选妻子的标准，便欣然同意了。

孟光刚嫁到梁鸿家里的时候，作为新娘，穿戴得难免漂亮了一些，一连七天，梁鸿竟然没有和她说一句话。到了第八天，孟光绾起发髻，摘去金银首饰，换上布衣布裙，开始勤劳地做家务、下地干活。梁鸿高兴地说道："这样才对嘛，这才是我梁鸿的妻子呢！"据《后汉书·梁鸿传》载，梁鸿和孟光婚后，隐居在灞陵（今陕西长安县东）的深山里。后来，迁居吴地（今江苏苏州）。两人一同下地劳动，互敬互爱，彼此之间又非常有礼貌，真所谓相敬如宾。据说，梁鸿每天劳动完回到家里，孟光总是把饭和菜都准备好了，摆在托盘里，双手捧着，举得和自己的眉毛一样高，恭恭敬敬地送到梁鸿面前，梁鸿也会高高兴兴地接过来，然后两人一起愉快地吃饭。

在家庭生活里，夫妻之间也要彼此珍惜，彼此信任。两个陌生人因为缘分走到一起，开始新的生活，实际上是一段美妙的人生旅程。在琐碎的生活中，在锅碗瓢盆中，就蕴藏着幸福的味道。两个相知相爱的人在一起，熟悉彼此，就是最大的幸福。有的人不懂得珍惜这份来之不易的感情，因为一点点矛盾或者误会，就分道扬镳，难道不会感到惋惜吗？珍惜幸福，珍惜身边的人，当然也包括陪伴自己一生的爱人，坦诚地对待相互的感情，认真地承担起家庭的责任，这些都是捍卫幸福的一部分。

有时候，人总是在失去后才知道珍惜。我们熟悉的词人纳兰容若，也曾为情所困。他喜欢的一个女子被送进宫，他悲痛欲绝，决定今生不再娶。但是他爹还是逼他娶了另一个女子。这个女子也很爱纳兰，在天长日久的生活中，纳兰却没有体会到这份感情，因为这个时候的纳兰还沉溺于过往的悲痛中，所以对他妻子的感情无动于衷，直到最后酿成了一出悲剧，这名女子忧劳成疾而死。直到此时，他才明白原来他也是爱他妻子的，于是焚纸葬灰，吟出"人生若只如初见，何事秋风悲画扇"的诗句。

曾经拥有的幸福一直就在纳兰身边，他却因为守望着一份根本不存在的爱情，亲手毁掉了这份幸福。总有这样的事情，在失去后捶胸顿足，却再也无法挽回。失去的人，在自己的生活里也许就彻底消失了，再也找不回来；逝去的事情，再也找寻不到曾经的踪迹，会随着时间流逝而湮没。不想等到失去后后悔，就在拥有的时候好好地珍惜，抓在手里不要轻易地松开手。

有位商人，他把儿子派往世界上最有智慧的人那里，去询问幸福的秘密。少年在沙漠里走了四十天，终于来到一座位于山顶上的美丽城堡，那里住着他要寻找的智者。他走进一间大厅，但并没有遇到一位圣人，相反，却目睹了一个热闹非凡的场面：人们进进出出，每个角落都有人在进行交谈，一支小乐队在演奏轻柔的乐曲，在一张桌子上摆满了美味佳肴。智者正在同所有来拜访的人一一谈话，而少年必须要等上两个小时才能同智者讲上话。智者认真地听了少年的来访原因，但他说此刻没有时间向少年讲解幸福的秘密。他建议少年在他的宫殿里转上一圈，两个小时之后再回来找他。"与此同时我要求你办一件事，"智者边说边把一个汤匙递给少年，并在里面滴进了两滴油，"当你走路的时候，拿好这个汤匙，千万不要让油洒出来。"少年开始沿着宫殿的台阶上上下下，他的眼睛始终紧盯着汤匙。

两个小时之后，他回到了智者的面前。智者问道："你看到我餐厅里的精致餐具了吗？看到园艺大师花十年心血创造出来的花园了吗？注意到我图书馆里珍贵的文献了吗？"少年十分尴尬，他承认自己什么也没有看到。他当时唯一关注的就是智者交付给他的事情，就是不要让油从汤匙里洒出来。智者又说："那你这次就去见识一下我这里的各种珍奇之物吧！"少年这次变得轻松多了，他拿起汤匙重新回到宫殿漫步。这回他注意到了天花板和墙壁上悬挂的所有艺术品，观赏了花园和四周的景色，看到了美丽的花朵，品鉴了精致的手工艺品。当他再次回到智者面前时，少年向他仔仔细细地讲述了所见到的一切。智者说："那么我交给你的两滴油在哪里呢？"少年朝汤匙一看，发现油早已经洒光了。他说："这就是我要给你的唯一忠告，真正的幸福在于你可以看遍全世界，但却永远不能忘记你手上的两滴油，这才是最值得你珍惜的东西。"

智者告诉少年的道理就是，总是感觉去看那些未曾见过的新奇景色，就以为是真正的幸福，其实幸福远远不止于此，最重要的幸福就像是握在手心里的两滴油一样，这才是最宝贵的东西，是无论如何也不该放弃的东西。握在手里的东西，就是我们现在所拥有的一切人或物，经历过的一切事情，都是无价之宝，是难以用价值来衡量的。不要等失去以后，才对自己说如果早知道是这样的结果一定好好珍惜，世界上没有出售一种药品，可以让那些后悔的事情重新来过。学会珍惜当下的幸福，是在做一件智慧的事情，是成长之后心灵的感悟。

品尝幸福的滋味，有苦涩，也有甜蜜，各种滋味只有自己去慢慢体会，不管是怎样的感觉，那也是记忆深处的味道，是人生也许只有一次的味道。因为许多人和事，一旦失去，就再也找不回来了。为了避免让自己带着悔过的心情去追忆似水年华，不如在眼下就学会珍惜幸福。在人生百态之中寻找幸福的所在，蓦然回首，幸福就在不远的灯火阑珊处。

关注细节点滴，积聚幸福能量

生活中的细节，最容易让人忽视，然而有些细枝末节的感动，看在眼里，便形成一道最美的风景；握在手掌心里，便是一朵美丽的花朵；拥抱进怀里，便是一米最温暖的阳光。"一树一菩提，一沙一世界"，生命中的一切就是由一个个细节构成的，有时候它的存在会让人忽视掉，甚至于一个低头，一个转身，就会错过那瞬间的美好。

打开门，给风雪路上匆匆赶路的行人递上一杯暖暖的热水，他的一句"谢谢"，足以驱走冬日的严寒；早上上班前离开家里时，母亲一句叮嘱

"路上小心"，会让每一天的心情变得快乐无比；在大街上行走的时候，擦肩而过的陌生人一个善意的微笑，会让生活中多一些彼此之间的信任。这些话，这些动作，非常简单，也许在生活中容易做到，也会经常遇到。就是因为它更多的时候就像是昙花一现般在眼前闪过，并没有在脑海中留下过多的印象。就这样把它们忘记了，把这些生活中经历的小细节丢在了一边。

及时把握生活中的细节，可以发现许多前所未有的体会，它带来的更多是一种温暖，是一片赤诚的爱意。在被爱的过程中，我们也学会了爱的付出，不断积累在心中的感动，让整个世界变得更加美好。对于一个人而言，一颦一笑，举手投足之间，都是内心的真实反映，所有的细节都值得珍视，因为有时候潜藏在细节背后的东西就是浓浓的爱。生活每一天都在发生着日新月异的变化，只是这种变化是如此的轻微，以至于很难让人察觉，而这些细节的感动，又在人不注意的时候在指尖悄悄地溜走了。

有一个年轻人，他在一家商店工作了很长时间，却没有受到领导的赏识，他感觉自己的工作热情也在一点点被消磨掉了。因此他产生了跳槽的想法，他想换一个工作，不能让自己在这一个岗位上消磨时间。然而有一天，他正在工作的时候，外面突然下起了倾盆大雨，有位老妇人慢慢地走进商店，东瞧瞧西看看地闲逛。其他的营业员认为老人是进来避雨的，不会买什么东西，就没有理睬她。只有这位年轻人热情地和老人打招呼，并且上前询问有什么可以帮助她的。这个年轻人耐心陪着老人逛完了整个商店，并且热情地给老人介绍店里的商品，还主动提起老人买下的东西。老妇人结完账要离开了，年轻人把她送到门口，并帮她把雨伞打开。老妇人对年轻人的热情服务感到非常满意，临走的时候向他要了电话，然后撑着伞走远了。

年轻人很快把这件事情忘记了，还在向别的公司投简历，以便寻求更好的发展。突然有一天，他的电话响了，是商店的经理叫自己去办公室一趟，年轻人还在想是不是被经理发现自己要离职。等到了办公室，经理并没有责怪他，还给了他一份更好的工作，这份工作正是他向往的，而这份工作正是那位雨天买东西的老妇人提供的，她本身就是一家大公司的董事长。

年轻人并没有做什么惊天动地的伟大事业，他只是在做好自己的本职工作，在顾客来买东西的时候，细心的服务，不经意的撑伞动作，在年轻人自己看来这根本算不了什么。但是在那位夫人的眼里，看到的是一个年轻人的尽职尽责，一个年轻人对一位老人的尊重，这些细节打动了那位夫人，也给年轻人的生活带来了改变。在做这些事情的时候，年轻人并没有想因此得到些什么，却没想到就是他在平时工作中的习惯，带来了意外的收获。

有一家三口幸福地生活在一个小村庄里，有一年，这里爆发了战争，一家人不得不离开自己的家园，走上背井离乡的道路。不幸的是，孩子的爸爸被一颗炸弹的碎片击中，在战火中丧命。家里的东西也几乎被毁坏得差不多了，只剩下一个鱼缸，里面有两条金鱼，妻子知道那是丈夫生前最喜欢的东西。在出门逃命的过程中，妻子没有忘记那两条鱼还在屋里，她知道那不仅是两条鲜活的生命，也寄托着她对丈夫无尽的思念。于是她抱着鱼缸在炮火中穿梭，冒着生命危险，来到院子后面的湖边，把那两条鱼倒进湖里。看着它们自由自在地游走，她才急匆匆地赶回去，带着孩子逃命去了。

战争结束之后，母子二人平安了，他们返回了自己的家乡，他们的房屋已经被炮火夷为平地，到处是一片狼藉，只有断壁残垣静静地躺在地上迎接着他们。母子两人看见这一片苍凉的景象，心里非常难过，触景生情，他们想到了去世的亲人。忽然眼前闪出一阵金色的光芒，仔细上前一看，原来是一群美丽的金鱼在湖水中跳跃，迎着阳光，更加璀璨夺目。它们和自己当年放生的那两条金鱼长得一模一样，女人恍然大悟，原来这是那两条金鱼繁衍的后代。从此以后，母子二人每天都来到湖边喂鱼，生活又增添了许多的乐趣，让人回味无穷。周围的人得知这里有个长有金鱼的湖，都千里迢迢地赶来观看，临走的时候就买上几条回家。于是，母亲把这些金鱼出售，再重新让金鱼繁殖，这些收入改善了他们的生活，两个人过上了幸福安康的生活。

当初女人把金鱼放生，只是出于一种怜悯生命的感触，一片对丈夫的思念，她未曾想过，在未来的日子这些金鱼能给自己的生活带来巨大的变化。这样一个善良的细节，也许是感动了上天，给了这个女人最美丽的回报。有时候，一个善意的动作，可以感动了他人，让他们的生活重新充满希望和期待。我们不是伟大的人，做不出惊天动地的成就，却可以在生活的细节中，为他人撑起一片蓝天，这种力量是难以想象的。

有这样一个故事：她是一家公司的部门经理，每天忙着工作，工作起来就什么都忘记了。她只剩下了一个母亲，在不久前，被她从老家接到了自己的身边。母亲的记忆力越来越不好了，患上了老年痴呆，在家里的时候，亲戚们来看望她，都只是无可奈何。她本来应该在家多一些时间陪着母亲，但是她的工作实在是太忙了，公司里有一大堆的事情等着她去处理。她也是想让母亲的生活更好一些，就每天把母亲放在家里，找了一个保姆来侍候她。因为她想反正母亲谁也不记得了，所以只要找一个人照顾她就可以了，就当替自己照顾母亲。

家里的许多亲戚一起来看母亲，她招呼大家一起出去吃饭，想到母亲也许久没有和大家坐在一起吃饭了，她也带着母亲去了。在这次家庭聚会上，大家都吃得很开心，因为是许久没有见面了，就聊了许多家乡事情。她在和大家高声谈论的时候，母亲突然一把抓住了她的手，她想可能是母亲需要什么东西。正在她想的时候，母亲从衣兜里拿出一把饭桌上的菜，这些菜还在滴着油，母亲一边四处观望着，一边小声地说："快把这些吃了，都是你爱吃的，这是我特意给你留的，别让人家看见。"她瞬间呆住了，那些菜正是她爱吃的，因为小时候家里困难，母亲总是想法设法地从外面给她带吃的，就是这些东西。她的眼泪忍不住流了下来，母亲忘记了所有人，甚至忘记了自己，却唯独还牢牢记着女儿以及女儿爱吃的菜。

母亲的记忆力已经几乎失去了，却还是记着自己最疼爱的女儿，因为女儿的一切都永远记在内心深处，即使记忆力没有了，因为心还在跳动，就永远不会忘记。这些生活中的细节，比如孩子喜欢的东西、讨厌的东西、愿意吃什么、不愿意看什么动画片，这些东西都在父母的心中，他们熟悉这一切，因为这就是他们生活的全部。这些事情，往往会被忽视，因为它本身就是无关痛痒的东西，何必要记住呢？也许有时候自己都不清楚这些，父母却是那个比自己更了解自己的人。

我们生活的世界，是由一点一滴积累而成的，往往不被重视的东西，却在角落里散发出耀眼的光芒。琐碎的事情，细枝末节的事情，有时候却发挥着巨大的作用，给生活带来意想不到的改变。就在那么一刻，读懂了这些细节背后的含义，幸福感就会逐渐地增加。幸福的能量，就像是沙滩上的一粒粒沙，堆积在一起，就可以变成爱的城堡，那虽不是安徒生笔下的童话世界，却如想象中的一样，美好，令人神往。

难得糊涂的智慧

"难得糊涂"中蕴含着深厚的哲理，许多人都有无意或者有意"糊涂"的时候，正所谓"大智若愚"。聪明难，糊涂更不易，特别是身处纷纷扰扰的尘世之中，难得糊涂是一种为人处世的大智慧。人生在世，有些时候，没有必要刨根问底，把所有事都弄清楚明白，也需要难得糊涂。对待他人要擅于见其长处，不拘束于其短处；处理事情能够顾全大局，不舍本逐末；在重大的问题上能够坚持原则，分清孰是孰非，保持头脑的清醒；在小事上决不斤斤计较，不小题大做，宽容大度，让一切顺其自然发展，让自己的心性获得解放。

在生活中，难得糊涂会让人开心不少，省去了为一些琐事烦恼的时间，自然可以用来享受生活。难得糊涂不是浑浑噩噩，而是为人处世的豁达大度，是一种真正意义上的"拿得起，放得下"。不是说无知，而是以一种博大的胸怀去面对一切。受到伤害的时候，心又怎么会不痛，只是想让自己的痛苦减轻一点，以糊涂的处世让心中的伤痛逐渐愈合，这是一种自强的能力。生活中真正的智者，是懂得难得糊涂的，他们没有面对一时的得失而经历大喜大悲，因为他们知道这只是人生经历的一部分，是一个必经阶段。

现代社会的压力大，人们的生存会面对许许多多的挑战，如果去和每一件事都较量一番，恐怕人的精力即使再旺盛，也会招架不住。难得糊涂，有些事不是不懂，而是不想懂，因为那会让自己分心。每个人都有自己专注的事情，譬如努力工作、好好学习、经营爱情，有这么多的事情等着去做，便没必要在意眼下的小问题。难得糊涂，不是一种消极的处世态度，尽管那会让人感觉到有逃避的心态，有一点阿Q的"精神胜利法"，其实不是这样，因为在不同的情形下，糊涂的使用方式也自然不同，以偏概全的观点不适用于任何场合，难得糊涂的精神也是掌控在自己的手中，至于什么情况下使用、如何使用，就要依靠自己最真实的感觉了。

"难得糊涂"的典故是这样的：清代书画家、文学家郑板桥题过几副著名的匾额，其中最为著名的就是"难得糊涂"。据说，"难得糊涂"四个字是在郑板桥在山东莱州的云峰山上写的。有一年，郑板桥专程到云峰山欣赏郑文公碑，感觉这里风景秀美，就流连忘返，等想起返回的时候天已经黑了，万不得已的情况下，他只好借宿于山间的茅屋。屋主是一位儒雅的老人，他自喻"糊涂老人"，出语不俗，像是世外高人一般。他的房中陈列了一块方桌大小的砚台，石质细腻，镂刻精良，郑板桥看到后十分欣赏。老人知道郑板桥是书法家，就请他为其题字，以便日后刻于砚背。

郑板桥认为老人一定是来历不凡，便题写了"难得糊涂"四个字，用了"康熙秀才雍正举人乾隆进士"的方印。因砚台的背后尚有许多空白的地方，板桥说老先生也应该写一段跋语。老人便提笔写下了"得美石难，得顽石尤难，由美石而转入顽石更难。美于中，顽于外，藏野人之庐，不入宝贵之门也。"写完后他也用了一块方印。郑板桥见印上的字是"院试第一，乡试第二，殿试第三"顿时感到十分吃惊。他立即明白了，原来老人是一位隐退山间的官员。对于糊涂老人的命名颇有感触，只见砚背上还有空隙，郑板桥便也补写上一段话："聪明难，糊涂尤难，由聪明而转入糊涂更难。放一著，退一步，当下安心，非图后来报也。"这行字，当是郑板桥对"难得糊涂"的理解了，也表达出他的处世哲学。当时郑板桥正在当知县，他为官一向刚正不阿、率真、清正廉明，也因此得罪了不少人，所以在当时黑暗的官场上非常不受欢迎，经常受到不同势力的嘲讽，甚至被百般刁难。他并不在意，没有以此改变自己的人生追求，都以嬉笑怒骂来应对，但是偶尔心中也会感到彷徨、悲观，由此产生了脱世思想。这时他的情绪，是压抑、苦闷、孤独和痛苦交织在一起。就是在这种处世环境下，他写下了"难得糊涂"的字幅，在这个过程中也是对人生有了重新的思考，不久便辞官归隐。

这样，款跋的意思就很容易理解了："聪明难"，但也要积极进取，但是在这个过程中，一定会面对各种不愿意面对的事情，想要达到李白"众人皆醉我独醒"的境界当然困难。"糊涂更难"，得过且过地混日子本来很容易，但是郑板桥作为一个心系百姓，想勤政执法，为百姓做实事的官员心中并不愿意这样做，因此也就困难。"由聪明而转入糊涂更难"，抗争不过官场的黑暗势力，又不愿意昧着良心去"糊涂"，这种"聪明"之后的"糊涂"更难。款跋最后一句"放一著，退一步，当下安心，非图后来报也"，在前面考虑的种种"难"面前，能做的也唯有小心谨慎，知进知退，不贸然行动，不求后世福报，只求心安，问心无愧罢了。

这就是郑板桥当时的心理和处世哲学，现在看来，既有积极的一面——他表现出不同恶势力同流合污的骨气，但同时也有消极的一面，即看破红尘的悲观避世思想。暂且抛除消极的那部分内容，积极的一面还是对现在的人们有所启示的。人生在世，不能让自己每天工于算计，太过精明的人总想着去占有，而不是想着如何付出，人生的乐趣会慢慢地消失，因为有太多的身外之物将自己团团困住，无法解脱。作茧自缚，身感痛苦的时候，想要重新来过，却也是悔之晚矣。

有一次，孔子在周游列国的时候，遇到一个高个子和一个矮个子正在路上争论，他们争论不休，已经面红耳赤。孔子上前询问原因，原来他们正在算一道题，高个子的人说三八等于二十三，矮个子的人说三八等于二十四，他们各自坚持自己的观点，都不肯让步，甚至都快动手打起来了。突然他们看见孔子来了，知道他有学问，就决定请圣人裁定。因为他们是猎人，所以它们打赌，如果谁的答案是对的，谁就要给另外一个人一个猎物。孔子思考了一会儿，就让认为三八等于二十四的人把手里的猎物交给另一个人，这个人拿着猎物高兴地走了。

对于这个裁判结果，矮个子当然不答应，他坚信自己的答案是对的，他愤愤不平地说："三八二十四，这是小孩子都知道的答案，你是一个伟大的圣人，却不知道正确的答案，真是太让我失望了。"孔子笑道："你说得对，三八等于二十四，这是小孩子都知道的道理，他们都不会因此争论不休，何况是大人呢？你知道坚持真理就好，又为什么要浪费时间去讨论这些并不是问题的问题呢？"听了孔子的话，那个猎人若有所思地点点头。孔子又说："那个人虽然赢了猎物，却因此换来了一生的糊涂，你失去了猎物，却获得了真理！"这下那个猎人彻底明白了。

孔子的观点是做好自己的事情，坚持真正的真理，当高个子喜气洋洋地拿着猎物离开的时候，他的生活也就从此多了真正的糊涂。矮个子失去了猎物，尽管看似占尽下风，实则是两人当中的赢家。为了一些不值得的事情去与人争论，还让自己心里很生气，其实是在浪费时间，这些时间与其在这里辨别正确与否，不如去做好自己应该做的事情。"来时糊涂去时迷，空在人间走一回，生我之前谁是我，生我之后我是谁，不如不来亦不去，也无欢喜也无悲。"想让自己在这个世间没有白来一趟，去做些有意义的事情，没有必要为了一些无伤大雅的事情伤透脑筋。心情愉快的时候就放声歌唱，抒发自己的快乐，心情抑郁的时候就痛痛快快哭一场，伤心过后，尽快重新开始新的生活。

人的一辈子，说长不长，说短不短，活着是为了什么，没人能说得请，但是有一点是肯定的，活的是一个人的心情，是快乐的好心情。有缘的该来的自然会来，没有缘分的不该来的即使痴心盼望也不会来。一切随缘，顺其自然。难得糊涂的哲学会让生活不会那么累，让疲于奔波的人们有一个短暂的休息时间。在抱怨世界阴暗时，恰恰是自己内心蒙了一层厚厚的灰尘。有智慧的人，识自本心，见自本性，不起妄缘，自由自在，冷暖自知。活在当下就是修行，就是人生最大的幸福。

每个人都有自己独特的幸福观

有一个富人，他事业有成，赚了很多的钱，冬天来了，北方的天气变得异常寒冷，他决定去南方度假。吃完饭后，他来到海边散步，他看见许多渔民在海上辛苦地打渔，但他发现有一个渔民却躺在那里晒太阳。富人心想，这么好的天气他不去劳动赚钱，却在这里享受阳光的沐浴，真的是太奇怪了。他认为是这个渔民太懒惰了，所以他决定去劝说渔民劳动。于是他问渔民说："你为什么不像其他人一样下海打渔呢，"只有辛苦劳动才能赚钱，才能有资本去享受生活，没有钱，怎么去实现美好的生活呢，怎么能晒太阳呢？"渔民反问他说："我现在不就是在晒太阳吗？没有必要等到赚钱以后再实现这一切，你所说的美好的、幸福的生活，我现在就可以过，为什么要等到以后呢？"富人想事实的确如此啊，这么浅显的道理，自己竟然一直没有领悟到。

　　幸福在每个人那里的定义都是不同的，在富人眼里不停地赚钱可以得到幸福的生活，而在渔民眼里，享受着阳光的温暖，和家人在一起就是幸福的日子。因为在日常的生活中，同样拥有追求幸福的权利，尽管定义不同，但对于所有人来说，幸福的味道是一样的，都是令人向往的。无论是酸甜苦辣，都是耐人寻味的，因为身在其中的人们，体会到的永远是旁人无法理解的感觉。一天的劳累工作之后，可以对自己大声地说："我可以休息了！"这就是普通人的幸福，也许现在没有机会去马尔代夫度假，吃不到山珍海味，穿的衣服也不是国际大品牌，但是自己现有的生活仍然会让人满意。享受这种平凡的日子，即使是吃上一口家常便饭，也会幸福满满，因为那里面溢出的是爱的味道。

　　幸福不会从天而降，需要积极努力地去争取。每天坐在那里幻想多么美丽的图景，都是不会实现的，想要的生活是在自己的手里一点一点积累出来的。知足者常乐，对于自己现有生活的满意，幸福指数就是极其高的。身体健康，工作、学业顺利，这都是现实意义的幸福，不用说幸福在下一站出现，其实它就在身边。有时候，可能感觉自己的生活中的一些经历在自己看来并不是完美的，仍然有提升的空间，就总是想着再努力一点。其实这些经历在别人看来，可能已经是令人羡慕、向往的经历，因为许多人并没有这样的机会去经历这些东西。有些事情已经发生，就自然有其产生的意义，无须抱怨，不必徘徊和迟疑，要相信这一切都是值得拥有的。

　　有一个小村庄，这里的交通闭塞，与外界联系的唯一渠道就是一位邮差每天来送信。这是一位中年邮差，他从刚满二十岁起就开始担任这份工作，他每天往返五十公里的路程，日复一日做着同一件事，那就是将忧欢悲喜的故事分别送到居民的家中。就这样二十年的时光一晃就过去了。世事变迁，这个村庄也在发生着变化，但是唯一例外的是，从邮局到村庄的这条道路，从过去到现在，因为没有钱修建，依然是一片荒凉的景象，始终没有一枝半叶，触目所及，唯有漫天飞扬的尘土。邮差心想："这样荒凉的路还要走多久呢？"他想可能要在这毫无生机而且充满尘土的路上，踩着脚踏车度过自己的人生了。每当想到这些，他的心中总是感觉到有些遗憾。

　　有一天当他送完信，心事重重地准备回去时，刚好经过了一家花店。

"对了，我想要的就是这个！"他突然有了想法，接着走进花店，买了一包野花的种子，从第二天开始，他带着这些种子撒在往来的路上，就这样经过一天，两天，一个月，两个月……他始终坚持撒播着野花种子，没过多长时间，那条已经走了二十年的荒凉道路，竟开起了许多红、黄各色的小花。夏天开夏天的花，秋天开秋天的花，四季盛开，就像永远不会间断一样。野花装扮了村子，也为村民们带来阵阵花香，这些对于村庄里的人来说，比邮差送达的任何一封邮件，更让他们开心。这条道路上从此以后也是充满花瓣，而不再是尘土飞扬，邮差每天踩着脚踏车，吹着口哨来往在路上，他不再是孤独的邮差，也不再是那个愁眉苦脸的邮差。

对于邮差来说，每天来往于村庄，给村民们带来各自信件，是他的工作，他是热爱这份工作的，但是他总感觉还是欠缺点什么，就是一种幸福的感觉，这种感觉的来源就是满地盛开的鲜花。邮差从此有了幸福的感觉，而村民们也有了自己的幸福，这份幸福感是邮差播撒下的种子产生的。尽管每个人的生活看似是独立的，其实整个社会都是一体的，一个人的幸福不能算得上真正的幸福。心中的幸福，可以及时地传递出去，感染那些不幸福的人，改变他们的生活认识，让所有的人一起共享幸福的感觉。

古希腊的哲学家苏格拉底年轻的时候生活非常贫穷，为了节省开销，他和几个朋友合租一个房子，这个房子特别小，也就是十平方米那么大，环境是相当地差，可是苏格拉底却每天都笑呵呵的，没有感到一点烦恼。有人就问："你们几个人住那么小的房子，你不感觉到难受吗？"他说："朋友们住在一起，每天可以谈天说地，开开心心，我感觉十分满意。"后来朋友们陆续找到了工作，都从小屋子里搬出去了，只剩下苏格拉底一个人，但他还是每天怡然自得的样子。

又有人问："你就剩下了一个人，还有什么开心的呢？"他说："我怎么会感觉到孤单呢？我有很多的书，每天都可以坐在这里读书，从书里可以学会很多知识，所以每天都有收获。"几年后，苏格拉底也搬了新家，但是因为没有钱，所以是住在一个楼房的最底层，楼上的人经常向下面扔垃圾，苏格拉底的家就一直被这些天外来物不停地"袭击"，但是苏格拉底还是像以前那样每天开开心心的。又有人问他为什么住在这么破的房子里也能高兴，苏格拉底说："我感觉住在底层有很多好处，不用爬楼梯，还可以经常出去散步，非常方便，这些乐趣是住在楼上的人永远也享受不到的。"

尽管苏格拉底生活的环境并不是很好，但是他依然对自己的生活满意，他总是能从中找出自己认为的乐趣，而这些是别人所不具备的。他感觉这些东西同样会使自己幸福，不管拥有的东西是丰富还是短缺，是身居豪宅，还是住在陋室，所有的一切都是刻在自己心中的，至于如何把握关键还是得靠自己，有的人之所以每天不快乐，郁郁寡欢，不是说他的生活是何等不堪，而是他计较的东西实在太多，给自己的身心增加了无限的负担，时间一长，自己变得就不喜欢自己了。豁达的心境，看淡一切，不是眼中空无一物，而是心中没有赘余的负担。过好自己的生活，享受自己的生活，在生活中品尝到不一样的味道，去追求自己独特的幸福味道。

上天赐予每个人的都是相同的东西，有时候可能看起来有所区别，但是在本质上是没有差别的。无一例外，每个人所拥有的一切都值得去珍惜，因为幸福从来都是掌握在自己手中，虽然对幸福的感觉不同，但是幸福的真谛属于每一个愿意拥有它的人。如果，不幸福、不快乐，那就放手吧；如果，舍不得、放不下，那就痛苦吧！如果心感到累了，就在宁静的夜晚，沏上一杯清茶，放一曲悠扬的钢琴曲，让自己融化在袅袅的茶香和悠扬的音乐中……放下自己、放松身体、忘却烦恼，静静地去体味那种温情和感动。